“十三五”高等教育规划教材
高等院校电气信息类专业“互联网+”创新规划教材

数据结构与算法应用实践教程

（第2版）

主　编　李文书

内 容 简 介

本书和传统同类图书的区别是除了介绍基本的数据结构知识，如线性表、栈、队列、链表、树、二叉树、AVL 树、红黑树、排序和查找之外，还介绍了一些 C 语言中的内存分配、结构数组和结构指针的有关概念及常见问题分析；另外，还介绍了相应知识点的应用实践。总体来说，本书选取的内容侧重于在实际中有广泛应用的数据结构及算法，有很好的实用价值。本书介绍的所有数据结构及算法都以不同复杂程度给出其实现编码。为了便于读者自学，每章末附有小结及习题与思考。

本书可以作为高等院校计算机学科和信息类学科本、专科的教材，也可以作为其他理工专业的选修教材，还可以作为从事计算机工程与应用工作的科技人员的参考用书。

图书在版编目(CIP)数据

数据结构与算法应用实践教程/李文书主编. —2 版. —北京：北京大学出版社，2017.2

(高等院校电气信息类专业“互联网+”创新规划教材)

ISBN 978-7-301-27833-8

Ⅰ. ①数… Ⅱ. ①李… Ⅲ. ①数据结构—高等学校—教材②算法分析—高等学校—教材 Ⅳ. ①TP311.12 ②TP301.6

中国版本图书馆 CIP 数据核字(2016)第 298027 号

书　　名	数据结构与算法应用实践教程(第 2 版) Shuju Jiegou yu Suanfa Yingyong Shijian Jiaocheng
著作责任者	李文书　主编
策划编辑	郑　双
责任编辑	黄红珍
数字编辑	刘志秀
标准书号	ISBN 978-7-301-27833-8
出版发行	北京大学出版社
地　　址	北京市海淀区成府路 205 号　100871
网　　址	http: //www.pup.cn　新浪微博：@北京大学出版社
电子信箱	pup_6@163.com
电　　话	邮购部 62752015　发行部 62750672　编辑部 62750667
印 刷 者	北京鑫海金澳胶印有限公司
经 销 者	新华书店
	787 毫米×1092 毫米　16 开本　18.75 印张　441 千字
	2012 年 2 月第 1 版
	2017 年 2 月第 2 版　2017 年 2 月第 1 次印刷
定　　价	42.00 元

第 2 版前言

数据结构与算法是计算机科学和相关专业的核心课程，是软件设计的理论基础，是主要研究在非数值计算的程序设计问题中计算机的操作对象(数据元素)及它们之间的关系和运算，并对算法运行时间进行分析的学科。本课程的学习将为后续的操作系统、编译原理、软件工程、数据库概论等专业基础课和专业课程的学习，以及软件设计水平的提高打下良好的基础。

数据结构与算法是一门理论与实践并重的课程，学生在学习时不仅要掌握数据结构的基础知识，还要掌握编程的基本技巧。随着海量数据的增加，人们对能够处理这些数据程序的需求变得日益迫切。但是，在数据输入量很大时，程序的低效率现象变得非常明显。因此，这又要求对效率问题给予更大的关注。例如，一些特定问题通过精心的设计可以把对大量数据处理的时间限制从十几年减至不到一秒。因此，在某些情况下，对于影响算法实现运行时间的一些微小细节都需要进行认真的探究。如今，数据结构与算法已经成为软件开发工程师必备的基础知识之一。社会上大多数公司在招聘软件开发人员时都会考查应聘人员对数据结构与算法的熟练程度，并以此作为衡量应聘者水平的重要依据。

本书旨在使读者了解数据结构与算法这门课程，掌握其所含内容的内在规律，最终灵活运用，甚至有所发展。正如学写字先描红，不先模仿怎么创新呢？如果对现有的结论和成果都不了解来龙去脉，何谈再有新的突破呢？哲学上讲，只有遵从人类的认知规律，人们才能更容易地认识新事物，教科书为了达到其传授知识的目的，必须遵从人的认知规律。从数据结构的发展来看，它是应问题的需要而出现的，并为解决问题而服务。换而言之，对于数据结构的讲解，应当把重点放在算法上，在各种典型问题上提出新的数据结构；最终得出的认识是，为了特定的问题和算法而选用特定的数据结构，为了改进算法而改进数据结构，为了新的问题和算法而创造出新的数据结构。

本书系统介绍了数据结构的基础理论知识及算法设计方法，在内容选取上符合计算机学科和信息类学科人才培养目标的要求及教学规律和认知规律，在组织编排上体现了“先理论、后应用、理论与应用相结合”的原则，并兼顾学科的广度和深度，力求适用面广。全书共分为 9 章：第 1 章介绍数据结构的讨论范畴、基本概念、数据的逻辑结构、数据的物理结构及算法的描述与分析；第 2 章介绍一些重要的 C 语言概念，同时对 C 语言常见问题进行了分析；第 3 章介绍线性表的各种存储结构及相关应用；第 4 章介绍栈与队列的基本概念、各种存储结构及相关应用；第 5 章介绍串、多维数组和特殊矩阵的存储结构及相关应用；第 6 章介绍树、二叉树和森林的基本概念、各种存储结构及遍历、线索二叉树、二义排序树及相关应用；第 7 章介绍图的概念、各种存储结构及遍历、最小生成树、关键路径、拓扑排序、最短路径及相关应用；第 8 章介绍 5 种基本的排序算法(插入排序、交换排序、选择排序、归并排序和基数排序)及相关应用；第 9 章介绍查找的基本概念、静态查找表及动态查找表的实现算法及相关应用。为了使读者对相关知识有一个更清晰的脉络，我们给出了各章之间依赖关系的结构图，如下图所示。

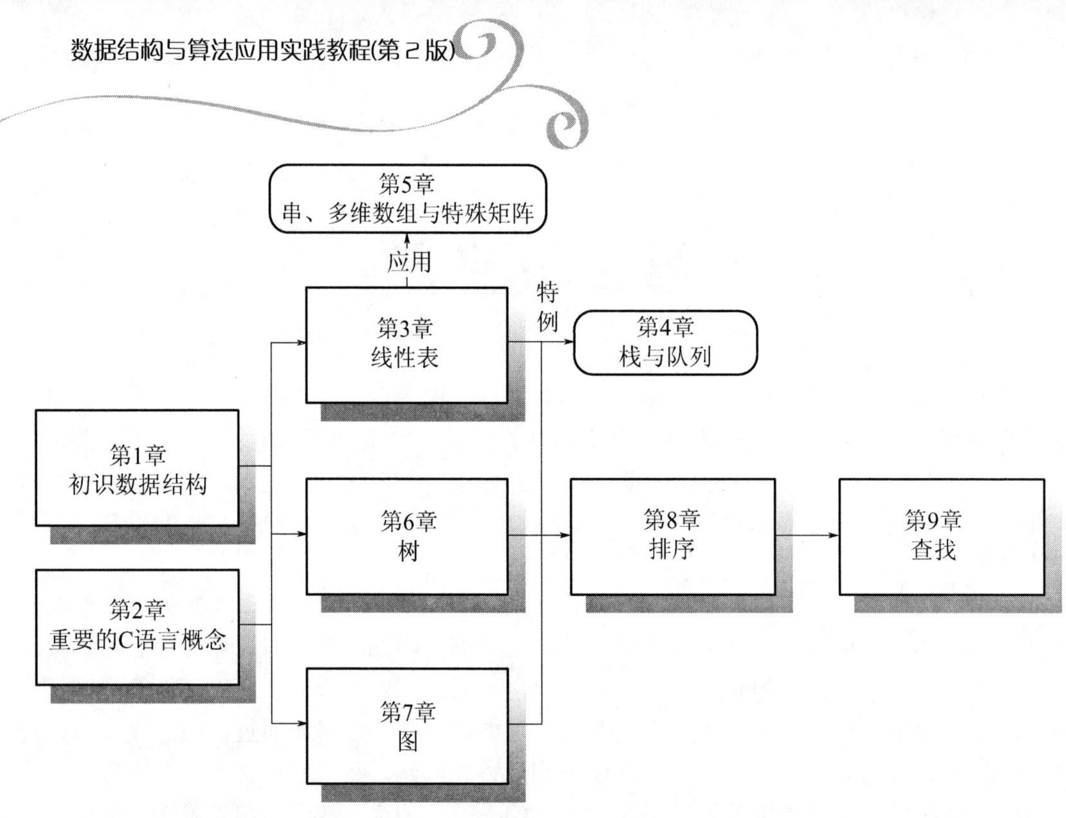

本书每一章都精心设计了经典的应用实践问题，并且附有一定数量、难度适宜的课后习题与思考，旨在引导读者不断深入地学习，学以致用，灵活处理一些实际问题，提高程序设计的能力。本书中的所有算法，均在Visual C++下调试通过，不需任何修改就可直接上机运行、验证。可与本书配套使用的《数据结构重点难点问题剖析》(C 语言版)，已由浙江大学出版社出版，书中提供配套的习题和实习题，并可作为学习指导手册。

本书由李文书担任主编，胡杰、骆淑云、黄建、高玉娟、王哲、高海、尤苡名和张琛担任副主编，在写作过程中编者参考了国内外数据结构的最新教材和研究成果，得到了许多老教授的帮助和支持，在此对资料原作者和老教授们表示衷心的感谢！

由于编者水平有限，书中难免存在不妥之处，敬请读者指正。欢迎读者与编者联系，E-mail：wshlee@163.com。

编　者

2016年9月

目 录

初识数据结构

学习目标

(1) 掌握数据结构的基本概念。

(2) 掌握抽象数据类型相关概念和软件构造方法。

(3) 掌握算法的含义及算法时间复杂度的计算方法。

知识结构图

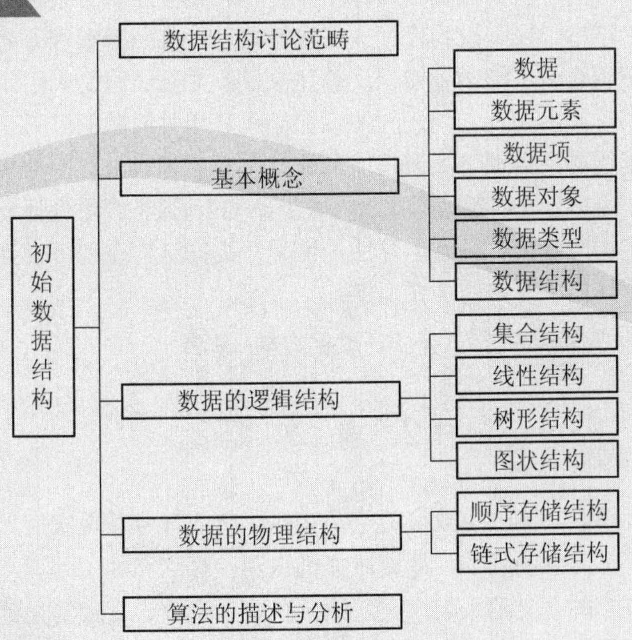

重点和难点

本章讨论的都是一些基本概念，因此没有难点，重点在于了解有关数据结构的各个名词和术语的含义，以及语句频度计算和时间复杂度、空间复杂度的估算方法。

学习指南

(1) 掌握各名词、术语的含义，以及数据的逻辑结构和物理结构之间的关系。

(2) 了解抽象数据类型的定义、表示和实现方法。

(3) 理解算法5个要素的确切含义。

(4) 掌握计算语句频度和估算算法时间复杂度的方法。

1.1 数据结构讨论范畴

人们利用计算机的目的是解决实际的应用问题。在明确所要解决问题的基础上，经过对问题的深入分析和抽象，为其建立一个逻辑模型并分析基本的运算，然后确定恰当的数据结构表示该模型，在此基础上设计合适的数据存储和相关算法，最后完成具体的程序来模拟和解决实际问题。计算机求解问题的核心是算法设计，而算法设计又高度依赖于数据结构，数据结构的选择则取决于问题本身的需求。

在现实生活中，我们更多的不是解决数值计算的问题，而是借助一些更科学、有效的手段(如表、树和图等数据结构)，更好地处理问题。例如，在Web信息处理方面，我们需要图、字符、散列表、排序、索引、检索等知识；在人工智能方面，我们需要广义表、集合、有向图、搜索树等知识；在数据库方面，我们需要线性表、链表、排序、B+索引树等知识；在操作系统方面，我们需要队列、存储管理表、排序、目录树等知识；在编译原理方面，我们需要字符串、栈、散列表、语法树等知识；在图形图像方面，我们需要队列、栈、图、矩阵、空间索引、检索等知识。总体来说，数据结构是一门研究非数值计算的程序设计问题中操作对象，以及它们之间关系和操作等相关问题的学科。

20世纪70年代初，出现了大型程序，软件也开始相对独立，结构程序设计成为程序设计方法学的主要内容，人们越来越重视"数据结构"，认为程序设计的实质是对确定的问题选择一种好的结构，设计一种好的算法。可见，数据结构在程序设计当中占据了重要的地位。程序与数据结构、算法的关系如下：

程序=数据结构+算法

1.2 基本概念

数据(data)是利用文字符号、数字符号及其他规定的符号对现实世界的事物及其活动所做的抽象描述。它是信息的载体，能被计算机识别、存储和加工处理。随着计算机技术的发展，数据这一概念的含义越来越广泛。不仅整数、实数、复数等是数据，字符、表格、声音、图形、图像等也都能够由计算机接收和处理，也都是数据。

【参考图文】

表示一个事物的一组数据称为一个数据元素(data element)，它是数据的基本单位，在程序中作为一个整体加以考虑和处理。在数据结构中，根据不同的需求，数据元素又被称为元素、顶点或记录。

数据项(data item)是具有独立含义的最小标识单位。在有些场合下，数据项又称为字段或域。例如，将一个学生的自然情况信息作为一个数据元素，而学生信息中的每一项(如学号、姓名、出生年月等)为一个数据项。

数据对象(data object)是性质相同的数据元素的集合，是数据的一个子集。既然数据对象是数据的子集，在实际应用中，处理的数据元素通常具有相同性质，在不产生混淆的情况下，我们都将数据对象简称为数据。

数据类型(data type)是和数据结构密切相关的一个概念，它最早出现在高级程序语言中，用以描述(程序)操作对象的特性专属。在用高级程序语言编写的程序中，每个变量、常量或表达式都有一个它所属的确定的数据类型。数据类型明显或隐含地规定了在程序执行期间变量或表达式所有可能取值的范围，以及在这些值上允许进行的操作。因此，数据类型是一个值的集合和定义在这个值集上的一组操作的总称。例如，C语言中的整型变量，其值集为某个区间上的整数(区间大小依赖于不同的机器)，定义在其上的操作为加、减、乘、除和取模等算术运算。

在C语言中，按照取值的不同，数据类型可以分为以下两类：

(1) 原子类型：不可以再分解的基本类型，包括整型、实型、字符型等。

(2) 结构类型：由若干个类型组合而成，是可以再分解的。例如，整型数组是由若干整型数据组成的。

抽象数据类型(abstract data type)是指一个数学模型及该模型上定义的一组操作的集合。抽象数据类型的定义仅取决于它的一组逻辑特性，而与其在计算机内部如何表示和实现无关，即不论其内部结构如何变化，只要它的数学特性不变，都不影响其外部的使用。

事实上，抽象数据类型体现了程序设计中问题分解、抽象和信息隐藏的特性。抽象数据类型把实际生活中的问题分解为多个规模小且容易处理的问题，然后建立一个计算机能处理的数据类型，并把每个功能模块的实现细节作为一个独立的单元，从而使其具体实现过程隐藏起来。

为了便于在之后的讲解中对抽象数据类型进行规范的描述，我们给出了描述抽象数据类型的标准格式：

```
ADT 抽象数据类型名
    Data
         数据元素之间逻辑关系的定义
    Operation
         1
               初始条件
               结果描述
         2
               …
         n
               …
endADT
```

数据结构(data structure)是指相互之间存在一种或多种特定关系的数据元素集合，其主要研究数据的逻辑结构、物理结构及数据的运算。在计算机中，数据元素并不是孤立、杂乱无章的，而是具有内在联系的数据集合。数据元素之间存在的一种或多种特定关系，也就是数据的组织形式。为编写出一个“好”的程序，必须分析待处理对象的特性及各处理对象之间存在的关系。这也是研究数据结构的意义所在。

【参考图文】

一般来说，我们把数据结构分为逻辑结构和物理结构。

1.3 数据的逻辑结构

逻辑结构是指数据对象中数据元素之间的相互关系。逻辑结构是我们今后学习数据结构最需关注的内容。逻辑结构可分为以下 4 种：集合结构、线性结构、树形结构和图状结构。

1. 集合结构

集合结构中的数据元素除了同属于一个集合外，它们之间没有其他关系。各个数据元素是“平等”的，它们的共同属性是“同属于一个集合”。数据结构中的集合关系就类似于数学中的集合，如图 1.1 所示。

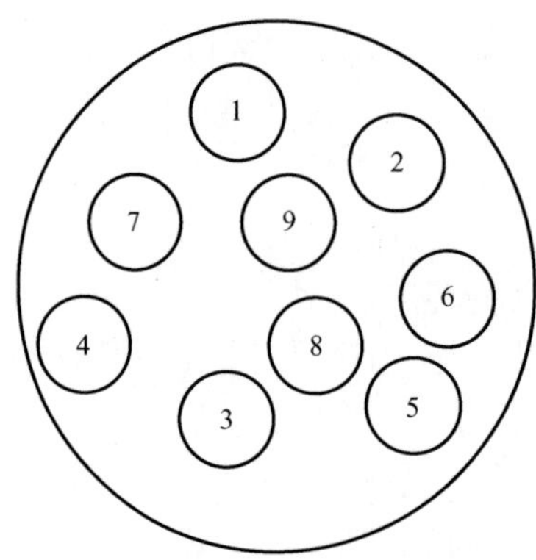

图 1.1 集合结构示意图

2. 线性结构

线性结构中的数据元素之间是一对一的关系，如图 1.2 所示。

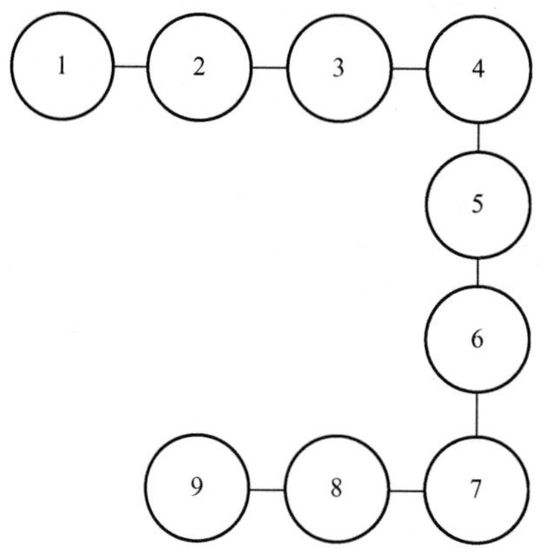

图 1.2 线性结构示意图

3. 树形结构

树形结构中的数据元素之间存在一对多的层次关系，如图 1.3 所示。

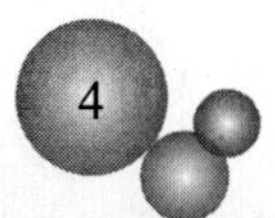

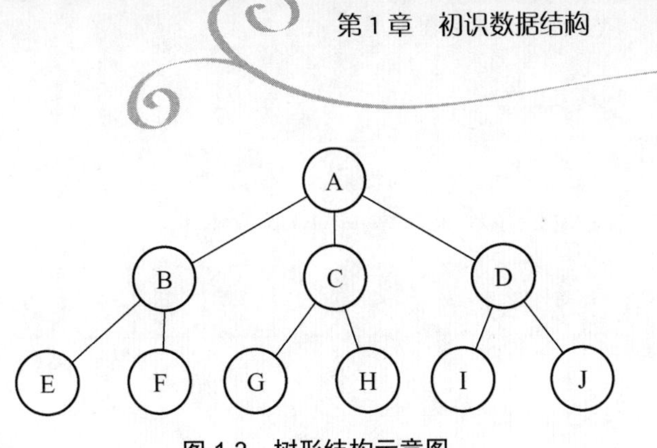

图 1.3　树形结构示意图

4. 图状结构

图状结构的数据元素是多对多的关系，如图 1.4 所示。

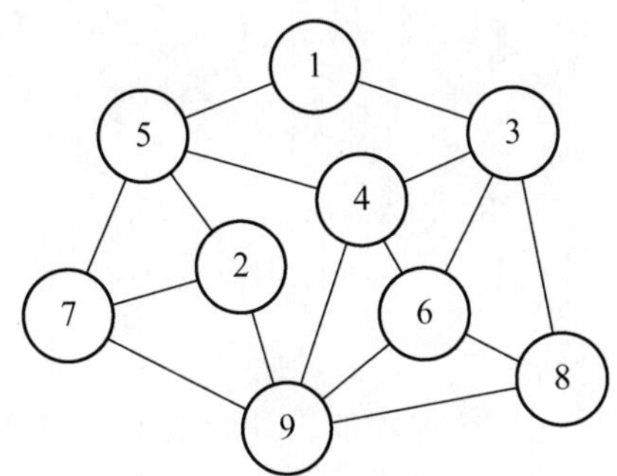

图 1.4　图状结构示意图

注意

在上述图例中，我们将每一个数据元素看作一个结点，用圆圈表示。元素之间的逻辑关系用结点之间的连线表示。如果这个关系是有方向的，那么用带箭头的连线表示。逻辑结构是针对具体问题的，是为了解决某个问题，在对问题理解的基础上，选择一个合适的数据结构表示数据元素之间的关系。

1.4　数据的物理结构

数据结构在计算机中的表示(又称为映像)称为数据的物理结构，也称为存储结构，是指数据的逻辑结构在计算机中的存储形式。数据的存储结构应正确反映数据元素之间的逻辑关系。如何存储数据元素之间的逻辑关系，是实现物理结构的重点和难点。

元素之间的关系在计算机中有两种不同的表示方法：顺序映像和非顺序映像，并由此得到数据元素两种不同的存储结构，即顺序存储和链式存储。

1. 顺序存储结构

把数据元素存放在地址连续的存储单元里，其数据间的逻辑关系和物理关系是一致的，借助元素在存储器中的相对位置来表示数据元素之间的逻辑关系，如图 1.5 所示。

2. 链式存储结构

把数据元素存放在任意的存储单元里，这组存储单元可以是连续的，也可以是不连续的。数据元素的存储关系并不能反映其逻辑关系，因此需要借助指示元素存储地址的指针(pointer)表示数据元素之间的逻辑关系，如图 1.6 所示。

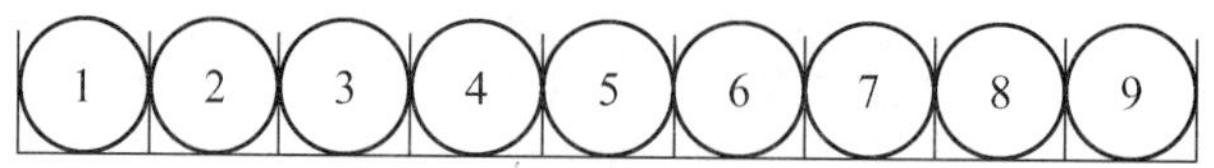

图 1.5　顺序存储结构示意图

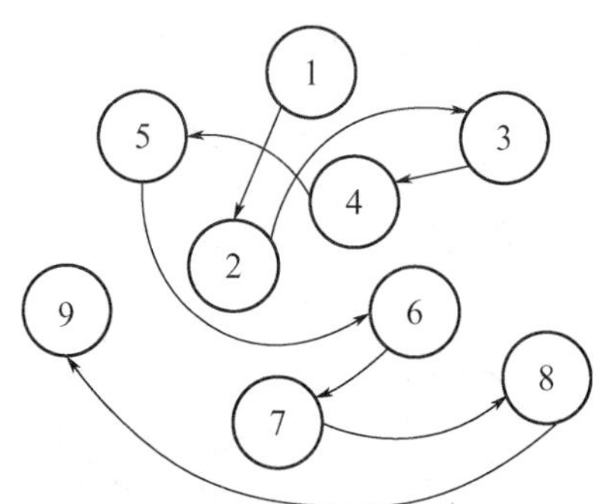

图 1.6　链式存储结构示意图

数据的逻辑结构和物理结构是密切相关的两个方面，同一逻辑结构可以对应不同的物理结构。以后读者会看到，任何一个算法的设计取决于选定的数据(逻辑)结构，而算法的实现依赖于采用的存储结构。逻辑结构是面向问题的，而物理结构是面向计算机的，其基本的目标是将数据及其逻辑关系存储到计算机的内存中。

1.5　算法的描述与分析

1.5.1　算法的描述

【参考图文】

算法是描述求解问题方法的操作步骤的集合。它主要有 4 种形式：框图形式、文字形式、伪码形式和程序设计语言形式。

框图形式简单、直观、易懂，但在描述比较复杂的算法时，显得不够方便，甚至难于把算法清晰、简洁地描述出来；文字形式同样简单、易懂，但在描述复杂算法时，显得不够简洁、清晰；伪代码形式与高级程序设计语言相仿，包括了高级语言的基本语言成分，并且较为简单，虽不能在计算机上直接运行，但容易编写和阅读，需要时改写为对应的高级语言程序也很容易；程序设计语言形式必须严格按照所使用的高级语言的语法规则来描述算法，可直接在计算机上运行获得结果。

算法有以下 5 个要素：

(1) 有穷性。有穷性是指一个算法必须总是在执行有穷步之后结束，且每一步都可在有穷时间内完成。

(2) 确定性。确定性是指算法中每一条指令必须有确切的含义，读者理解时不会产生二义性。并且，在任何条件下，算法只有唯一的一条执行路径，即对于相同的输入只能得出相同的输出。

(3) 可行性。可行性是指一个算法是能行的，即算法中描述的操作都是可以通过已经实现的基本运算执行有限次来实现的。

(4) 输入。输入是指一个算法有零个或多个的输入，这些输入取自于某个特定的对象的集合。

(5) 输出。输出是指一个算法有一个或多个的输出，这些输出是同输入有着某些特定关系的量。

1.5.2 算法的分析

评价一个算法一般从正确性、可读性、健壮性、时间复杂度与空间复杂度五个主要方面进行。对于实际问题，我们主要分析其时间复杂度和空间复杂度。

一般从算法中选取一种基本操作，以其重复执行次数作为时间复杂度的依据，它取决于问题的规模 n 和待处理数据的初态。

算法需要占用的存储空间分为 3 部分：输入数据所占用的空间、程序代码所占用的空间和辅助变量所占用的空间。一般，输入数据所占用的空间与算法无关，取决于问题本身；程序代码所占用的空间对不同算法不会有数量级的差别。因此，空间复杂度主要考虑算法执行过程中辅助变量所占用的空间，一般以最坏情况下的空间复杂度作为算法的空间复杂度。

一般程序运行的时间与下列因素有关。

(1) 程序的输入。

(2) 编译的目标代码的质量。

(3) 执行程序机器指令的性质和速度。

(4) 构成程序的算法的时间复杂度。

正因为有如此多的因素，为了能比较客观地评价和比较算法，有必要分析一下各种因素对算法时间的影响及如何正确处理这些因素。

运行时间是输入规模的函数 f(n)，但是要记住 f(n)不等同于要求的时间复杂度 T(n)。由于在实际情况中，程序的输入不是一个确定的值 n，而是一个不确定的输入量。n 值表示输入数据的规模。这就涉及两个重要的概念：最坏时间复杂度和平均时间复杂度。

最坏时间复杂度：规模为 n 的所有输入量程序运行时间的最大值。

平均时间复杂度：规模为 n 的所有输入量程序运行时间的平均值。

由于平均时间复杂度比最坏时间复杂度要复杂，所以常常通过求最坏时间复杂度来表示某个算法的时间复杂度。但是必须要记住这两者是有区别的，也就是说，最坏时间复杂度最小的算法不一定是平均时间复杂度最小的算法。

由于算法的执行时间和运行程序的计算机有着密切的联系，所以 T(n)不能直接表达成 n 的函数，而要用“阶”来表示。

定义 1 $O(g(n))=\{f(n)\,|$若存在正常数 C 和 n_0，使得对所有的 $n\geqslant n_0$，有$|f(n)|\leqslant C|g(n)|\}$。

定义 2 $\Omega(g(n))=\{f(n)\,|$若存在正常数 C 和 n_0，使得对所有的 $n\geqslant n_0$，有$|f(n)|\geqslant C|g(n)|\}$。

定义 3 $\Theta(g(n))=\{f(n)\,|$ 若存在正常数 C_1、C_2和 n_0，使得对所有的 $n\geqslant n_0$，有 $C_1|g(n)|\leqslant|f(n)|\leqslant C_2|g(n)|\}$。

由于存在重要结论 $T_1(n)+T_2(n)=O(\max(f(n), g(n)))$，所以一个程序的时间复杂度由程序中最复杂的部分组成，这一点是非常有用的。

另外，当算法的时间复杂度T (n)与数据个数n无关系时，T (n) ≤ c * 1，所以此时算法的时间复杂度T (n)=O (1)；当算法的时间复杂度T (n)与数据个数n为线性关系时，算法的时间复杂度T (n) = O (n); 以此类推分析一个算法中基本语句执行次数与数据个数的函数关系，就可求出该算法的时间复杂度。

在C语言表示的算法中，算法的时间复杂度一般与程序执行的步骤数有关系，一般是所有步骤的时间复杂度总和，所以需要对一些语句的运行时间做出估计。例如：

(1) 算数运算时间为O(1)。

(2) 逻辑预算时间为O(1)。

(3) 赋值运算时间为O(1)。

(4) if语句的运行时间为测试语句运行时间与后续执行语句运行时间的和。

(5) while语句的运行时间为每次执行循环体的时间与循环次数之积。

(6) for语句的运行实际与while相似。

(7) return语句的运行时间为O(1)。

我们希望随着问题规模n的增大其时间复杂度趋于稳定地上升，但上升幅度不能太大。常见T(n)随n变化的增长率如图1.7所示。

注意

1) 一般常用的时间复杂度的关系

$O(1) \leqslant O(\log_2 n) \leqslant O(n) \leqslant O(n\log_2 n) \leqslant O(n^2) \leqslant O(n^3) \leqslant \cdots \leqslant O(n^k) \leqslant O(2^n)$

其中，2项和4项中的2是对数的底，k≥3。

2) 使用logn或者lgn，没有指明底数

原因在于，对于对数，公式$\log_x y=(\log_m y)/(\log_m x)$成立。其中，x和m是对数的底，而m是任何大于0且不等于1的数。当底数为10时，在数学上，习惯简写成lg。从而有$O(\log_m n)=O((\log_2 n)/(\log_2 m))=O((\log_3 n)/(\log_3 m))=\cdots$，显然$\log_2 m$、$\log_3 m$是一个常量，可以从括号中提出来，于是有$O(\log_m n)= O(\log_2 n)= O(\log_3 n)=\cdots$。我们看到，底数不管为2还是3还是其他任何大于0且不等于1的数，它们的上界都一样。于是为了统一和简便，都写成O(logn)。

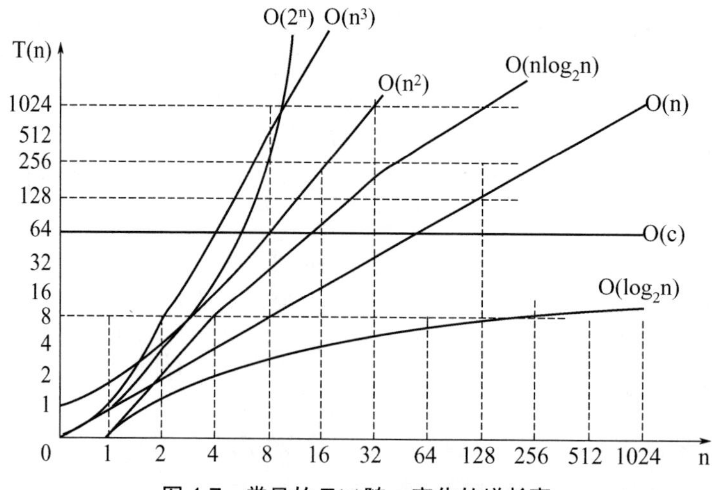

图1.7 常见的T(n)随n变化的增长率

接下来通过分析一些算法的实例来了解如何运用这些理论。

例 1.1　设数组 a 和 b 在前边部分已赋值，求两个 n 阶矩阵相乘运算算法的时间复杂度。

```
for (int i=0;i<n;i++)
{
   for (int j=0;j<n;j++)
   {
        c[i][j]=0;                                   //基本语句 1
        for (int k=0;k<n;k++)
            c[i][j]=c[i][j]+a[i][k]*b[k][j];         //基本语句 2
   }
}
```

解：设基本语句的执行次数为 f(n)，有 $f(n) = c_1n^2 + c_2n^3$。因 $T(n) = f(n) = c_1n^2 + c_2n^3 = cn^3$，其中 c_1、c_2、c 可为任意常数，所以该算法的时间复杂度为 $O(n^3)$。

例 1.2　求下面程序段的时间复杂度。

```
int i = 1;
while (i <= n)
{
    i = i * 3;
}
```

解：设第一次循环 k=1，此时 i=1*3；第二次循环 k=2，此时 $i=1*3*3=3^2$；以此类推，第 T 次循环 k=T，此时 $i=3^T$。又 $i \leqslant n$，即 $3^T \leqslant n$，对此方程两边取对数，则 $T \leqslant \log_3 n$(关键是求 while 循环的次数)。从而该程序的时间复杂度为 $O(\log_3 n)$。

本 章 小 结

本章是为以后各章讨论的内容作基本知识的准备，介绍了数据结构和算法等基本概念。数据结构是由若干特性相同的数据元素构成的集合，并且在集合上存在一种或多种关系。根据关系的不同，可将数据结构分为 4 类：集合结构、线性结构、树形结构和图状结构。数据的存储结构是数据逻辑结构在计算机中的映像。由于数据是计算机操作对象的总称，它是计算机处理的符号的集合，集合中的个体为一个数据元素。数据元素可以是不可分割的原子，也可以由若干数据项组成，因此在数据结构中讨论的基本单位是数据元素，而最小单位是数据项。

我们可以用图 1.8 来说明数据对象、数据元素和数据项之间的关系。

由两种映像方法我们可以得到两类存储结构：一类是顺序存储结构，它以数据元素相对的存储位置表示关系，则存储结构中只包含数据元素本身的信息；另一类是链式存储结构，它以附加的指针信息(后继元素的存储地址)表示关系。

数据结构的操作是和数据结构本身密不可分的，两者作为一个整体可用抽象数据类型进行描述。抽象数据类型是一个数学模型以及定义在该模型上的一组操作，因此它和高级程序设计语言中的数据类型具有相同含义，而抽象数据类型的范畴更广，它不局限于现有程序设计语言中已经实现的数据类型(它们通常被称为固有数据类型)，但抽象数据类型需要借用固有数据类型表示并实现。抽象数据类型的三大要素为数据对象、数据关系和基本操作，同时数据抽象和数据封装是抽象数据类型的两个重要特性。

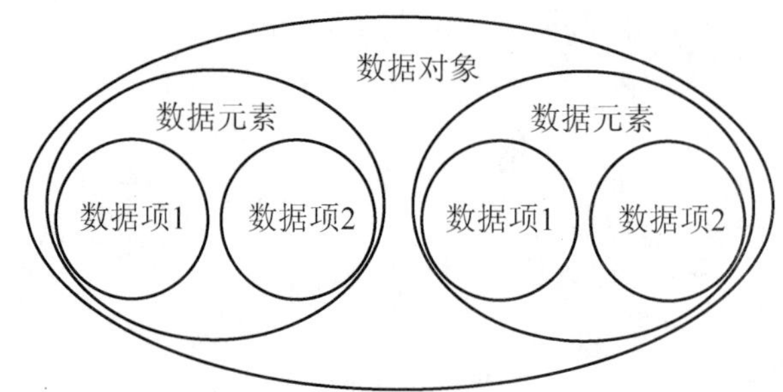

图 1.8　数据结构关系示意图

算法是进行程序设计的另一不可缺少的要素。算法是对问题求解的一种描述，是为解决一个或一类问题给出的一种确定规则的描述。一个完整的算法应该具有下列 5 个要素：有穷性、确定性、可行性、输入和输出。一个正确的算法应对苛刻且带有刁难性的输入数据也能得出正确的结果，并且对不正确的输入也能做出正确的反映。

算法的时间复杂度是比较不同算法效率的一种准则，算法时间复杂度的估算基于算法中基本操作的重复执行次数，或处于最深层循环内的语句频度。算法空间复杂度可作为算法所需存储量的一种量度，它主要取决于算法的输入量和辅助变量所占空间，若算法的输入仅取决于问题本身而和算法无关，则算法空间复杂度的估算只需考察算法中所用辅助变量所占空间。

习题与思考

1.1　单选题

1．算法的计算量的大小称为计算的(　　)。

A．效率　　B．复杂性　　C．现实性　　D．难度

2．计算机算法指的是(1　　)，它必须具备(2　　)这 3 个特性。

(1) A．计算方法　　B．排序方法
C．解决问题的步骤序列　　D．调度方法

(2) A．可执行性、可移植性、可扩充性　　B．可执行性、确定性、有穷性
C．确定性、有穷性、稳定性　　D．易读性、稳定性、安全性

3．从逻辑上可以把存储结构分为(　　)两大类。

A．动态结构、静态结构　　B．顺序结构、链式结构
C．线性结构、非线性结构　　D．初等结构、构造型结构

4．连续存储设计时，存储单元的地址(　　)。

A．一定连续　　B．一定不连续
C．不一定连续　　D．部分连续，部分不连续

5．在下面的程序段中，对 x 的赋值语句的频度为(　　)。

```
for(i=1;i<=n;i++)
    for(j=1;j<=n;j++)
        x+=1;
```

A．O(2n)　　B．O(n)　　C．$O(n^2)$　　D．$O(\log_2^n)$

1.2　填空题

1．对于给定的 n 个元素，可以构成的逻辑结构有________、________、________、________4 种。

2．数据的物理结构包括________的表示和________的表示。

3．数据结构中评价算法的两个重要指标是________和_______。

4．算法具有 5 个特性：________，________，________，有零个或多个输入，有一个或多个输出。

5．下面程序段的时间复杂度为________(n>1)。

```
sum=1;
for (i=0;sum<n;i++) sum+=1;
```

1.3　思考题

1．解释下列名词：数据、数据元素、数据结构、数据类型、抽象数据类型、算法、时间复杂度、空间复杂度。

2．算法分析的目的是什么？

3．什么是算法的最坏时间复杂度和平均时间复杂度？

4．评价一个好的算法，是从哪几个方面来考虑的？

5．有实现同一功能的两个算法 A_1 和 A_2，其中，A_1 的时间复杂度为 $T_1=O(2^n)$，A_2 的时间复杂度为 $T_2=O(n^2)$，仅就时间复杂度而言，请具体分析这两个算法哪一个好。

6．试编写算法，求一元多项式 $P_n(x)=\sum_{i=0}^{n}a_ix^i$ 的值 $P_n(x_0)$，并确定算法中的每一语句的执行次数和整个算法的时间复杂度，规定算法中不能使用求幂函数。注意：本题中的输入为 $a_i(i=0,1,\cdots,n)$，x_0 和 n，输出为 $P_n(x_0)$。在本题算法中以你认为较好的一种方式实现输入和输出。

7．调用下列 f(n)，回答下列问题：

(1) 试指出 f(n)值的大小，并写出 f(n)值的推导过程；

(2) 假定 n= 5，试指出 f(5)值的大小和执行 f(5)时的输出结果。

```
int f(int n)
{
    int i,j,k,sum= 0;
    for(i=1;i<n+1;i++)
    {
        for(j=n;j>i-1;j--)
            for(k=1;k<j+1;k++)
                sum++;
        printf("sum=%d\n",sum);
```

```
    }
    return (sum);
}
```

8．斐波那契数列 F_n 的定义如下：

$$F_0 = 0, F_1 = 1, F_n = F_{n-1} + F_{n-2}, n = 2,3,\cdots$$

回答下列问题：

(1) 在递归计算 F_n 的时候，需要对较小的 F_{n-1}，F_{n-2}，…，F_1，F_0 精确计算多少次？

(2) 递归计算 F_n 时，递归函数的时间复杂度是多少？

重要的 C 语言概念

学习目标

(1) 熟悉内存分配、结构数组和结构指针的有关概念。

(2) 理解动态内存分配的内涵和设计方法。

知识结构图

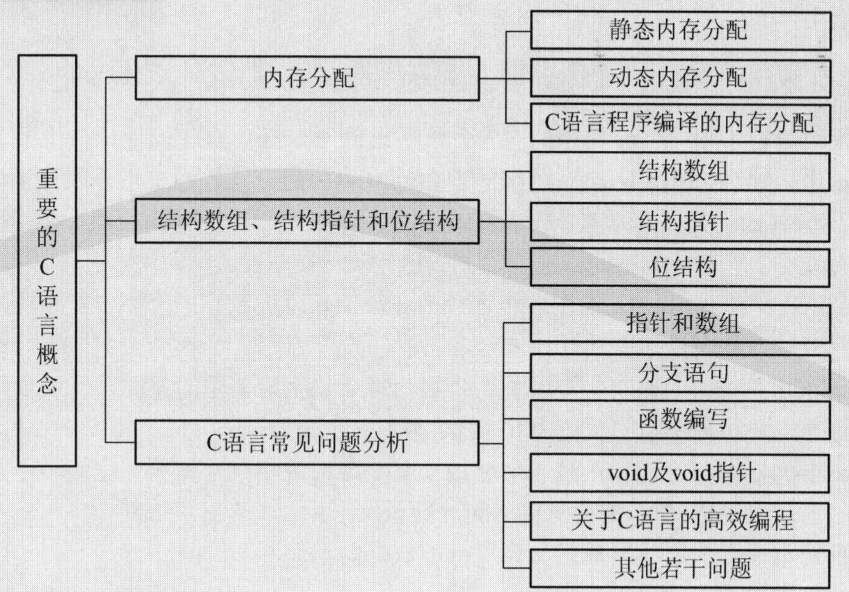

重点和难点

(1) 动态内存的分配方法。

(2) C 语言编译的内存分配。

学习指南

本章简要介绍算法描述和程序设计中要用到的一些 C 语言程序设计的重要知识。

2.1 内存分配

2.1.1 静态内存分配

程序中定义变量或数组时，给其分配的内存单元大小是在编写程序时确定的，并且在程序执行过程中无法改变。例如：

```
int a=100;
```

此行代码指示编译器分配足够的存储区以存放一个整型值，该存储区与名字 a 相关联，并用数值 100 初始化该存储区。

2.1.2 动态内存分配

设计人员可以根据具体问题的具体需要，在程序运行时再具体确定数组的个数或占用内存单元的大小，从而在程序运行时具体确定所需要的内存单元空间。以下是采用动态分配方式的例子：

```
char *p1=(char *)malloc(10*sizeof(int));
```

此行代码分配了 10 个 int 类型的对象，然后返回对象在内存中的地址，接着这个地址被用来初始化指针对象 p1。对动态分配的内存的唯一访问方式是通过指针间接地访问，其释放方法为 free(p1)，用于释放动态分配的内存空间 p1。另外，在 C 语言中，还有 calloc( ) 和 realloc( )，用于动态分配空间。它们之间的区别如下。

(1) malloc(n*sizeof(int))：请求 n 个连续的、每个长度为整型的空间，若成功则返回这些空间的首地址，若失败则返回 0。

(2) calloc(n,sizeof(int))：请求 n 个连续的、每个长度为整型的空间，若成功则返回这些空间的首地址并将每个空间赋值为 0，若失败则返回 0。

(3) realloc(p,sizeof(int)*n)：给一个已经分配了地址的指针重新分配空间。参数 p 为原有的空间地址；sizeof(int)*n 是重新申请的地址长度，用于分配不足的时候。

下面我们设计一个用动态数组保存字符串数据的示例。

```
#include<stdio.h>
#include<malloc.h>
#include<string.h>
Void main(void)
{
    int length=100;
    char *str, s1[]="Data Structure";
    int i,  n;
    str=(char *)malloc(sizeof(char))* length);            //动态分配空间
    strcpy(str,s1);
    n = strlen(str);
    printf("str=");
```

```
    for(i=0;i<n;i++) printf("%c",str[i]);
    free(str );
}
```

2.1.3 C 语言程序编译的内存分配

一个 C 程序占用的内存可分为以下几种常用方式。

1. 栈

栈(stack)是由编译器自动分配和释放的区域，主要存储函数的参数、函数的局部变量等。当一个函数开始执行时，该函数所需的实参、局部变量就进入栈中，该函数执行完毕后，之前进入栈中的参数和变量等也都出栈被释放掉。它的运行方式类似于数据结构中的栈(见第 4 章)。函数调用时会在栈上有一系列的保留现场及传递参数的操作。栈的空间大小有限定，VC 默认是 2MB。栈不够用的情况一般是程序中分配了大量数组和递归函数层次太深。有一点必须知道，当一个函数调用完返回后它会释放该函数中所有的栈空间。

2. 堆

堆(heap)是由程序员控制分配和释放的区域，在 C 语言中，用 malloc( )函数分配的空间就存在于堆上。在堆上分配的空间不像栈一样在某个函数执行完毕就自动释放，而是一直存在于整个程序的运行期间。当然，如果不手动释放[free( )函数]这些空间，在程序运行结束后系统也会将之自动释放。对于小程序来说，可能感觉不到影响，但对于大程序，如一个大型游戏，就会遇到内存不够用的问题了。

堆是动态分配内存的，并且可以分配使用很大的内存。但是用不好会造成内存泄漏。并且频繁地分配[malloc( )]和释放[free( )]内存会产生内存碎片(有点类似磁盘碎片)，因为 C 语言分配动态内存时是寻找匹配的内存的。而用栈则不会产生碎片，在栈上存取数据比通过指针在堆上存取数据快些。一般大家所说的堆栈是指栈(stack)。栈是先入后出的，一般由高地址向低地址生长。

堆和栈是 C/C++编程不可避免会碰到的两个基本概念。首先，这两个概念都可以在讲数据结构的书中找到，它们都是基本的数据结构，虽然栈更为简单一些。在具体的 C/C++编程框架中，这两个概念并不是并行的。对底层机器代码的研究可以揭示，栈是机器系统提供的数据结构，而堆则是 C/C++函数库提供的。具体地说，现代计算机(串行执行机制)都直接在代码底层支持栈的数据结构。这体现在有专门的寄存器指向栈所在的地址，有专门的机器指令完成数据入栈、出栈的操作。这种机制的特点是效率高，支持的数据有限，一般是整数、指针、浮点数等系统直接支持的数据类型，并不直接支持其他的数据结构。因为栈的这种特点，栈的使用在程序中是非常频繁的。对子程序的调用就是直接利用栈完成的。机器的 call 指令里隐含了把返回地址推入栈，然后跳转至子程序地址的操作，而子程序中的 ret 指令则隐含从堆栈中弹出返回地址并跳转至返回地址的操作。C/C++中的自动变量是直接利用栈的例子，这也就是为什么当函数返回时该函数的自动变量自动失效的原因。

和栈不同，堆的数据结构并不是由系统(无论是机器系统还是操作系统)支持的，而是由函数库提供的。基本的 malloc/realloc/free 函数维护了一套内部的堆数据结构。当程序使用这些函数去获得新的内存空间时，这套函数首先试图从内部堆中寻找可用的内存空间，如果没有可以使用的内存空间，则试图利用系统调用来动态增加程序数据段的内存大小，新分配得到的空间首先被组织进内部堆中去，然后以适当的形式返回给调用者。当程序释放分配的内存空间时，这片内存空间被返回内部堆结构中，可能会被适当地处理(如和其他空闲空间合并成更大的空闲空间)，以更适合下一次内存分配申请。这套复杂的分配机制实际上相当于一个内存分配的缓冲池(Cache)，使用这套机制有如下原因：

(1) 系统调用可能不支持任意大小的内存分配。有些系统的系统调用只支持固定大小及其倍数的内存请求(按页分配)，这对于大量的小内存分配来说会造成浪费。

(2) 系统调用申请内存可能是代价昂贵的。系统调用可能涉及用户态和核心态的转换。

(3) 没有管理的内存分配在大量复杂内存的分配释放操作下很容易造成内存碎片。

从以上知识可知，栈是系统提供的功能，特点是快速高效，缺点是有限制，数据不灵活；而堆是函数库提供的功能，特点是灵活方便，数据适应面广泛，但是效率有一定降低。栈是系统数据结构，对于进程/线程是唯一的；堆是函数库内部数据结构，不一定唯一。不同堆分配的内存无法互相操作。

栈空间分静态分配和动态分配两种。静态分配是编译器完成的，如自动变量(auto)的分配。动态分配由 calloc 函数完成。栈的动态分配无需释放(是自动的)，因此没有释放函数。为可移植程序起见，栈的动态分配操作是不被鼓励的。堆空间的分配总是动态的，虽然程序结束时所有的数据空间都会被释放回系统，但是精确地申请内存/释放内存匹配是良好程序的基本要素。

3. 全局区或静态区

C 语言里的全局变量和静态变量存储在全局区。它们有点像堆上的空间，也持续存在于程序的整个运行期间，但不同的是，它们是由编译器自己控制分配和释放的。

4. 文字常量区

例如，char *c = “123456”；则“123456”为文字常量，存放于文字常量区。文字常量区由编译器控制分配和释放。下面我们给出两个应用栈、堆、常量区来分配内存空间的相关例子。

例 2.1 相关变量的赋值与堆栈、全局的关系。

```
int a=0;                                 //全局初始化区
char *p1;                                //全局未初始化区
void main( )
{
        int b;                           //栈
        char s[]="bb";                   //栈
        char *p2;                        //栈
        char *p3="123";                  //"123\0"在常量区，p3 在栈区
        static int c=0;                  //全局区
        p1=(char*)malloc(10);            //10 个字节区域在堆区
        strcpy(p1,"123");                //"123\0"在常量区，编译器可能会优
                                           化为和 p3 指向同一块区域
}
```

例 2.2　参数与变量的生命周期。

```
char *f( )
{
        char s[4]={'1','2','3','0'};          //s数组存放于栈上
        return s;                  //返回s数组的地址，但程序运行完s数组就被释放了
}
void main( )
{
        char *s;
        s = f( );
        printf ("%s", s);          //打印出来乱码。因为s所指向地址已经没有数据
}
```

2.2　结构数组、结构指针和位结构

2.2.1　结构数组

结构数组是具有相同结构类型的变量集合。假如要定义一个班级 40 个同学的姓名、性别、年龄和住址，可以定义成一个结构数组，如下所示：

```
struct{
    char name[8];
    char sex[2];
    int age;
    char addr[40];
}student[40];
```

也可定义为：

```
struct string{
   char name[8];
   char sex[2];
   int age;
   char addr[40];
};
struct string student[40];
```

需要指出的是，结构数组成员的访问是以数组元素为结构变量的，其形式为

结构数组元素.成员名

例如：

```
student[0].name
student[30].age
```

实际上结构数组相当于一个二维构造。第一维是结构数组元素，每个元素是一个结构变量；第二维是结构成员。

注意

结构数组的成员也可以是数组变量。

例如：

```
struct a{
     int m[3][5];
     float f;
     char s[20];
}y[4];
```

为了访问结构 a 中的结构变量 y[2]，可写成 y[2].m[1][4]。

【参考图文】

2.2.2 结构指针

结构指针是指向结构的指针。它由一个加在结构变量名前的“*”操作符来定义，例如，用前面已说明的结构定义一个结构指针：

```
struct string{
    char name[8];
    char sex[2];
    int age;
    char addr[40];
}*student;
```

也可省略结构指针名只作结构说明，然后用下面的语句定义结构指针：

```
struct string *student;
```

使用结构指针对结构成员的访问，与结构变量对结构成员的访问在表达方式上有所不同。结构指针对结构成员的访问表示为

结构指针名->结构成员

其中，“->”是两个符号“-”和“>”的组合，好像一个箭头指向结构成员。例如，要给上面定义的结构中的 name 和 age 赋值，可以用下面语句：

```
    strcpy(student->name, "Lu G.C");
    student->age=18;
```

实际上，student->name 就是(*student).name 的缩写形式。

需要指出的是，结构指针是指向结构的一个指针，即结构中第一个成员的首地址。因此，在使用之前应该对结构指针初始化，即分配整个结构长度的字节空间，这可用下面函数完成，仍以上例来说明：

```
student=(struct string*)malloc(size of (struct string));
```

其中，size of (struct string)自动求取 string 结构的字节长度，malloc( ) 函数定义了一个大小为结构长度的内存区域，然后将其地址作为结构指针返回。

注意

(1) 结构是一种数据类型，因此定义的结构变量或结构指针变量同样有局部变量和全程变量，视定义的位置而定。

(2) 结构变量名不是指向该结构的地址，这与数组名的含义不同。若需要求结构中第一个成员的首地址，则采用“&[结构变量名]”形式。

嵌套结构是指在一个结构成员中可以包括其他结构，Turbo C 允许这种嵌套。

例如，下面是一个有嵌套的结构：

```
struct string
{
    char name[8];
    int age;
    struct addr address;
} student;
```

其中，addr 为另一个结构的结构名，必须要先进行说明，即

```
struct addr
{
    char city[20];
    unsigned lon zipcode;
    char tel[14];
};
```

如果要给 student 结构中成员 address 结构中的 zipcode 赋值，则可写成：

```
student.address.zipcode=200001;
```

每个结构成员名从最外层直到最内层逐个被列出，即嵌套结构成员的表达方式是

结构变量名.嵌套结构变量名.结构成员名

其中，嵌套结构可以有很多，结构成员名为最内层结构中不是结构的成员名。

2.2.3 位结构

位结构是一种特殊的结构，在需按位访问一个字节或字的多个位时，位结构比按位运算符更加方便。

位结构定义的一般形式为

```
struct 位结构名{
    数据类型 变量名：整型常数;
    数据类型 变量名：整型常数;
} 位结构变量;
```

其中，数据类型必须是 int(unsigned 或 signed)。 整型常数必须是非负的整数，范围是 0～

15，表示二进制位的个数，即表示有多少位。

变量名是选择项，可以不命名，这样规定是为了排列需要。例如，我们可以定义如下一个位结构：

```
struct{
    unsigned incon:8;        /*incon 占用低字节的 0~7 位，共 8 位*/
    unsigned txcolor:4;      /*txcolor 占用高字节的 0~3 位，共 4 位*/
    unsigned bgcolor:3;      /*bgcolor 占用高字节的 4~6 位，共 3 位*/
    unsigned blink:1;        /*blink 占用高字节的第 7 位*/
}ch;
```

位结构成员的访问与结构成员的访问相同。例如，访问上例位结构中的 bgcolor 成员可写成：

```
ch.bgcolor
```

注意

(1) 位结构中的成员可以定义为 unsigned，也可定义为 signed，但当成员长度为 1 时，会被认为是 unsigned 类型，因为单个位不可能具有符号。

(2) 位结构中的成员不能使用数组和指针，但位结构变量可以是数组和指针。如果位结构变量是指针，其成员访问方式同结构指针。

(3) 位结构总长度(位数)是各个位成员定义的位数之和，可以超过两个字节。

(4) 位结构成员可以与其他结构成员一起使用。

例 2.3 定义关于工人信息的结构。

```
struct info{
    char name[8];
    int age;
    struct addr address;
    float pay;
    unsigned state:1;
    unsigned pay:1;
}workers;
```

例 2.3 定义了关于一个工人信息的结构。其中有两个位结构成员，每个位结构成员只有一位，因此只占一个字节但保存了两个信息，该字节中第一位表示工人的状态，第二位表示工资是否已发放。由此可见，使用位结构可以节省存储空间。

2.3 C 语言常见问题分析

我们在用 C 语言编写数据结构的程序时总会出现这样或那样的问题，现将针对在编程过程中碰到的问题所总结出的经验、教训与大家分享一下。

2.3.1　指针和数组

C程序中，指针和数组在不少地方可以相互替换使用，让人产生一种错觉，以为两者是等价的，其实不然。数组要么在静态存储区被创建(如全局数组)，要么在栈上被创建。数组名对应着(而不是指向)一块内存，其地址与容量在程序运行的过程中保持不变，只有数组的内容可以改变。指针可以随时指向任意类型的内存块，它的特征是“可变”，所以常用指针来操作动态内存。

2.3.2　分支语句

【参考图文】

许多有关C语言的书中都说过，switch…case的效率比if…else if的效率高。其实这个结论并不完全正确，关键看实际代码，少数情况下，如果if…else if写法得当，它的效率是高于switch…case的。

if…else if语句测试举例如下：

```
void TestIfElse( ){
    unsigned int x ;
      srand(1);                          /*初始化随机数发生器*/
      x=rand( )%100;
      if(x==0){
           …
      }
      else if(x==1){
           …
      }else{
           …
           }
}
```

复制代码x为0～100范围内的随机数，当x不为0和1时执行else分支，因此上面的函数有98%的概率是执行else分支的，而执行if分支和else if分支的概率各为1%。在执行else分支时，要先执行if判断语句，再执行else if判断语句后才会执行else分支中的内容。因此执行else分支需要进行两次判断。如果我们按下列方式将else分支的执行改成放到if里面去执行，则效率将大大提高。

改进后的代码如下：

```
void TestIfElseImp( ){
    unsigned int x ;
      srand( 1 );                        /*初始化随机数发生器*/
      x=rand( )%100;
      if(x>1){
           …
      }else if(x==0){
           …
```

```
            }else{
            …
        }
}
```

2.3.3 函数编写

函数接口的两个要素是参数和返回值，编程过程中经常出现函数功能实现没问题，但是不能得到正确的返回值。

(1) 函数的声明。参数的书写要完整，不要贪图省事只写参数的类型而省略参数名字。如果函数没有参数，则用 void 填充。

```
void SetValue(int width, int height);      //我们经常使用的格式
void SetValue(int, int);                   //不良的风格，但经常看到
float GetValue(void);                      //良好的风格
float GetValue( );                         //不良的风格，但经常使用
```

(2) 函数的返回值。C 语言中，凡不加类型说明的函数，一律自动按整型处理。经常会被误解为 void 类型。有的函数不需要返回值，但为了增加灵活性如支持链式表达，可以附加返回值。函数调用结果的返回可以通过 3 种方式实现：全局变量、return 和指针参数。

(3) 通用函数是指能够被用在各种情况下，或者可被许多不同程序员使用的函数。我们不应该把通用函数建立在全局变量上(不应该在通用函数中使用全局变量)。函数所需要的所有数据都应该用参数传递(在个别难以这样做的情况下，可以使用静态变量)。使用参数传递，除了有助于函数能用在多种情况下之外，还能提高函数代码的可读性。不用全局变量，可以使得函数减少因副作用而导致错误的可能性。

(4) 函数的功能要单一，不要设计多用途的函数。

(5) 注意函数的形参和实参有各自的存储单元。

(6) 函数体的规模要小。一般尽量将其控制在 50 行代码之内。

(7) 尽量避免函数带有“记忆”功能，相同的输入应当产生相同的输出，带有“记忆”功能的函数，其行为可能是不可预测的，因为它的行为可能取决于某种“记忆状态”。这样的函数既不易理解，又不利于测试和维护。在 C/C++语言中，函数的 static 局部变量是函数的“记忆”存储器。建议尽量少用 static 局部变量，除非必需。

(8) 不仅要检查输入参数的有效性，还要检查通过其他途径进入函数体内变量的有效性，如全局变量、文件句柄等。

(9) 用于出错处理的返回值一定要清楚，让使用者不容易忽视或误解错误的情况。

2.3.4 void 及 void 指针

许多初学者对 C/C++语言中的 void 及 void 指针类型不甚理解，致使在使用时出现一些不必要的错误。接下来将对 void 关键字的深刻含义进行解说，并简述 void 及 void 指针类型的使用方法和技巧。

void 真正的作用在于以下几个方面。

(1) 对函数返回的限定。

(2) 对函数参数的限定。

众所周知，如果指针 p1 和 p2 的类型相同，那么我们可以直接在 p1 和 p2 间互相赋值；如果 p1 和 p2 指向不同的数据类型，则必须使用强制类型转换运算符把赋值运算符右边的指针类型转换为左边的指针类型。

而 void *则不同，任何类型的指针都可以直接赋值给它，无需进行强制类型转换。

但这并不意味着，void *也可以无需强制类型转换地赋给其他类型的指针。因为“无类型”可以包容“有类型”，而“有类型”则不能包容“无类型”。

下面给出 void 关键字的使用规则。

(1) 谨慎使用 void 指针类型。

按照 ANSI C 标准，不能对 void 指针进行算法操作，即下列操作都是不合法的：

```
void * pvoid;
pvoid++;                    //ANSI C：错误
pvoid += 1;                 //ANSI C：错误
```

ANSI C 标准之所以这样认定，是因为它坚持进行算法操作的指针必须是确定知道其指向数据类型大小的。

(2) 如果函数的参数可以是任意类型指针，那么应声明其参数为 void *。

典型的如内存操作函数 memcpy 和 memset，其函数原型分别为：

```
void * memcpy(void *dest, const void *src, size_t len);
void * memset ( void * buffer, int c, size_t num );
```

这样，任何类型的指针都可以传入 memcpy 和 memset 中，这也真实地体现了内存操作函数的意义，因为它操作的对象仅仅是一片内存，而不论这片内存是什么类型。

(3) void 不能代表一个真实的变量。

下面的代码企图让 void 代表一个真实的变量，因此是错误的代码：

```
void a;                 //错误
function(void a);       //错误
```

void 的出现只是为了一种抽象的需要，如果正确地理解了面向对象中“抽象基类”的概念，也很容易理解 void 数据类型。正如不能给抽象基类定义一个实例，我们也不能定义一个 void(让我们类比地称 void 为“抽象数据类型”)变量。

2.3.5 关于 C 语言的高效编程

编写高效简洁的 C 语言代码是许多软件工程师追求的目标。本文就工作中的一些体会和经验作相关的阐述，不妥之处请读者指教。

方法 1 数学方法解决问题

数学是计算机之母，没有数学作为依据和基础就没有计算机的发展，所以在编写程序的时候，采用一些数学方法会对程序的执行效率有数量级的提高。

例 2.4 求 1～100 之和的实现代码 1。

```
int i,j;
```

```
for(i=1;i<=100;i++)
{
    j+=i;
}
```

例 2.5 求 1～100 之和的实现代码 2。

```
int i;
i=(100 *(1+100))/2;
```

例 2.4 循环了 100 次才解决问题，也就是说最少进行了 100 次赋值、100 次判断、200 次加法(i 和 j)；而例 2.5 采用公式 N(N+1)/2 求解，仅进行了 1 次加法、1 次乘法次、1 次除法。效果自然不言而喻。所以，在编程序的时候，要多动脑筋找规律，最大限度地发挥数学的威力来提高程序运行的效率。

方法 2 使用位操作

在计算机程序中，数据的位是可以操作的最小数据单位，理论上可以用“位运算”来完成所有的运算和操作。一般的位操作是用来控制硬件的，或者作数据变换使用，但是，灵活的位操作可以有效地提高程序运行的效率。

例 2.6 位操作实现代码 1。

```
int I,J;
I=257/8;
J=456%32;
```

例 2.7 位操作实现代码 2。

```
int I,J;
I=257>>3;
J=456-(456>>5<<5);
```

表面看来例 2.7 比例 2.6 麻烦了很多，但是，仔细查看产生的汇编代码就会明白，例 2.6 调用了基本的取模函数和除法函数，既有函数调用，又有很多汇编代码和寄存器参与运算；而例 2.7 则仅仅是几句相关的汇编代码，更简洁，效率更高。当然，由于编译器的不同，可能效率的差距不大，但是，以我们目前遇到的 MS C、ARM C 来看，效率的差距还是不小。相关汇编代码不在这里列举。

运用这个方法需要注意因为 CPU 的不同而产生的问题。例如，在 PC 上用这个方法编写的程序，并在 PC 上调试通过，当移植到一个 16 位机平台上时，可能会产生代码隐患。所以只有在一定技术进阶的基础下才可以使用此法。

方法 3 汇编嵌入

“在熟悉汇编语言的人眼里，C 语言编写的程序都是垃圾。”这种说法虽然偏激了一些，但是有它的道理。汇编语言是效率最高的计算机语言，但是，不可能依靠它来写一个操作系统。所以，为了获得程序的高效率，我们只好采用变通的方法——嵌入汇编，混合编程。

2.3.6 其他若干问题

1. 变量定义的次序

最好把同类型的定义在一起，最好把长度小的定义在前面，这样可以优化存储器布局，有可能节约空间，特别是在嵌入式系统存储器比较紧张的情况下更是如此。

2. const 修饰变量

```
const char*p;                    //指向常量的指针，内容不可变，但指针可以变
char*const p;                    //指针为常量，不可变，但内容可以变
```

3. 循环的使用

嵌套循环中尽量将循环次数少的循环作为外循环，这样可以减少CPU跨切循环层的次数。

对一个数组进行循环时，一般来说，如果每轮循环都是在循环处理完后循环变量才增加，则使用for循环比较方便；如果循环变量在循环处理的过程中增加，则使用while循环比较方便；另外，在使用for循环语句时，如果里面的循环条件很长，可以考虑用while循环进行替代，使代码的排版格式好看一些。

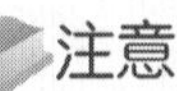注意

while循环里的条件被看成表达式，有些工具软件可能会提示出错了，因此构造死循环时最好使用for(; ;)来进行。

4. 比较语句

比较语句中，千万要留意无论是float还是double类型的变量都有精度限制，所以一定要避免将浮点变量用“==”或“!=”与数字比较，应该设法转化成“>=”或“<=”形式。

本 章 小 结

本章主要对C语言的有关知识进行简介，进一步加深对静态内存分配、动态内存分配、结构数组、结构指针、位结构和C语言常见问题等知识点的理解。

静态分配是编译器在处理程序源代码时分配的，动态分配是程序在执行时申请分配的；静态内存分配是在程序执行之前进行的，因而效率比较高，而动态内存分配则可以灵活地处理未知数目的变量。静态内存分配与动态内存分配的主要区别是静态对象是有名字的变量，可以直接对其进行操作；动态对象是没有名字的变量，需要通过指针间接地对它进行操作。静态对象的分配与释放由编译器自动处理；动态对象的分配与释放必须由程序员显式地管理，它通过malloc和free两个函数(C++中为new和delete运算符)来完成。

结构数组就是具有相同结构类型的变量集合。结构指针是指向结构的指针，由一个加在结构变量名前的“*”操作符来定义。而位结构是一种特殊的结构，在需按位访问一个字节或字的多个位时，位结构比按位运算符更加方便。总之，学习本章可为以后的学习打下坚实基础，并对学习数据结构的其他各章节有很大的帮助。

习题与思考

2.1 单选题

1．一个数组元素 a[i]与(　　)的表示等价。

A．*(a+i)　　B．a+i　　C．*a+i　　D．&a+i

2．一个 C 语言程序由(　　)组成。

A．若干函数　　B．一个主程序和若干子程序

C．若干过程　　D．若干子程序

3．为了避免在嵌套的条件语句 if…else 中产生二义性，C 语言规定 else 子句总是与(　　)配对。

A．缩排位置相同的 if　　B．其之前最近的未配对 if

C．其之后最近的 if　　D．同一行上的 if

4．在 C 语言中，if 语句中的判断表达式(　　)。

A．只能用关系表达式　　B．只能用逻辑表达式

C．只能是关系表达式或逻辑表达式　　D．可以是任何类型表达式

5．若有以下说明和语句：

```
struct student
{int age;
 int num;
}std,*p;p=&std;
```

则以下对结构体变量实体店中成员 age 的引用方式不正确的是(　　)。

A．std.age　　B．p->age　　C．(*p).age　　D．*p.age

2.2 填空题

1．若有定义 `int a=2;char b='b';double x=1.0;float y=3`，则 sizeof(a)，sizeof(b)，sizeof(x)，sizeof(y)，sizeof(1+2)，sizeof(long)的值分别是________、________、________、________、_______、________。

2．多分支选择除了可以使用开关语句(即 switch 语句)外，还可以用嵌套的________来实现。

3．常对数组进行的两种基本操作是_____________。

4．设有说明语句 `char *str="\t\'c\\Language\n";`，则指针 str 所指字符串的长度为_________。

5．若有定义 `int x[10];*p=x;`，则*(p+5)表示________。

2.3 思考题

1．结构类型与结构变量有何不同？

2．结构类型成员是否可以是一个结构变量？其能否与程序中的变量同名？

3．结构数组与普通数组有何不同？

4．用来指向一个结构变量的指针变量的值是哪个变量的起始地址？

5．如何用指针指向结构数组中的元素？

6．将一个结构变量的值传递给另一个函数有几种方法？

7．联合类型与结构类型有何不同？

8．联合类型能否出现在结构类型定义中？

9．试分别输出 long int、int、char、bool、float、double 和 long double 的字符长度和位数。输出形式如下：

```
long int: 4byte 32bit
```

10．我们知道，引入指针数组的目的是便于管理同类指针。例如，用指针数组能比较方便地处理众多的字符串。为此，请从键盘输入名字表，然后按字符串从小到大的顺序输出名字表。

11．找出一个整数矩阵中的鞍点。数组中鞍点位置上的元素，其值在其行中最大，而在其列中最小。注意，矩阵中可能没有鞍点。

12．写出一个函数的原型，要求其参数为一个指向字符型数据的指针数组，无返回值。

13．输入一行字符串，找出其中大写字母、小写字母、空格、数字及其他字符各有多少。

14．中国有句俗语“三天打鱼，两天晒网”，某人从 2000 年 1 月 1 号起开始“三天打鱼，两天晒网”，则这个人在以后的某一天是在“打鱼”，还是在“晒网”。

提示：为了判断这个人在哪一天是在“打鱼”，还是在“晒网”，首先要求出从 2000 年 1 月 1 号起到指定的日期共有多少天，将总天数被 5 取余后，就可以从余数中判断。要求用数据保存平、闰年每月的天数。

15．利用结构变量求解如下两个复数之积。

(1) $(3+4i)\times(5+6i)$；

(2) $(10+20i)\times(30+40i)$。

16．用结构指针修改“三天打鱼，两天晒网”的程序。

线 性 表

学习目标

(1) 掌握线性表的逻辑结构及特性。

(2) 掌握两类存储结构的描述方法及实现。

知识结构图

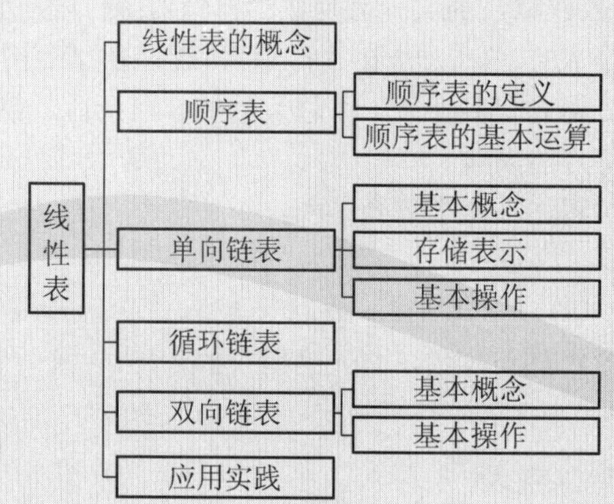

重点和难点

链表是本章的重点和难点。掌握指针操作和内存动态分配的编程技术是学好本章的基本要求，分清链表中指针 P 和结点 *p 之间的对应关系，区分链表中的头结点、头指针和首结点的不同，熟练掌握循环链表、双向链表。

学习指南

学习数据结构的目标是编出质量更高的程序，因此重在“实践”。本章讨论的线性表是我们将要学习的第一种也是最简单的一种数据结构，是整个课程的基础，特别是熟练掌握链表的操作对以后各章的学习将有很大的帮助。

3.1 线性表的概念

3.1.1 线性表的定义

线性表是最常用且最简单的数据结构。简言之，一个线性表是 n 个数据元素的有限序列。每个数据元素的具体含义在不同情况下各不相同，它可以是一个数或一个符号，也可以是一页书，甚至其他更复杂的信息。

线性表也是许多实际应用领域表结构的抽象形式，其可以用一个标识符来命名，如用 L 命名线性表：

$$L=(a_1, a_2,\cdots, a_{i-1}, a_i, a_{i+1},\cdots, a_n)$$

其中，n 为表长，n = 0 时为空表，而数据元素 a_i 只是一个抽象符号。

线性表的逻辑结构特征如下。

(1) 有且仅有一个起始结点 a_1，没有直接前趋，有且仅有一个直接后继 a_2。

(2) 有且仅有一个终结结点 a_n，没有直接后继，有且仅有一个直接前趋 a_{n-1}。

(3) 其余的内部结点 $a_i(2\leqslant i\leqslant n-1)$都有且仅有一个直接前趋 a_{i-1} 和一个直接后继 a_{i+1}。

所以线性表是一个线性结构，用二元组表示为

$$L=(D, R)$$

对应的逻辑结构如图 3.1 所示。

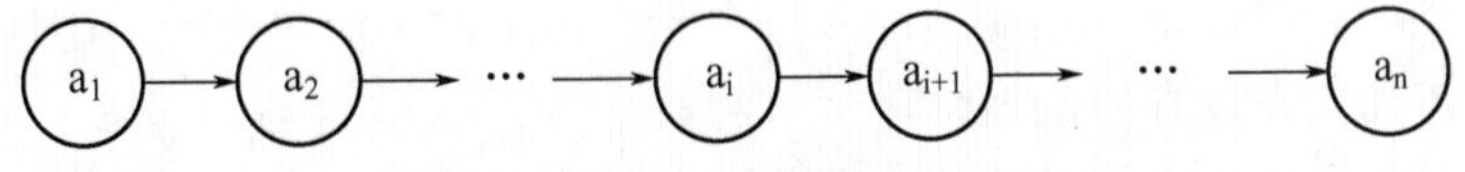

图 3.1 线性表的逻辑结构示意图

3.1.2 线性表的抽象数据类型描述

线性表是一个相当灵活的数据结构，它的长度可根据需要增长或缩短，即对线性表的数据元素不仅可以进行访问，还可以进行插入和删除等操作。

其抽象数据类型的定义如下。

```
ADT List {
    数据对象：D ={ ai | ai ∈ElemType, i=1,2,...,n,  n>=0}
                                        //ElemType 是自定义的类型标识符
    数据关系：R ={ <ai-1 ,ai >|ai-1 ,ai∈D, i=2,...,n }
```

基本操作如下。

```
    InitList(SqList *L )                //线性表的初始化，即构造一个空的线性表 L
    DestroyList(SqList &L )             //释放线性表 L 占用的内存空间
    ListEmpty(SqList L )                //判断线性表 L 是否为空表
    ListLength(SqList L )               //求线性表的长度，返回 L 中元素个数
    GetElem(SqList L,int i,DataType*e)    //求线性表 L 中第 i(1<=i<=n)个元素的值
```

```
    LocateElem(SqList L,DataType e)  //返回L中第1个与e满足关系的数据元素位序
    ListTraverse(SqList L)           //依次对线性表L的每个元素进行遍历
    ClearList(SqList *L )            //将线性表L重置为空表
    PutElem(SqList L,int i, DataType *e)     //给线性表L中第i个元素赋值
    ListInsert(SqList *L,int i,DataType e)
                                //在线性表L的第i个元素之前插入新的元素e
    ListDelete(SqList *L, int i, DataType *e)
                                //删除L的第i个元素，并用e返回其值，L的长度减1
    CreateListHead(SqList *L, int n) //用头插法建立带表头结点的单链线性表L
    CreateListTail(SqList *L, int n) //用尾插法建立带表头结点的单链线性表L
} ADT List
```

3.2 顺 序 表

3.2.1 顺序表的定义

线性表的顺序存储结构是指用一块地址连续的存储空间依次存储线性表的数据元素。这种存储结构称为顺序表，也称为向量。每个表的元素称为这个顺序表或向量的一个分量。

顺序表的特点如下。

(1) 在顺序表上，逻辑关系相邻的两个元素在物理位置上也相邻。

(2) 在顺序表上可以随机存取表中的元素。

如果已知顺序表第一个元素的地址和每个元素占用的存储单元数，由任一元素的序号就可以计算出该元素在内存中的地址。

设线性表的每个元素占用 d 个存储单元，并以所占的第一个单元的存储地址作为数据元素的存储位置，则线性表中第 i+1 个数据元素的存储位置 $LOC(a_{i+1})$和第 i 个数据元素的存储位置 $LOC(a_i)$之间满足下列关系：

$$LOC(a_{i+1})= LOC(a_i)+d$$

一般来说，线性表的第 i 个数据元素 a_i 的存储位置为

$$LOC(a_i)= LOC(a_1)+(i-1)\times d$$

其中，$LOC(a_1)$是线性表的第一个数据元素 a_1 的存储位置，通常称作线性表的起始位置或基地址。

在程序设计语言中，一维数组在内存中占用的存储空间就是一组连续的存储区域，可见，用一维数组来表示顺序表的数据存储区域是再合适不过的。

考虑到线性表的运算有插入、删除等运算，即表长是可变的，数组的容量需设计得足够大，设用 data[MAXSIZE]来表示，其中 MAXSIZE 是一个根据实际问题定义的足够大的整数，线性表中的数据从 data[0]开始一次存放，但当前线性表中最后一个元素的实际元素个数可能未达到 MAXSIZE，需要一个变量 length 记录当前线性表中最后一个元素在数组中的位置，即 length 起一个指针的作用，始终指向线性表中最后一个元素。其顺序表结构如图 3.2 所示。

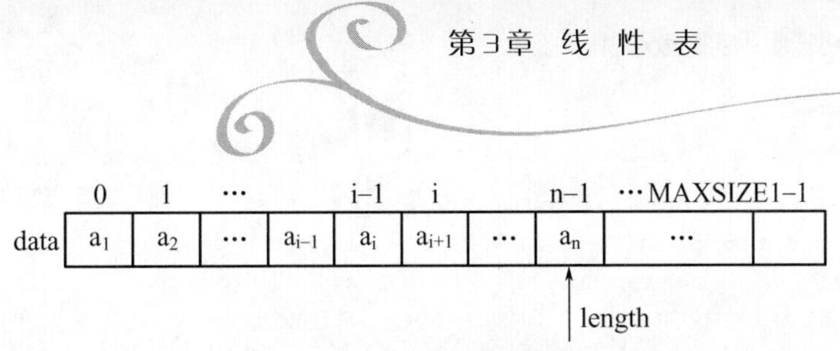

图 3.2 顺序表结构

在 C 语言中，顺序表的类型定义如下。

```
typedef int DataType;        //DataType 类型根据实际情况而定，这里假设为 int
#define MAXSIZE 100          //MAXSIZE 可根据实际情况而定
typedef struct{
    DataType data[MAXSIZE];
    int length;
}SqList;
```

3.2.2 顺序表的基本运算

1. 线性表中数据元素的插入

线性表的插入操作是指在线性表的第 i-1 个数据元素和第 i 个数据元素之间插入一个新的数据元素 b，就是使长度为 n 的线性表

$$(a_1, a_2,\cdots,a_{i-1}, a_i,\cdots,a_n)$$

变成长度为 n+1 的线性表

$$(a_1, a_2, \cdots, a_{i-1}, \boxed{b}, a_i,\cdots,a_n)$$

数据元素 a_{i-1} 和 a_i 的逻辑关系发生了变化。在线性表的顺序存储结构中，由于逻辑上相邻的数据元素在物理上也是相邻的，因此，除非 i = n + 1，否则必须移动元素才能反映这个逻辑关系的变化。图 3.3 表示一个线性表在进行插入操作的前后其数据元素在存储空间中位置的变化。

序号	数据元素
0	24
1	28
2	30
3	42
4	50

插入27 → 序号 1

序号	数据元素
0	24
1	27
2	28
3	30
4	42
5	50

图 3.3 线性表插入前后的状况

一般情况下，在第 i(1≤i≤n)个数据元素之前插入一个元素时，需要将 n 至第 i 个元素(共 n−i+1 个)依次向后移动一个位置，其实现算法如下。

算法 3.1 顺序表的插入

```
int ListInsert(SqList *L,int i,DataType e){
    int k;
```

```
    if (L->length==MAXSIZE)
        return ERROR;
    if (i<1 || i>L->length+1)
        return ERROR;

    if (i<=L->length)
    {
        for(k=L->length-1;k>=i-1;k--)
            L->data[k+1]=L->data[k];
    }
    L->data[i-1]=e;
    L->length++;

    return OK;
}
```

2. 线性表中数据元素的删除

线性表的删除操作是使长度为 n 的线性表

$$(a_1, a_2, \cdots, a_{i-1}, \boxed{a_i}, a_{i+1}, \cdots, a_n)$$

变成长度为 n−1 的线性表

$$(a_1, a_2, \cdots, a_{i-1}, \quad a_{i+1}, \cdots, a_n)$$

数据元素 a_{i-1}、a_i 和 a_{i+1} 之间的逻辑关系发生变化，为了在存储结构上反映这些变化，同样需要移动元素，如图 3.4 所示。

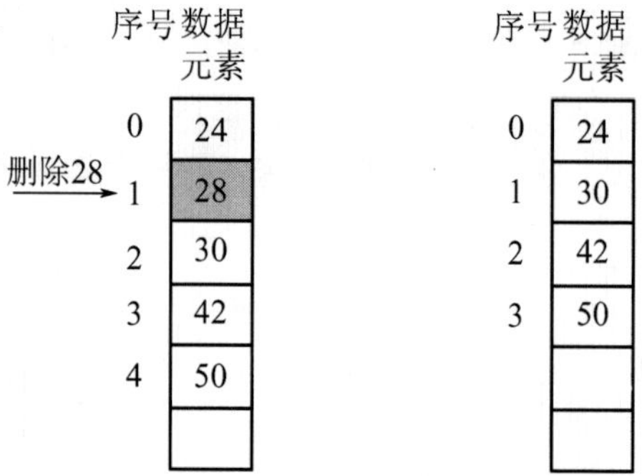

图 3.4　线性表删除前后的状况

一般情况下，删除第 i(1≤i≤n)个元素时需将从第 i+1 至第 n(共 n−i)个元素依次向前移动一个位置，算法如下。

算法 3.2　顺序表的删除

```
Int ListDelete(SqList *L,int i,DataType *e) {
    int k;
    if (L->length==0)
        return ERROR;
    if (i<1 || i>L->length)                    //删除位置不正确
        return ERROR;
```

```
    *e=L->data[i-1];
    if (i<L->length)
    {
            for(k=i;k<L->length;k++)
                    L->data[k-1]=L->data[k];
    }
    L->length--;
    return OK;
}
```

3.3 单 向 链 表

3.3.1 单向链表的基本概念

顺序表的存储特点是用物理上的相邻来实现逻辑上的相邻，它要求用连续的存储单元顺序存储线性表中各元素，因此，对顺序表插入、删除时需要通过移动数据元素来实现，这影响了运行效率。线性链表不需要用地址连续的存储单元来实现，而是通过“链”建立起数据元素之间的逻辑结构，显然，对线性表的插入、删除不需要移动数据元素。

以链式结构存储的线性表称为线性链表。线性链表的特点是表中数据元素可以用任意的存储单元来存储。线性链表中逻辑相邻的两元素的存储空间可以是不连续的。为表示逻辑上的顺序关系，对表的每个数据元素除存储本身的信息之外，还需存储一个指示其直接后继的信息。这两部分信息组成数据元素的存储映像，称为结点。由于这种链表的每个结点只有一个指示其直接后继的信息，故将这种链表称为单向链表，简称为单链表。

3.3.2 单向链表的存储表示

数据结构在计算机中的表示称为物理结构，又称存储结构。单向链表结点的数据结构由数据域和指针域构成。

(1) 数据域：存储元素数据信息；

(2) 指针域：存储直接后继的存储位置(地址)。

单向链表结点可以很形象地表示为图 3.5 所示的结构。

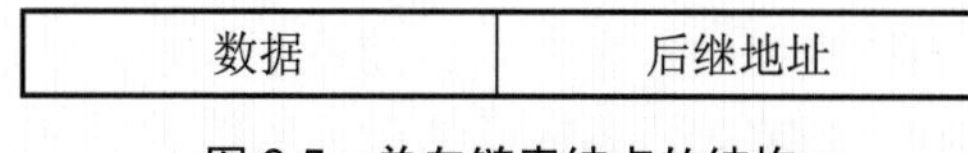

图 3.5 单向链表结点的结构

n 个结点(a_i($1 \leqslant i \leqslant n$)的存储映像)链接成一个链表，即为线性表($a_1, a_2, \cdots, a_n$)的链式存储结构。整个链表的存取必须从头指针开始进行，头指针指示链表中第一个结点(第一个数据元素的存储映像)的存储位置。同时，由于最后一个数据元素没有直接后继，则线性链表中最后一个结点的指针为空(NULL)。

知识链接

(1) 前驱地址：上一个元素的存储地址。

(2) 后继地址：下一个元素的存储地址。

用C语言定义的单向链表结构如下：

```
typedef struct Node
{
    DataType data;
    struct Node *next;
}Node;
typedef struct Node *LinkList;
```

假设L是LinkList型的变量，则L为单向链表的头指针，它指向表中第一个结点。若L为空(NULL)，则所表示的线性表为“空”表，其长度n为“零”。有时，我们在单向链表的第一个结点之前附设一个结点，称为“头结点”。头结点的数据域可以不存储任何信息，也可以存储诸如线性表的长度等类的附加信息，头结点的指针域存储指向第一个结点的指针(第一个元素结点的存储位置)。如图3.6(a)所示，此时，单向链表的头指针指向头结点。若线性表为空表，则头结点的指针域为“空”，如图3.6(b)所示。

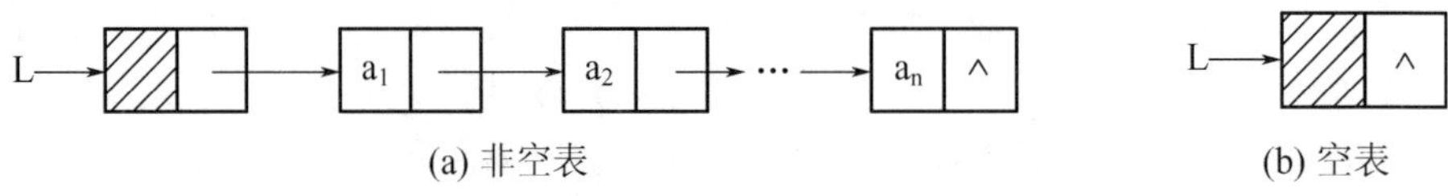

图3.6　带头指针的单向链表

3.3.3　单向链表的基本操作

一般情况下，一个单向链表需要创建操作(初始化分配内存的操作)、销毁操作(释放整个链表的所有结点及结点数据的内存操作)。此外，我们经常碰到的栈操作、队列操作等方面的功能都要放到这里来实现，还有获取某个位置上的结点数据、链表结点数量等操作。

对于链表的栈操作，可以通过将结点添加在链表尾部来实现压栈操作，通过弹出链表的头结点来实现出栈操作。队列操作和栈操作差不多，可以通过从链表尾部添加结点，从头部弹出结点来实现。那么可否从尾部弹出结点呢？如果从尾部弹出结点，需要先知道尾部结点的上一个结点，还要将这个结点的下一结点指针赋为NULL。但单向链表没有前向指针，所以要得到这个结点只能从链表头部去搜索，这样效率太低了。因此，单向链表不能从尾部弹出结点。

单向链表与顺序表不同，顺序表在建立时，已定义好此顺序表的界限，并分配给它一块连续的存储单元，而单向链表的结点数在定义前是不确定的，单向链表中的元素也不一定是顺序安排的，而是由指针域来表示各元素的前后邻接关系，故单向链表的运算操作与顺序表一般有所不同。单向链表的常用运算主要有遍历、插入和删除等。所谓遍历，就是根据已给的表头指针，按由前向后的次序访问单链表的各个结点。

单向链表的基本操作如下。

```
InitList(LinkList *L)                       //初始化单向链表
ListEmpty(LinkList L)                       //判断单向链表是否为空
ClearList(LinkList *L)                      //单向链表的置空
CreateListTail(LinkList *L, int n)          //从尾创建添加结点
CreateListHead(LinkList *L, int n)          //从头创建添加结点
ListLength(LinkList L)                      //获取单向链表结点数量(表长)
```

```
GetElem(LinkList L,int i,DataType *e)          //获取指定位置结点
LocateElem(LinkList L,DataType e)              //获取指定数据元素的位序
ListInsert(LinkList *L,int i,DataType e)       //插入指定位置的数据元素
ListDelete(LinkList *L,int i,DataType *e)      //删除指定位置的数据元素
ListTraverse(LinkList L)                       //单向链表的遍历
```

下面给出单向链表这些基本函数的实现编码。

1. *初始化单向链表*

算法 3.3 初始化单向链表

```
int InitList(LinkList *L)
{
    *L=(LinkList)malloc(sizeof(Node));        //产生头结点，并使L指向此头结点
    if(!(*L))                                 //存储分配失败
            return ERROR;
    (*L)->next=NULL;
    return OK;
}
```

2. *判断单向链表是否为空*

若 L 为空表，则返回 TRUE，否则返回 FALSE。

算法 3.4 判断单向链表是否为空

```
int ListEmpty(LinkList L)
{
    if(L->next)
            return FALSE;
    else
            return TRUE;
}
```

3. *单向链表的置空*

算法 3.5 单向链表的置空

```
int ClearList(LinkList *L)
{
    LinkList p,q;
    p=(*L)->next;                             //p指向第一个结点
    while(p)                                  //没到表尾
    {
        q=p->next;
        free(p);
        p=q;
    }
    (*L)->next=NULL;
    return OK;
}
```

4. 求表长

算法 3.6 求单向链表的表长

```
int ListLength(LinkList L)
{
    int i=0;
    LinkList p=L->next;
    while(p)
    {
        i++;
        p=p->next;
    }
    return i;
}
```

5. 取值

用 e 返回 L 中第 i 个数据元素的值。

算法 3.7 求单向链表某元素的值

```
int GetElem(LinkList L,int i,DataType *e)
{
    int j;
    LinkList p;
    p = L->next;
    j = 1;                          //计数器 j
    while (p && j<i)                //p 不为空或者计数器 j 还没有等于 i 时，循环继续
    {
        p = p->next;
        ++j;
    }
    if ( !p || j>i )
        return ERROR;
    *e = p->data;
    return OK;
}
```

6. 求位序

返回 L 中第 1 个与 e 满足关系的数据元素的位序。若这样的数据元素不存在，则返回 0。

算法 3.8 求单向链表某元素的位序

```
int LocateElem(LinkList L,DataType e)
{
    int i=0;
    LinkList p=L->next;
    while(p)
    {
```

```
        i++;
        if(p->data==e)                           //找到这样的数据元素
                return i;
        p=p->next;
    }

    return 0;
}
```

7. 单向链表的插入

在 L 中第 i 个位置之前插入新的数据元素 e，L 的长度加 1。

算法 3.9 单向链表的插入

```
int ListInsert(LinkList *L,int i,DataType e)
{
    int j;
    LinkList p,s;
    p = *L;
    j = 1;
    while (p && j < i)                          //寻找第 i 个结点
    {
        p = p->next;
        ++j;
    }
    if (!p || j > i)
        return ERROR;
    s = (LinkList)malloc(sizeof(Node));     //生成新结点
    s->data = e;
    s->next = p->next;
    p->next = s;
    return OK;
}
```

8. 单向链表的删除

删除 L 的第 i 个数据元素，并用 e 返回其值，L 的长度减 1。

算法 3.10 单向链表的删除

```
int ListDelete(LinkList *L,int i,DataType *e)
{
    int j;
    LinkList p,q;
    p = *L;
    j = 1;
    while (p->next && j < i)
    {
       p = p->next;
       ++j;
```

```
    }
    if (!(p->next) || j > i)
        return ERROR;
    q = p->next;
    p->next = q->next;
    *e = q->data;                                    //将 q 结点中的数据给 e
    free(q);                                         //系统回收此结点，释放内存
    return OK;
}
```

9. 单向链表的遍历

依次将 L 的每个数据元素输出。

算法 3.11 单向链表的遍历

```
int ListTraverse(LinkList L)
{
    int count =0;
    LinkList p=L->next;
    while(p)
    {
        printf("%d ", p->data);
        p=p->next;
        count++;
    }
    printf("\n");
    return (count);
}
```

10. 头插法

随机产生 n 个元素的值，建立带表头结点的单向链表 L(头插法)。

算法 3.12 单向链表的头插法

```
void CreateListHead(LinkList *L, int n)
{
    LinkList p;
    int i;
    srand(time(0));                                  //初始化随机数种子
    *L = (LinkList)malloc(sizeof(Node));
    (*L)->next = NULL;
    for (i=0; i<n; i++)
    {
        p = (LinkList)malloc(sizeof(Node));
        p->data = rand()%100+1;                      //随机生成 100 以内的数字
        p->next = (*L)->next;
        (*L)->next = p;
    }
}
```

11. 尾插法

随机产生 n 个元素的值，建立带表头结点的单向链表 L(尾插法)。

算法 3.13 单向链表的尾插法

```
void CreateListTail(LinkList *L, int n)
{
    LinkList p,r;
    int i;
    srand(time(0));
    *L = (LinkList)malloc(sizeof(Node));
    r=*L;
    for (i=0; i<n; i++)
    {
            p = (Node *)malloc(sizeof(Node));
            p->data = rand()%100+1;
            r->next=p;
            r = p;
        }
        r->next = NULL;
}
```

3.4 循 环 链 表

循环链表是另一种形式的链式存储结构。它的特点是表中最后一个结点的指针域指向头结点，整个链表形成一个环。由此，从表中任何一结点出发均可找到表中其他结点。图 3.7 所示为单链的循环链表，类似地，还有多重链的循环链表。

【参考图文】

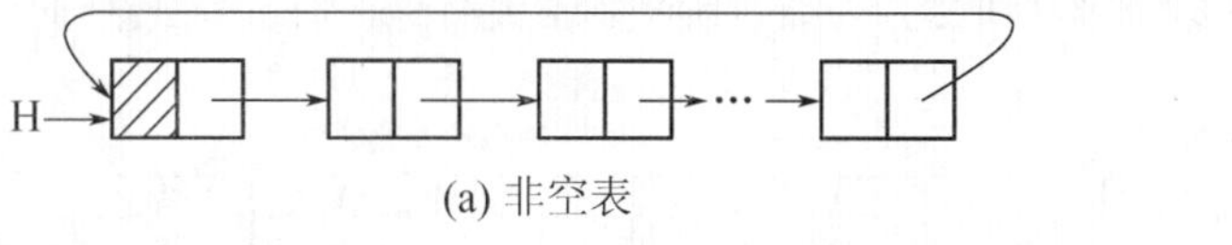

图 3.7 单链的循环链表

循环链表的操作和线性链表基本一致，差别仅在于算法中的循环条件不是 p 或 p->next 是否为空，而是在于它们是否等于头指针。但有时候，在循环链表中设立尾指针而不设头指针，如图 3.8(a)所示，可使某些操作简化。例如，将两个线性表合并成一个表时，仅需将一个表的表尾和另一个表的表头相接。当线性表以图 3.8(a)所示的循环链表作为存储结构时，这个操作仅改变两个指针值即可，运算时间为 O(1)。合并后的表如图 3.8(b)所示。

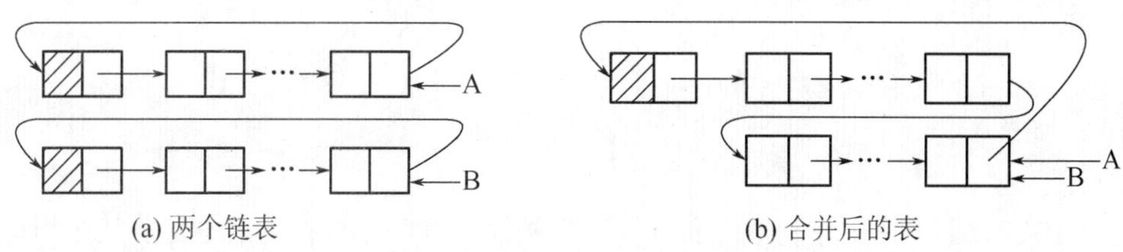

图 3.8 仅设尾指针的循环链表

3.5 双向链表

3.5.1 双向链表的基本概念

对单向链表进行改进的另一种链式存储结构是双向链表。双向链表中每个结点除了有向后的指针(next)外，还有一个指向前一个结点的指针(prior)，这样形成的链表中有两条不同方向的链，因此，从某一个结点均可向两个方向访问。这样构成的链表有两个方向不同的链，简称为双向链表。双向链表的结点结构如图 3.9 所示。其中链域 prior 和 next 分别指向本结点的直接前趋结点和直接后继结点。

【参考图文】

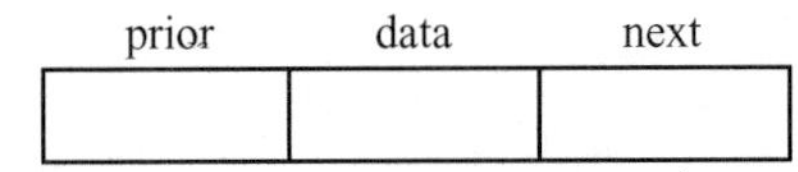

图 3.9　双向链表的结点结构

双向链表较单向链表虽然要多占用一些存储单元，但对其插入和删除操作，以及查找结点的前趋和后继都非常方便。在链表较长，插入、删除较频繁或需要经常查找结点的前趋和后继的情况下使用双向链表比较合适。双向链表结构是一种对称结构，设指针 p 指向双向链表的某一结点，则双向链表的对称性可用下式来表示：

p=(p->next)->prior=(p->prior)->next

也就是结点*p 的地址既存放在其前趋结点*(p->prior)的后继指针域中，又存放在它的后继结点*(p->next)的前趋指针域中。

如果循环链表的结点再采用双向指针，就成为双向循环链表。图 3.10 是一个具有空表头结点的双向循环链表，其表尾结点的向右指针指向空表头结点，空表头结点的向左指针指向表尾结点。

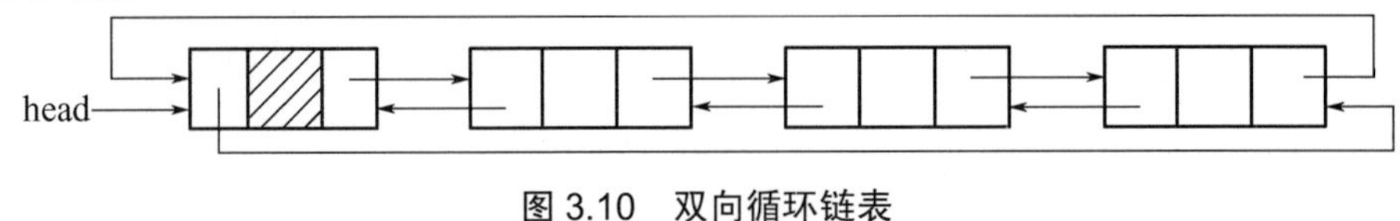

图 3.10　双向循环链表

3.5.2 双向链表的基本操作

与单向链表相比较，双向链表只是增加了直接前继的指针域，故其存储结构可表示为：

```
typedef struct DuLNode {
    DataType data;
    struct DuLNode *prior;
    struct DuLNode *next;
} DuLNode, *DuLink;
```

在双向链表上进行操作基本上和单向链表相同，例如，查找结点也是要从头指针指示的头结点开始，但插入和删除时必须同时修改两个方向上的指针。

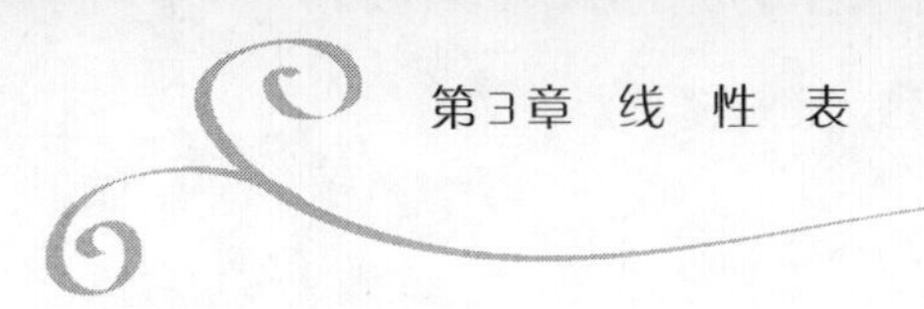

1. 双向链表的插入

在带头结点的双向链表 L 中的结点*p 之后插入结点*s，如图 3.11 所示，其代码实现见算法 3.14。

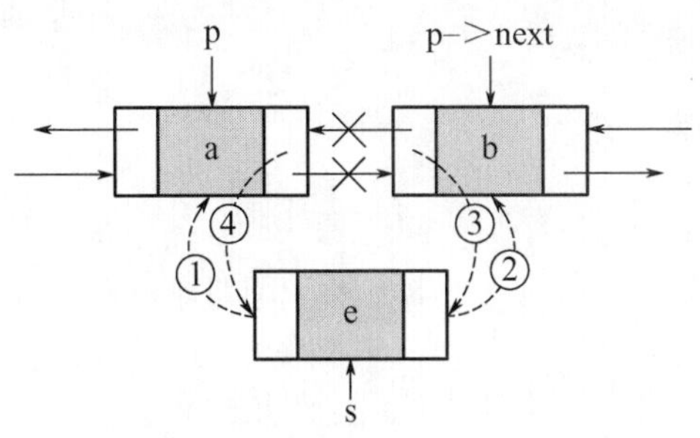

图 3.11 在双向链表中的结点*p 之后插入结点*s

算法 3.14 双向链表插入结点

```
void ListInsert_DuL(DuLink &L, DuLNode* p, DuLNode* s )
{
    s->prior = p;                          //①把 p 赋值给 s 的前趋
    s->next = p->next;                     //②把 p->next 赋值给 s 的后继
    p->next->prior = s;                    //③把 s 赋值给 p->next 的前趋
    p->next = s;                           //④把 s 赋值给 p 的后继
}
```

其中，步骤①和②可前后互换，但步骤④不能先执行，否则会使得 p->next 提前变成了 s，使得插入工作无法完成。我们可以理解为，先搞定 s 的前趋和后继，再搞定后结点的前趋，最后解决前结点的后继。

2. 双向链表的删除

在带头结点的双向链表 L 中删除结点*p，并以 e 返回它的数据元素，如图 3.12 所示，其代码实现见算法 3.15。

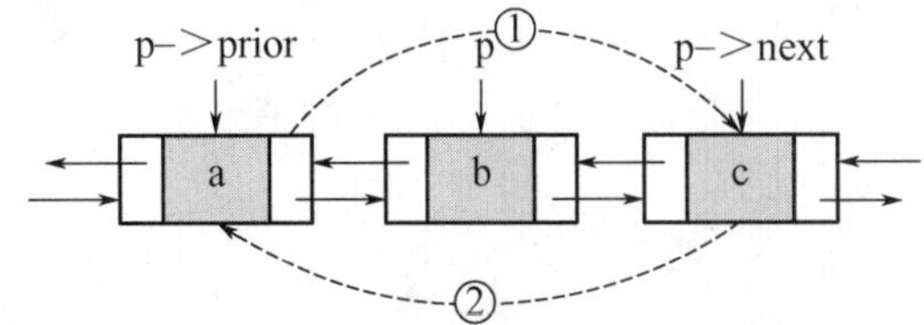

图 3.12 双向链表中删除结点*p

算法 3.15 双向链表删除结点

```
void ListDelete_DuL(DuLink &L, DuNode* p, DataType &e)
{
    p-> prior ->next = p->next;
    p->next->prior = p-> prior;
    e = p->data;
```

```
    free(p);
}
```

3.6 应用实践

3.6.1 单向链表排序问题

设有一个正整数序列组成的有序单向链表(按递增次序有序，且允许有相等的整数存在)，试编写能实现下列功能的算法 (要求用最少的时间和最小的空间)：

(1) 确定在序列中比正整数 x 大的数有几个(相同的数只计算一次，如序列{20,20,17,16,15,15,11,10,8,7,7,5,4}中比 10 大的数有 5 个)。

(2) 在单向链表将比正整数 x 小的数按递减次序排列。

(3) 将比正整数 x 大的偶数从单向链表中删除。

解：在由正整数序列组成的有序单向链表中，数据递增有序，允许相等整数存在。确定比正整数 x 大的数有几个属于计数问题，相同数只计一次，要求记住前趋，前趋和后继值不同时移动前趋指针，进行计数。将比正整数 x 小的数按递减排序，属于单向链表的逆置问题。将比正整数 x 大的偶数从表中删除，属于单向链表中结点的删除操作，必须记住其前趋，以使链表不断链。算法结束时，链表中结点的排列是：小于 x 的数按递减排列，接着是 x(若有的话)，最后是大于 x 的奇数。

```
void  exam(LinkList la, int x)
//la 是递增有序单向链表，数据域为正整数
{
    LinkList r,u;
    p=la->next;
    q=p;
    pre=la;                         //pre 为 p 的前趋结点指针
    k=0;                            //计数(比 x 大的数)
    la->next=null;                  //置空单向链表表头结点
    while(p && p->data<x)           //先解决比 x 小的数按递减次序排列
    {
        r=p->next;                  //暂存后继
        p->next=la->next;           //逆置
        la->next=p;
        p=r;                        //恢复当前指针。退出循环，r 指向值大于等于 x 的结点
    }
    q->next=p; pre=q;               //pre 指向结点的前趋结点
    while(p->data==x)
    {
        pre=p;
        p=p->next;
    }                               //从小于 x 到大于 x 可能经过等于 x
    while(p)                        //以下结点的数据域的值均大于 x
    {
```

```
        k++;
        x=p->data;                        //下面仍用 x 表示数据域的值，计数
        if(x % 2==0)                      //删偶数
        {
            while (p->data==x)
            {
                u=p;
                    p=p->next;
                free(u);
            }
            pre->next=p;                  //拉上链
        }
        else                              //处理奇数
            while (p->data==x)            //相同数只计一次
            {
                pre->next=p;
                pre=p;
                p=p->next;
            }
    }                                     //while(p)
    printf("比值%d 大的数有%d 个\n", x, k);
}
```

算法讨论：p 为工作指针，q 指向最小值元素，其可能的后继将是大于等于 x 的第一个元素。本题“要求用最少的时间和最小的空间”。本算法中“最少的时间”体现在链表指针不回溯，最小空间体现在仅利用了几个变量。在查比 x 大的数时，必须找到第一个比 x 大的数所在结点(因等于 x 的数可能有，也可能多个，也可能没有)。在此之后，统计比正整数 x 大的数有几个，相同数只算一个，同时对偶数进行删除操作。

3.6.2 自动预订飞机票问题

设民航公司有一个自动预订飞机票的系统，该系统中有一张用双向链表表示的乘客表，乘客表中的结点按乘客姓氏的字母顺序相连。例如，表 3-1 是某个时刻的乘客表。试为该系统写出一个当任一乘客要订票时修改乘客表的算法。

表 3-1 乘客表

序号	data	Llink	Rlink
1	Liu	6	5
2	Chan	4	9
3	Wang	5	7
4	Bao	0	2
5	Mai	1	3
6	Dong	8	1
7	Xi	3	0
8	Deng	9	6
9	Cuang	2	8

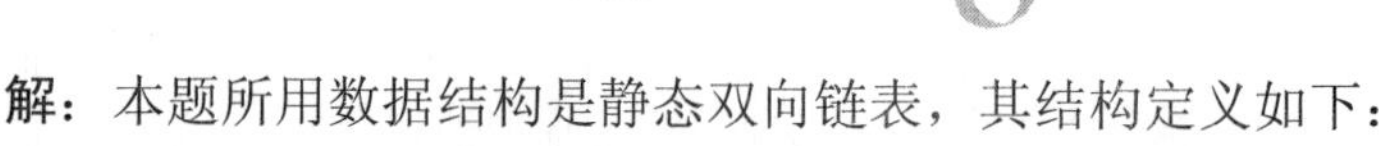

解：本题所用数据结构是静态双向链表，其结构定义如下：

```
typedef struct node
{
    char data[maxsize];        //姓名，maxsize 是可能达到的用户名的最大长度
    int Llink, Rlink;          //前向、后向链，其值为乘客数组下标值
}unode;
unode  user[max];              //max 是可能达到的最多客户数
```

设 av 是可用数组空间的最小下标，当有客户要订票时，将其姓名写入该单元的 data 域，然后在静态链表中查找其插入位置。将该乘客姓名与链表中第一个乘客姓名比较，根据大于或小于第一个乘客姓名而决定沿第一个乘客的右链或左链去继续查找，直到找到合适位置将其插入。

```
void Insert(unode user[max],int av)
/*user 是静态双向链表，表示飞机票订票系统，元素包含 data、Llink 和 Rlink3 个域，结点
 按来客姓名排序。本算法处理任一乘客订票申请*/
{
    scanf("%s",s);                              //s 是字符数组，存放乘客姓名
    strcopy(user[av]->data,s);
    p=1;                                        //p 为工作指针(下标)
    if(strcmp(user[p]->data,s)<0)               //沿右链查找
    {
        while (p!=0 &&strcmp(user[p] ->data,s<0)
        {
            pre=p;
            p=user[p]->Rlink;
        }
        user[av]->Rlink=p;
        user[av]->Llink=pre;                    //将新乘客链入表中
        user[pre]->Rlink=av;
        user[p]->Llink=av;
    }
    else                                        //沿左、右链查找
    {
        while (p!=0 &&strcmp(user[p]->data,s)>0)
        {
            pre=p;
            p=user[p]->Llink;
        }
        user[av]->Rlink=pre;
        user[av]->Llink=p;                      //将新乘客链入表中
        user[pre]->Llink=av;
        user[p]->Rlink=av;
    }
}
```

算法讨论：本算法只讨论了乘客订票情况，未考虑乘客退票，也未考虑从空开始建立链表，增加乘客时也未考虑姓名相同者(实际系统中姓名不能作为主关键字)。完整系统应有：①初始化，即把整个数组空间初始化成双向静态链表，全部空间均是可利用空间；②申请空间，即当有乘客购票时，要申请空间，直到无空间可用为止；③释放空间，即当乘客退票时，将其空间收回。由于空间使用无优先级，故可将退票释放的空间作为下一个可利用空间，链入可利用空间表中。

3.6.3 约瑟夫(Joseph)环问题

编号为 1，2，…，n 的 n 个人按顺时针方向围坐一圈，每人持有一个密码(正整数)。一开始任选一个正整数作为报数上限值 m，从第一个人开始按顺时针方向自 1 开始顺序报数，报到 m 时停止报数。报 m 的人出列，将他的密码作为新的 m 值，从他在顺时针方向上的下一个人开始重新从 1 报数，如此下去，直至所有人全部出列为止。试设计一个程序求出出列顺序。

解：先由用户指定总人数 n，再创建一个循环链表，并读入个人密码存放在 key 中。再开始模拟报数，直到全部出列。

```
#include  <stdio.h>
#include  <stdlib.h>
#include  <conio.h>
//链表定义
struct  cl_node
{
    int  elem;
    int  key;
    struct  cl_node  *next;
};
//CreateList 函数用来建立一个长度为 n 的循环链表，返回的是第一个结点的前趋结点
struct  cl_node  *CreateList(int  n)
{
    int  i;
    struct  cl_node  *L,*p,*q;
    //创建第一个结点
    L= (struct  cl_node  *)malloc(sizeof(struct  cl_node));
    if(L==NULL)
    {
        printf("Fail  to  alloc  memory!\n");
        exit(0);
    }
    L->next=L;
    L->elem=1;
    scanf("%d",&(L->key));
    p=L;
    for(i=1; i<n; i++)
    {
```

```
        //逐个加入后继结点
        q= (struct  cl_node  *)malloc(sizeof(struct  cl_node));
        if(q==NULL)
        {
            printf("Fail  to  alloc  memory!\n");
            exit(0);
        }
        q->next=p->next;
        q->elem=p->elem+1;
        scanf("%d",&(q->key));
        p->next=q;
        p=q;
    }
    return  p;
}

void  main()
{
    int  count,n,m,i;
    struct  cl_node  *p,*q;
    printf("Please  input  the  people's  number:");
    scanf("%d",&n);
    //如果 n=1，直接输出，这样可简化程序
    if(n==1)
    {
        printf("%d\n",n);
        exit(1);
    }
    //否则，输入个人所持密码，建立链表
    printf("Please  input  everyone's  password:");
    p=CreateList(n);
    q=p->next;//q 指向第一个结点
    //初始化计数器 m，开始进行报数操作
    printf("The  upper  limits  m  is:");
    scanf("%d",&m);
    count=n;
    while(p!= q)
    {
        for(i=1; i<=m; i++)
        {
            if(i==m)
            {
                //输出 q->elem 以及其出队的顺序，将 m 值更新为 q->key
                printf("%3d------%d\n",n-(--count),q->elem);
                m=q->key;
                //删除出队结点
                p->next=q->next;
```

```
                free(q);
                q= p->next;
                if(p!= q)
                    i=0;
                else
                    break;
            }
            else
            {
                //否则，指针后移
                p=p->next;
                q=q->next;
            }
        }
    }
    printf("%3d------%d\n",n,p->elem);
}
```

本章小结

这一章介绍了线性表的抽象数据类型的定义，以及它的两种存储结构的实现。

线性表是n(n≥0)个数据元素的序列，通常写成

$$(a_1, a_2, \cdots, a_{i-1}, a_i, \cdots, a_n)$$

因此，线性表中除第一个元素和最后一个元素外都只有一个前趋和一个后继。线性表中每个元素都有自己确定的位置，即“位序”。

n=0时的线性表称为“空表”，它是线性表的一种特殊状态。因此，在写线性表的操作算法时一定要考虑算法对空表的情况是否正确。

顺序表是线性表的顺序存储结构的一种别称。它的特点是以“存储位置相邻”表示两个元素之间的前趋与后继关系。因此，顺序表的优点是可以随机存取表中任意一个元素，其缺点是每作一次插入或删除操作时，平均来说必须移动表中一半元素。顺序表主要应用于查询而很少作插入和删除操作、表长变化不大的线性表。

链表是线性表的链式存储结构的别称。它的特点是以“指针”指示后继元素，因此线性表的元素可以存储在存储器中任意一组存储单元中。它的优点是便于进行插入、删除操作，但不能进行随机存取，每个元素的存储位置都存放在其前趋元素的指针域中，为取得表中任意一个数据元素都必须从第一个数据元素开始查询。由于它是一种动态分配的结构，结点的存储空间可以随用随取，并在删除结点时随时释放，以便系统资源更有效地被利用。这对编制大型软件非常重要，作为一个程序员，在编制程序时必须养成这种习惯。

由于线性表是一种应用很广的数据结构，链表的操作又很灵活，因此在C++等面向对象的程序设计语言中都已为程序员提供了链表类，读者在使用时应该首先充分了解它的操作接口。在自己实现链表类时，正如文中所述，应该为链表结构设置合适的数据成员和合适的操作接口，以使每个基本操作的时间复杂度在尽可能低的级别上。

习题与思考

3.1 单选题

1．下面关于线性表的叙述中，错误的是(　　)。

A．线性表采用顺序存储，必须占用一片连续的存储单元

B．线性表采用顺序存储，便于进行插入和删除操作

C．线性表采用链接存储，不必占用一片连续的存储单元

D．线性表采用链接存储，便于插入和删除操作

2．链表不具有的特点是(　　)。

A．插入、删除不需要移动元素　　B．可随机访问任一元素

C．不必事先估计存储空间　　D．所需空间与线性长度成正比

3．非空的循环单向链表 head(头指针)的尾结点 p(尾指针)满足(　　)。

A．p->next=head　　B．p->next=NULL

C．p=NULL　　D．p= head

4．对于一个头指针为 head 的带头结点的单向链表，判定该表为空表的条件是(　　)。

A．head==NULL　　B．head->next==NULL

C．head->next==head　　D．head!=NULL

5．完成在双向循环链表结点 p 之后插入 s 的操作是(　　)。

A．p->next=s ; s->prior=p; p->next->prior=s ; s->next=p->next;

B．p->next->prior=s; p->next=s; s->prior=p; s->next=p->next;

C．s->prior=p; s->next=p->next; p->next=s; p->next->prior=s ;

D．s->prior=p; s->next=p->next; p->next->prior=s ; p->next=s;

3.2 填空题

1．线性表 L=(a_1，a_2，…，a_n)用数组表示，假定删除表中任一元素的概率相同，则删除一个元素平均需要移动元素的个数是________。

2．对于一个具有 n 个结点的单向链表，在已知的结点*p 后插入一个新结点的时间复杂度为________，在给定值为 x 的结点后插入一个新结点的时间复杂度为________。

3．已知指针 p 指向单向链表 L 中的某结点，则删除其后继结点的语句是________。

4．带头结点的双循环链表 L 为空表的条件是________。

5．以下程序的功能是实现带附加头结点的单向链表数据结点逆序连接，请填空。

```
void reverse(LinkList h)
{
    LinkList p,q;
    p=h->next;
    h->next=NULL;
    while(__(1)__)
        {q=p; p=p->next; q->next=h->next; h->next=__(2)__;   }
}
```

3.3 思考题

1．线性表的顺序存储结构具有 3 个弱点：①在作插入或删除操作时需移动大量元素；②由于难以估计，必须预先分配较大的空间，往往使存储空间不能得到充分利用；③表的容量难以扩充。线性表的链式存储结构是否一定都能够克服上述 3 个弱点？试讨论。

2．若较频繁地对一个线性表进行插入和删除操作，该线性表宜采用何种存储结构?为什么？

3．试比较顺序表与链表的优缺点。

4．试分析单向链表与双向链表的优缺点。

5．写出在单循环链表中的 p 所指结点之后插入一个 s 所指结点的操作。

6．写出在循环双链表中的 p 所指结点之后插入一个 s 所指结点的操作。

7．试在链表中的 p 所指结点之前插入一个 s 所指结点的操作。

8．试利用链表来表示一元多项式：$A(x) = 4x^{11} + 9x^{8} + 11x^{3} + 8x + 7$。

9．有一个单向链表 L(至少有一个结点)，其结点指针为 head，编写一个函数将 L 逆置，即最后一个结点变成第一个结点，原来倒数第二个结点变成第二个结点，等等。

10．有两个循环链表，链表头指针分别为 head1 和 head2，编写一个函数将链表 head1 链接到链表 head2 之后，要求链接后的链表仍保持循环链表形式。

11．已知由一个线性表表示的结构中含有 3 类字符的数据元素(包括字母字符、数字字符和其他字符)，试编写算法将该线性链表分割为 3 个循环链表，其中每个循环链表所表示的线性表中均只含有一类字符。

12．以循环链表作为稀疏多项式的存储结构，编写求其导函数的算法，要求利用多项式中的结点空间存放其导函数，同时释放所有无用结点。

栈与队列

学习目标

(1) 掌握栈和队列这两种抽象数据类型的定义。

(2) 熟练掌握循环队列和链队列的基本操作实现算法。

(3) 理解递归算法执行过程中栈的状态变化过程。

知识结构图

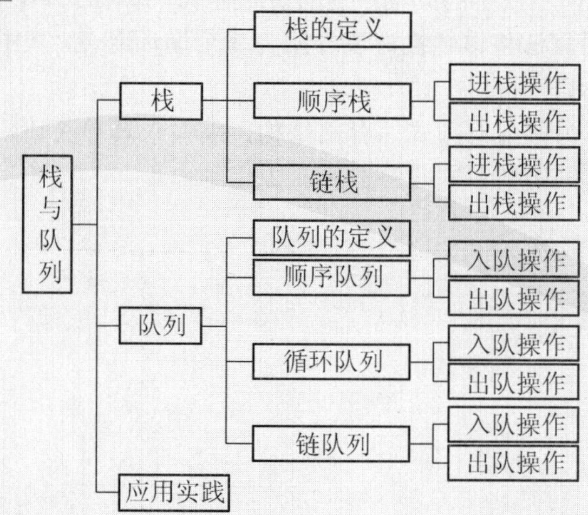

重点和难点

栈和队列是在程序设计中广泛使用的两种线性数据结构。因此，本章的学习重点在于掌握这两种结构的特点，以便能在应用问题中正确使用。

学习指南

从数据结构方面看，栈和队列与一般线性表是相同的，其特殊性在于栈和队列的基本操作是线性表操作的子集，是受限制的线性表。但从数据类型角度来看，它们是和线性表大不相同的两类重要的抽象数据类型。在本章中主要学习如何在求解应用问题中适当地应用栈和队列。栈和队列在两种存储结构中的实现都不难，但应该对它们了解并掌握，特别要注意它们的基本操作实现时的一些特殊情况，如栈满和栈空、队满和队空的条件，以及它们的描述方法。

4.1 栈

4.1.1 栈的定义

堆栈(stack)简称为栈，是限定仅在表一端进行插入和删除操作的线性表。通常将进行插入和删除的一端(表尾)叫作栈顶(top)，不允许插入和删除的另一端(表头)叫作栈底(bottom)，不含任何元素的栈叫作空栈。

插入数据元素的操作叫作进栈，也称压栈、入栈。删除数据元素的操作叫作出栈，也称为退栈。由于堆栈元素的插入和删除只是在栈顶进行的，总是后进去的元素先出来，所以堆栈又称为后进先出线性表或LIFO(Last In First Out)表。堆栈在日常生活中也经常见到，如将子弹装入弹夹式的手枪，弹夹的一端是封闭的，子弹的放入和取出都是从弹夹的一端进行的，那它就是一个堆栈。

【参考图文】

理解栈的定义需要注意：它是一个线性表，也就是说，栈元素具有线性关系，即前趋后继关系。只不过它是一种特殊的线性表；定义中所说的在线性表的表尾进行插入和删除操作，这里表尾是指栈顶，而不是栈底。我们可以用图4.1来形象地说明。

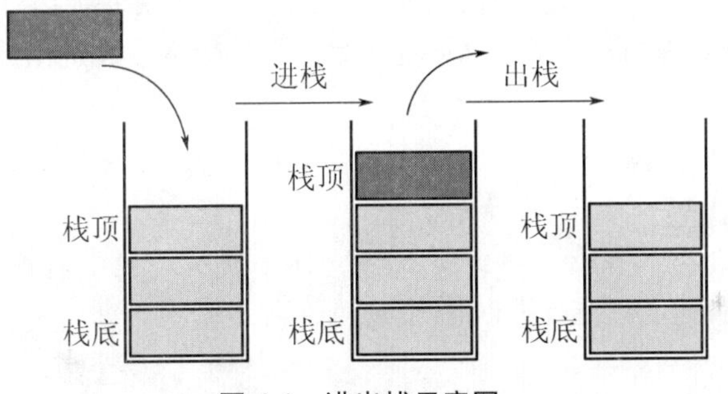

图4.1 进出栈示意图

栈的抽象数据类型定义如下：

```
ADT List {
    数据对象：D ={ ai | ai ∈ElemType, i=0,1,2,...,n-1,  n>=0 }
    数据关系：R ={ <ai-1 ,ai >|ai-1 ,ai∈D, i=1,...,n-1 }
    基本操作：

        InitStack(*S)            //初始化栈：构造一个空栈 S
        ClearStack(*S)           //置空栈：把 S 置为空栈
        StackLength(S)           //求栈的长度：返回栈 S 中的元素个数
        StackEmpty (S)           //判断栈是否为空：若栈 S 为空，则返回真；否则返回假
        Push (*S, e)             //进栈：将插入元素 e 作为新的栈顶元素
        Pop(*S, *e)              //出栈：若栈不空，则删除 S 的栈顶元素，用 e 返回其值
        GetTop(S,*e)             //取栈顶元素：返回当前的栈顶元素，并将其赋值给 e
        DispStack(SqStack S)     //显示元素：从栈底到栈顶依次显示栈中每个元素

} ADT List
```

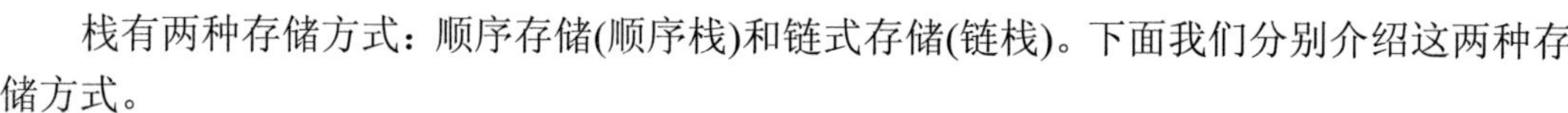

栈有两种存储方式：顺序存储(顺序栈)和链式存储(链栈)。下面我们分别介绍这两种存储方式。

【参考图文】

4.1.2 栈的顺序存储

栈的顺序存储也称顺序栈，类似于顺序表，用一维数组来存放栈中元素(图 4.2)，栈底一般固定设在下标为 0 的一端，用一个变量 top 指示当前栈顶元素所在单元的位置。

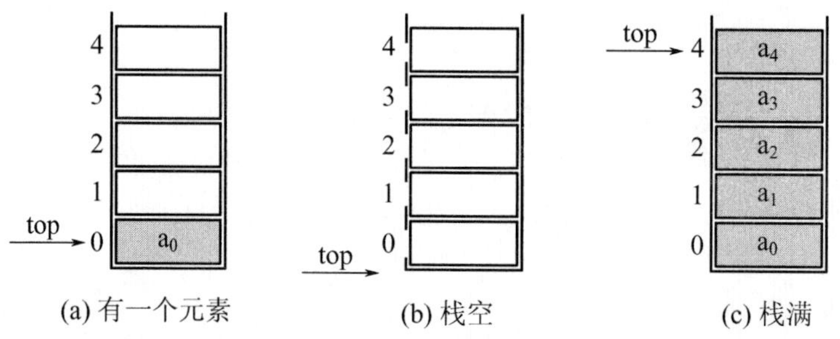

图 4.2 栈的顺序存储示意图

通常情况我们把空栈的判定条件定位为 top=-1，当栈中有一个元素时 top=0，而栈满时 top=MAXSIZE-1，栈的长度等于 top+1，如图 4.2 所示。其进出栈的实现见算法 4.1 和算法 4.2。

栈的顺序存储的结构定义：

```
typedef int Status;
typedef struct{
   Status data[MAXSIZE];
   int top;                                //用于栈顶指针
}SqStack;
```

1. 初始化栈

建立一个新的空栈 S，实际上是将栈顶指针指向-1 即可。

算法 4.1 栈的顺序存储的初始化操作

```
int InitStack(SqStack *S)
{
    S->top = -1;
    return OK;
}
```

2. 把栈置空

清空栈中的元素，此时栈顶指针指向-1。

算法 4.2 栈的顺序存储的置空操作

```
int ClearStack(SqStack *S)
{
```

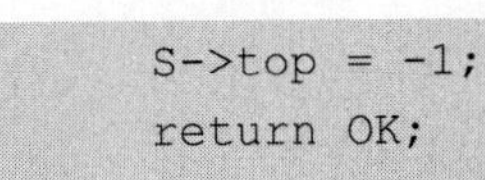

```
    S->top = -1;
    return OK;
}
```

3. 判断栈是否为空

判断栈是否为空。若栈 S 为空栈，则返回 TRUE，否则返回 FALSE。

算法 4.3 栈的顺序存储的判空操作

```
int StackEmpty(SqStack S)
{
    if (S.top == -1)
        return TRUE;
    else
        return FALSE;
}
```

4. 求栈的长度

返回 S 的元素个数，即栈的长度。

算法 4.4 栈的顺序存储求栈的长度操作

```
int StackLength(SqStack S)
{
    return S.top+1;
}
```

5. 返回栈顶元素

若栈不空，则用 e 返回 S 的栈顶元素，并返回 OK，否则返回 ERROR。

算法 4.5 栈的顺序存储返回栈顶元素操作

```
int GetTop(SqStack S, ElemType *e)
{
    if (S.top==-1)
        return ERROR;
    else
        *e=S.data[S.top];
    return OK;
}
```

6. 显示元素

从栈底到栈顶依次显示栈中每个元素。

算法 4.6 栈的顺序存储显示栈元素操作

```
int DispStack(SqStack S)
{
    int i;
    i=0;
    while(i<=S.top)
```

```
    {
        printf("%d ", S.data[i++]);
    }
    printf("\n");
    return OK;
}
```

7. 入栈操作

栈的插入，即入栈操作。其算法执行步骤描述如下。

(1) 判断栈是否已满。

(2) 如果栈没满，则让栈顶指针上移。

(3) 数据元素入栈。

入栈操作其实就是做了如图 4.1 和图 4.2 所示的处理。对于入栈操作 push，插入元素 e 为新的栈顶元素，其实现源程序见算法 4.7。

算法 4.7 栈的顺序存储的入栈操作

```
int Push(SqStack *S, int e) {
    if(S->top == MAXSIZE -1) {          //栈满
      return ERROR;
    }
    S->top++;                           //栈顶指针加 1
    S->data[S->top]=e;                  //将新插入元素赋值给栈顶空间
    return OK;
}
```

8. 出栈操作

出栈操作算法的执行步骤描述如下。

(1) 判断栈是否为空。

(2) 如果栈不为空，则取出栈顶元素值。

(3) 栈顶指针下移。

对于出栈操作 pop，若栈不空，则删除 S 的栈顶元素，用 e 返回其值，并返回 OK，否则返回 ERROR。其实现源程序见算法 4.8。

算法 4.8 栈的顺序存储的出栈操作

```
int Pop(SqStack *S, int *e){
    if(S->top==-1)
        return ERROR;
    *e=S->data[S->top];                 //将要删除的栈顶元素赋值给 e
    S->top--;                           //栈顶指针减 1
    return OK;
}
```

比较栈的顺序存储的入栈和出栈的过程，可以看出，入栈是先移动栈顶指针而后插入元素，出栈是先取出原栈顶元素而后才移动栈顶指针。

4.1.3 栈的链式存储

用一维数组来实现堆栈时，数组的大小必须在程序中事先规定，以便为其分配一定的存储单元。这样，在程序执行中，如果数组的某些单元没有被用到，相应的存储单元已经为其分配，不可能再改作他用。此外，即使数组规定得较大，也不可能避免在某些情况下溢出的可能。若两个堆栈共用一个数组，虽然可以充分利用数组单元，但是对这两个堆栈的进栈、出栈的运算略有不同。

采用栈的链式存储(链栈)就可以避免这些缺点。栈的链式存储是只允许在表头进行插入和删除操作的单向链表。图 4.3 就是一个栈的链式存储示意图。

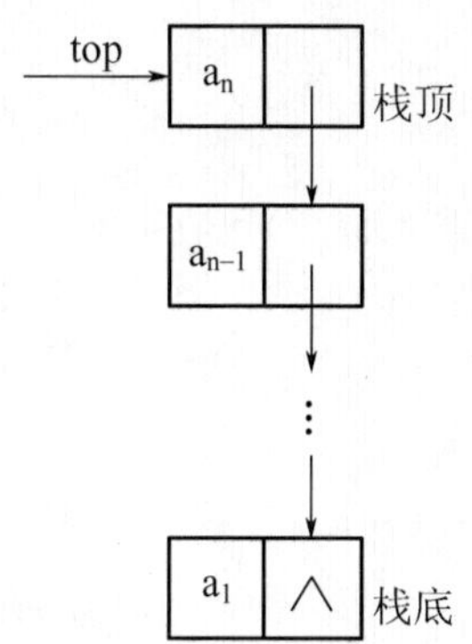

图 4.3 栈的链式存储示意图

栈的链式存储的结构和各种基本操作均类似于线性链表，只是要注意它的插入和删除操作受限，只能在栈顶进行，为了方便操作，我们将链表的头部作为栈顶。下面给出栈的链式存储的结构定义：

```
typedef struct StackNode
{
   int data;
   struct StackNode *next;
}StackNode,*LinkStackPtr;

typedef struct
{
   LinkStackPtr top;
   int count;
}LinkStack;
```

栈的链式存储的操作绝大部分都和单向链表类似，只是在插入和删除上有一些特殊。下面分别对这两种情况进行分析。

1. 栈的链式存储的入栈操作

入栈操作算法的执行步骤描述如下。

(1) 分配一个结点。

(2) 把结点插入链栈头。

(3) 返回栈顶指针 top。

插入元素 e 作为新的栈顶元素，其实现源程序见算法 4.9。

算法 4.9 栈的链式存储的入栈操作

```
int Push(LinkStack *S, int e)
{
    LinkStackPtr p=(LinkStackPtr)malloc(sizeof(StackNode));
    p->data=e;
    p->next=S->top;              //把当前的栈顶元素赋值给新结点的直接后继
    S->top=s;                    //将新的结点 p 赋值给栈顶指针
    S->count++;
    return OK;
}
```

2. 栈的链式存储的出栈操作

出栈操作算法的执行步骤描述如下。

(1) 判断栈是否为空。

(2) 如果栈不为空，则取出栈顶元素值。

(3) 栈顶指针下移，释放栈顶结点。

若栈不空，则删除 S 的栈顶元素，用 e 返回其值，并返回 OK，否则返回 ERROR。其实现源程序见算法 4.10。

算法 4.10 栈的链式存储的出栈操作

```
int Pop(LinkStack *S, int *e)
{
    LinkStackPtr p;
    if(StackEmpty(*S))
    return ERROR;
    *e=S->top->data;
    p=S->top;                    //将栈顶结点赋值给 p
    S->top=S->top->next;         //使得栈顶指针下移一位，指向后一结点
    free(p);                     //释放结点 p
    S->count--;
    return OK;
}
```

栈的链式存储的进栈 push 和出栈 pop 操作都很简单，没有任何循环操作，时间复杂度均为 O(1)。对比一下栈的顺序存储和链式存储，它们在时间复杂度上都是一样的，均为 O(1)。对于空间复杂度，栈的顺序存储需要事先确定一个固有的长度，可能会存在内存空间浪费的问题，但它的优势是存取时定位很方便，而栈的链式存储则要求每个元素都有指针域，这同时也增加了一些内存开销，但对栈的长度无限制。所以它们的区别和线性表中讨论的一样，如果栈的使用过程中元素变化不可预料，有时很小，有时非常大，那么最好用栈的链式存储，而如果它的变化在可控范围内，使用栈的顺序存储会更好一些。

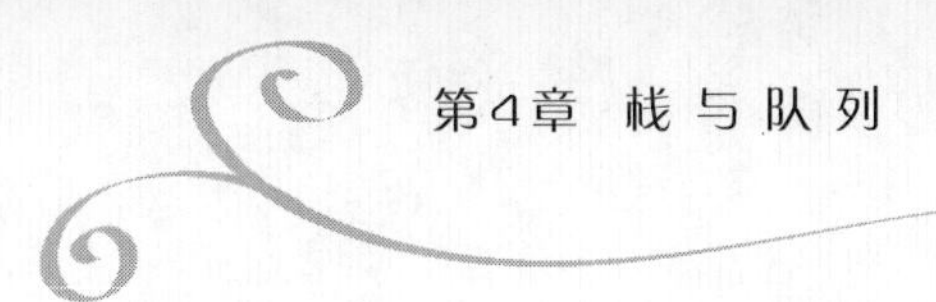

4.2 队　　列

4.2.1 队列的定义

队列(queue)是一种运算受限制的线性表，它与堆栈的不同之处在于元素的添加在表的一端进行，而元素的删除在另一端进行。允许添加元素的一端称为队尾(rear)，允许删除元素的一端称为队头(front)。不含元素的空表称为空队。向队列添加元素称为入队，从队列中删除元素称为出队。由于新入队的元素只能添加到队尾，出队的元素只能是队头的元素，所以队列的特点是先进入队列的元素先出队，故队列也称为先进先出表或 FIFO(First In First Out)表。

在日常生活中有很多这样的例子，如接打移动、联通、电信等客服电话，客服人员与客户相比总是少数，在所有的客服人员都占线的情况下，客户会被要求等待，直到有某个客服人员空下来才能为最先等待的客户接通电话。这里就是将所有当前拨打客服电话的客户进行了排队处理。假设队列 $q = (a_1,a_2,\cdots,a_n)$，那么 a 是队头元素，a_n 是队尾元素。这样我们就可以在删除时，总是从 a_1 开始，而插入时，总是从队尾开始，如图 4.4 所示。

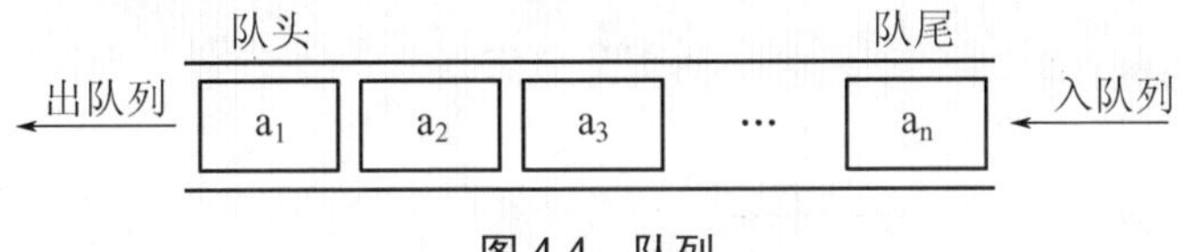

图 4.4　队列

与堆栈类似，队列最简单的表示方法是采用一维数组，如图 4.5 所示。设数组为 data，其下标下界为 0，上界为 MAXSIZE−1。用整型变量 rear 指示队尾的下标值，称为队尾指针；用整型变量 front 指示队头的下标值，称为队头指针。

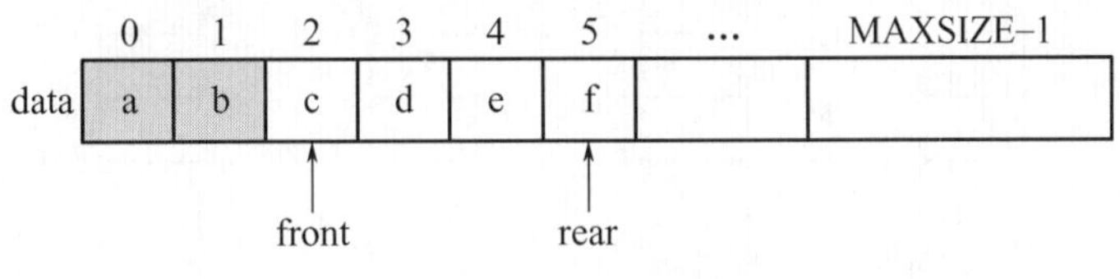

图 4.5　一维数组队列

假定有 a～f 共 6 个元素先后进入队列后，a、b 两个元素又陆续出队，则图 4.5 中的队尾指针 rear = 5，而队头指针 front = 2。

队列的抽象数据类型定义如下：

```
ADT List {
    数据对象：D ={ ai | ai ∈ElemType, i=1,2,...,n,  n>=0 }
    数据关系：R ={ <ai-1 ,ai >|ai-1 ,ai∈D, i=2,...,n }
    基本操作：
        InitQueue (&Q)                         //初始化空队列 Q
        ClearQueue (&Q)                        //释放栈 Q 占用的存储空间
        QueueEmpty (Q)                         //判断队列是否为空
```

```
    QueueLength(SqQueue Q)                 //返回队列的长度
    GetHead(SqQueue Q,QElemType *e)        //用e返回Q的队头元素
    InQueue(&Q,e)                          //将元素e入队作为队尾元素
    OutQueue(&Q,e)                         //从队列Q中出队一个元素,并将其赋值给e
    QueueTraverse(SqQueue Q)               //从队头到队尾依次将队列Q中每个元素输出

} ADT List
```

队列也有两种存储方式：顺序存储(顺序队列)和链式存储(链队列)。下面我们分别介绍这两种存储方式。

4.2.2 队列的顺序存储

1. 顺序队列

顺序存储的队列称为顺序队列。顺序队列类似于顺序栈，用一维数组来存放队列元素。但队头和队尾都是活动的，因此设两个指针：队头指针和队尾指针。

如果队列中元素的数目等于 0，则称其为空队列，并规定此时队头指针和队尾指针均为 0，即 front = rear = 0。每当插入新的队列尾元素时，“尾指针增 1”；每当删除队列头元素时，“头指针增 1”。因此，在非空队列中，我们指定队头指针指向队头元素在队列中的实际位置，队尾指针指向队尾元素在队列实际位置的后一个位置，如图 4.6 所示。

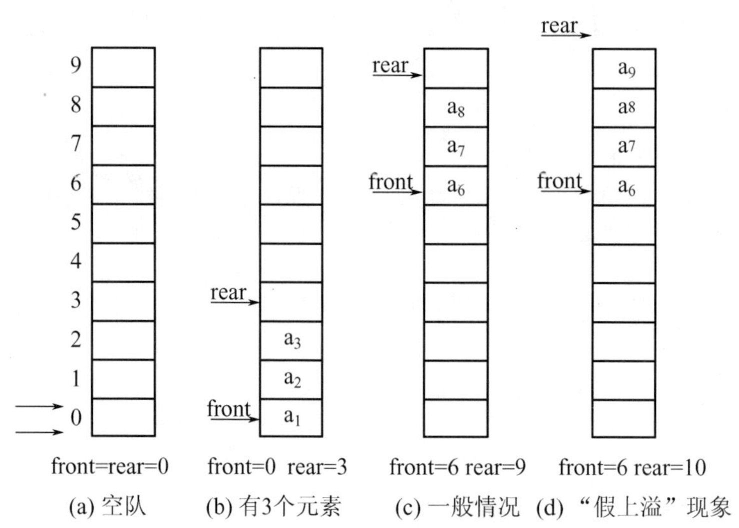

图 4.6 队列操作示意图

顺序队列的存储结构定义如下：

```
typedef struct
{   int data[MAXSIZE];
    int front;                    //头指针
    int rear;                     //尾指针，若队列不空，指向队尾元素的下一个位置
}SqQueue;
```

队列基本操作的具体实现见算法 4.11～算法 4.18。

1) 初始化顺序队列

初始化一个空队列 Q。

算法 4.11 顺序队列的初始化

```
int InitQueue(SqQueue *Q){
    Q->front=0;
    Q->rear=0;
    return  OK;
}
```

2) 清空顺序队列

释放队列 Q 占用的存储空间。

算法 4.12 顺序队列的清空

```
int ClearQueue(SqQueue *Q){
    Q->front=Q->rear=0;
    return OK;
}
```

3) 判断顺序队列是否为空

若队列 Q 为空队列，则返回 TRUE，否则返回 FALSE。

算法 4.13 顺序队列的判空

```
Int QueueEmpty(SqQueue Q){
    if(Q.front==Q.rear) /*队列空的标志*/
        return TRUE;
    else
        return FALSE;
}
```

4) 求顺序队列的长度

返回 Q 的元素个数，即队列的当前长度。

算法 4.14 顺序队列的长度

```
int QueueLength(SqQueue Q){
    return  (Q.rear-Q.front+MAXSIZE)%MAXSIZE;
}
```

5) 返回顺序队列的首元素

若队列不空，则用 e 返回 Q 的队头元素，并返回 OK，否则返回 ERROR。

算法 4.15 返回顺序队列的首元素

```
int GetHead(SqQueue Q,QElemType *e){
    if(Q.front==Q.rear)                     //队列空
        return ERROR;
    *e=Q.data[Q.front];
    return OK;
}
```

6) 顺序队列的入队操作

设用 Q 表示一个队列结构体变量，若已知待添加的元素变量为 x，入队操作队尾指针加 1，指向新位置后元素入队。其代码实现见算法 4.16。

算法 4.16 顺序队列的入队操作

```
int InQueue (SqQueue &Q,int x)
{
    if (Q.rear == MAXSIZE)
        printf ("溢出!\n");                    //判断队列是否已满
    else
    {
        Q.data[Q.rear]=x;                     //插入元素
        (Q.rear) ++;
    }
    return 1;
}
```

7) 顺序队列的出队操作

当从队列删除元素时，队头指针 front 后移而队尾指针 rear 不动，出队时，假设要求将出队的元素值赋给变量 x。在不考虑队空的情况下，出队操作队头指针加 1，表明队头元素出队。若队列不空，则删除 Q 中队头元素，用 x 返回其值。其代码实现见算法 4.17。

算法 4.17 顺序队列的出队操作

```
int OutQueue ( SqQueue &Q)
{
    int x;
    if (Q.front == Q.rear)                    //队列空的判断
        printf ("下溢出!\n");
    else
    {
        x= Q.data[Q.front];                   //将队头元素赋值给 x
        (Q.front) ++;                         //front 指针向后移一位置
    }
    return x;
}
```

8) 顺序队列的遍历

从队头到队尾依次输出队列 Q 中每个元素。

算法 4.18 顺序队列的元素显示

```
int QueueTraverse(SqQueue Q)
{
    int i;
    i=Q.front;                                //i 最初指向队头元素
    while((i)!=Q.rear)
```

```
    {
        printf("%c ", Q.data[i]);
        i=(i+1)%MAXSIZE;                          //i 指向下一个元素
    }
    printf("\n");
    return OK;
}
```

注意

顺序队列中的溢出现象主要包括如下 3 种情况。

(1)“下溢”现象。当队列为空时，进行出队操作产生的溢出现象称为“下益”现象。“下溢”是正常现象，常用作程序控制转移的条件。

(2)“真上溢”现象。当队列满时，进行进栈操作产生空间溢出的现象称为“真上溢”现象。“真上溢”是一种出错状态，应设法避免。

(3)“假上溢”现象。由于入队和出队操作中，头尾指针只增加不减小，致使被删元素的空间永远无法重新利用。当队列中实际的元素个数远远小于向量空间的规模时，也可能由于尾指针已超越向量空间的上界而不能作入队操作。该现象称为“假上溢”现象。

2. 循环队列

顺序队列经过一段时间的插入和删除操作，整个队列的 rear 指针会不断后移，最后 rear=MAXSIZE，不能再插入数据，而 front 前面即使由于队列元素出队还有很多空间，也是不能利用的。如图 4.6(d)所示，这种队列中尚有足够的空间，但元素不能入队，即顺序队列的“假上溢”现象。解决“假上溢”现象的方法之一是将队列的数据区看作头尾相接的循环结构，头尾指针的关系不变，将其称为循环队列。

如图 4.7 所示，循环队列就是将顺序队列最后一个位置连接到第一个位置。这里要注意，这种循环不是物理层面上的实现，而是通过取模运算在逻辑上实现循环，即对队头指针和队尾指针取队列最大容量(MAXSIZE)的模。这里队头、队尾指针的指向与顺序队列中的定义一样。

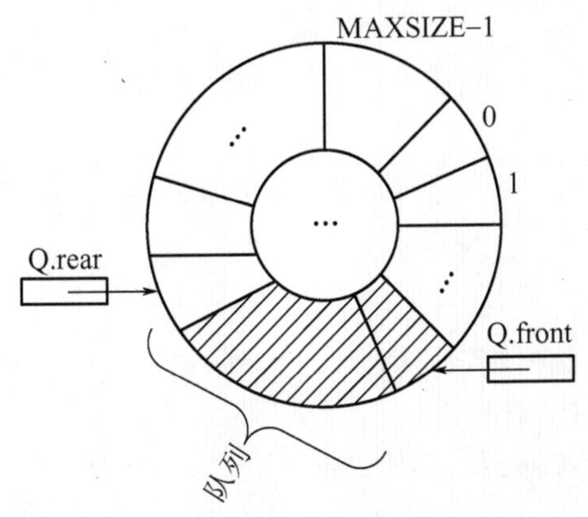

图 4.7 循环队列

设 MAXSIZE = 10，因为是头尾相接的循环结构，入队时的队尾指针加 1 操作修改为

$$Q\text{->}rear=(Q\text{->}rear+1)\%MAXSIZE$$

而出队时的队头指针加 1 操作修改为

$$Q\text{->}front=(Q\text{->}front+1)\%MAXSIZE$$

图 4.8 所示为循环队列操作示意图。

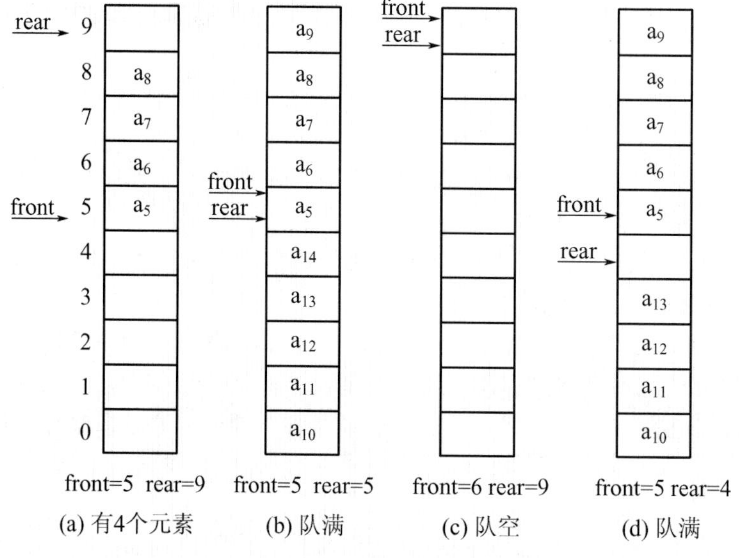

图 4.8　循环队列操作示意图

从图 4.8 所示的循环队列可以看出，图 4.8(a)中具有 a_5、a_6、a_7、a_8 共 4 个元素，此时 front =5, rear = 9；随着 a_9～a_{14} 相继入队，队中具有了 10 个元素——队满，此时 front = 5, rear = 5。如图 4.8(b)所示，可见在队满情况下有 front = rear；若在图 4.8(a)情况下，a_5～a_8 相继出队，此时队空，front = rear = 9，如图 4.8(c)所示，即在队空情况下也有 front = rear。也就是说“队满”与“队空”的条件是相同的。这显然是必须要解决的一个问题。

首先，我们定义循环队列的顺序存储结构如下：

```
typedef struct
{
    int data[MAXSIZE];
    int front;              //头指针
    int rear;               //尾指针，若队列不空，指向队尾元素的下一个位置
    int flag;
}CsqQueue;
```

其次，我们用两种方法来解决“队满”与“队空”不能区别的问题。

1) 附设一个队中元素个数的变量

附设一个队中元素个数的变量，如 flag，当 flag = 0 时队空，当 flag = MAXSIZE 时队满。其相应的操作如下：

(1) 若队列未满，则插入元素 e 为 Q 新的队尾元素。循环队列的入队列操作代码见算法 4.19。

算法 4.19 循环队列的入队

```
int EnQueue(sqQueue *Q, int e)
{
    if ((Q->flag++ == MAXSIZE)          //队满的判断
        return ERROR;
    Q->data[Q->rear]=e;                 //将元素 e 赋值给队尾
    Q->rear=(Q->rear+1)%MAXSIZE;        //rear 指针向后移一位置,若到最后则转到数组头部
    return  OK;
}
```

(2) 若队列不空，则删除 Q 中队头元素，用 e 返回其值。循环队列的出队列操作代码见算法 4.20。

算法 4.20 循环队列的出队

```
int DeQueue(sqQueue *Q, int *e)
{
    if ((Q->flag == 0)                  //队空的判断
        return ERROR;
    *e=Q->data[Q->front];               //将队头元素赋值给 e
    Q->front=(Q->front+1)%MAXSIZE;      //front 指针向后移一位置，若到最后则转到数组头部
    Q->flag--;
    return  OK;
}
```

2) 少用一个队中元素的空间

为了区别队满还是队空，少用一个元素的空间，即 rear 所指的单元始终为空。把如图 4.8(d)所示的情况视为队满，此时的状态是队尾指针加 1 就会从后面赶上队头指针，这种情况下，队满的条件是(rear+1)%MAXSIZE==front，可以和空队区别开。

另外，当 rear>front 时，队列的长度为 rear−front；但当 rear 从后面赶上 front 时，即 rear<front，队列长度分两段，一段是 MAXSIZE − front，另一段是 0+rear，加在一起，队列长度为 (rear − front + MAXSIZE)%MAXSIZE 。有了这些分析，我们实现循环队列的代码就不难了，具体如下。

(1) 初始化队列。

算法 4.21 循环队列的初始化

```
int InitQueue(SqQueue *Q)
{
    Q->front=0;
    Q->data[0]=0;
    Q->rear=0;
    return  OK;
}
```

(2) 求队列的长度。

算法 4.22 求循环队列的长度

```
int QueueLength(SqQueue Q)
{
```

```
    return  (Q.rear - Q.front + MAXSIZE)% MAXSIZE;
}
```

(3) 入队列操作。若队列未满，则插入元素 e 为 Q 新的队尾元素。循环队列的入队列操作代码见算法 4.23。

算法 4.23 循环队列的入队

```
int EnQueue(SqQueue *Q, int e)
{
    if ((Q->rear+1)%MAXSIZE == Q->front) //队满的判断
        return ERROR;
    Q->data[Q->rear]=e;                          //将元素 e 赋值给队尾
    Q->rear=(Q->rear+1)%MAXSIZE;      //rear 指针向后移一位置，若到最后则转到数组头部
    return  OK;
}
```

(4) 出队列操作。若队列不空，则删除 Q 中的队头元素，用 e 返回其值。循环队列的出队列操作代码见算法 4.24。

算法 4.24 循环队列的出队

```
int DeQueue(SqQueue *Q, int *e)
{
    if (Q->front == Q->rear)             //队空的判断
        return ERROR;
    *e=Q->data[Q->front];                //将队头元素赋值给 e
    Q->front=(Q->front+1)%MAXSIZE;   //front 指针向后移一位置，若到最后则转到数组头部
    return  OK;
}
```

4.2.3 队列的链式存储

通过前面的讲解，我们发现，若队列单是顺序存储，而非循环队列，算法的时间性能是不高的，但循环队列又面临着数组可能会溢出的问题，所以下面我们来探讨一下不需要担心队列长度的链式存储结构。

队列的链式存储结构称为链队列。链队列的结构和各种基本操作均类似于线性链表，只是要注意，它的插入和删除操作受限，只允许在队尾插入、队头删除。所以链队列其实是只允许尾进头出的单链表。为了操作上的方便，我们将队头指针指向链队列的头结点，而队尾指针指向终端结点，如图 4.9 所示。

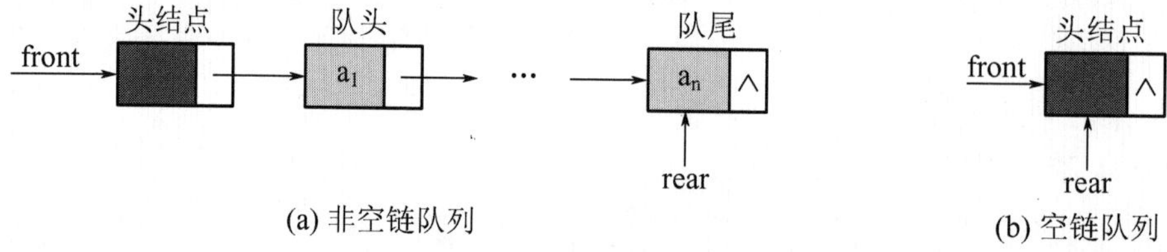

图 4.9 链队列示意图

链队列的结构定义如下：

```
typedef struct QNode                          //结点结构
{
    int data;
    struct QNode *next;
}QNode,*QueuePtr;

typedef struct                                //队列的链表结构
{
    QueuePtr  front,rear;                     //队头、队尾指针
}LinkQueue;
```

1. 链队列的入队

入队操作就是在链表的尾部插入结点，如图 4.10 所示。

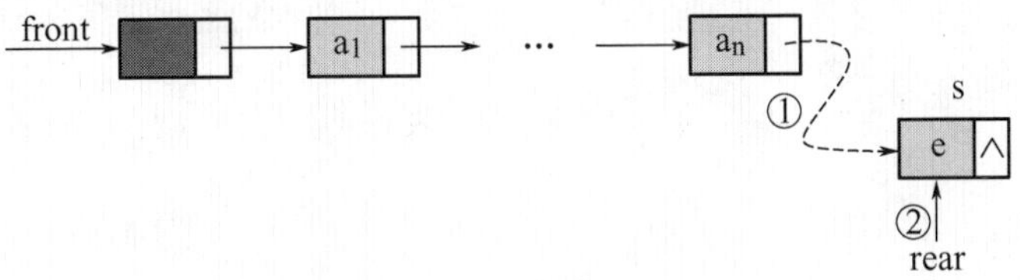

图 4.10　链队列的入队

设插入元素 e 为 Q 的新队尾元素，则该链队列的入队操作代码见算法 4.25。

算法 4.25　链队列的入队操作

```
int EnQueue(LinkQueue *Q, int e)
{
    QueuePtr s=(QueuePtr)malloc(sizeof(QNode));
    if(!s) /* 存储分配失败 */
        exit(OVERFLOW);
    s->data=e;
    s->next=NULL;
    Q->rear->next=s;              //①把拥有元素 e 的新结点 s 赋值给原队尾结点的后继
    Q->rear=s;                    //②把当前的 s 设置为队尾结点，rear 指向 s
    return OK;
}
```

2. 链队列的出队

出队操作就是头结点的后继结点出队，将头结点的后继改为它后面的结点，如图 4.11 所示。

若链队列除头结点外只剩一个元素时，则需将 rear 指向头结点，如图 4.11(b)所示；若链队列不空，删除 Q 的队头元素，用 e 返回其值，并返回 OK，否则返回 ERROR，如图 4.11(a)所示。其相应的代码实现见算法 4.26。

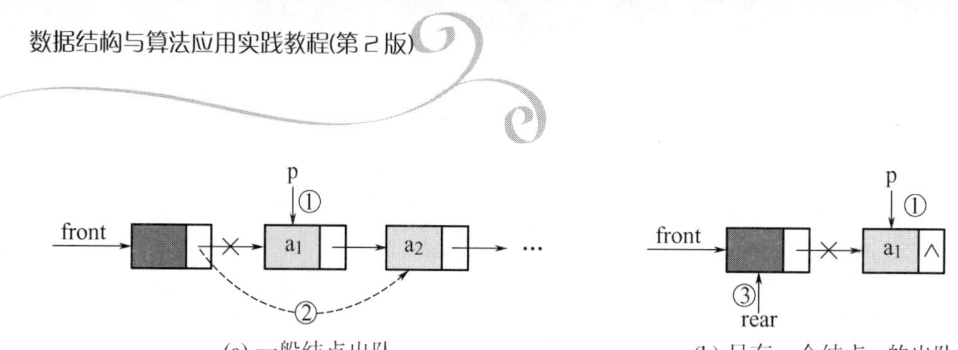

图 4.11 链队列的出队

算法 4.26 链队列的出队操作

```
Int DeQueue(LinkQueue *Q, int *e)
{
    QueuePtr p;
    if(Q->front==Q->rear)
        return ERROR;
    p=Q->front->next;                //①将欲删除的头结点暂存给 p
    *e=p->data;                      //将欲删除的头结点的值赋值给 e
    Q->front->next=p->next;          //②将原头结点的后继 p->next 赋值给头结点后继
    if(Q->rear==p)                   //③若队头就是队尾，则删除后将 rear 指向头结点
        Q->rear=Q->front;
    free(p);
    return OK;
}
```

3. 输出元素

从队头到队尾依次输出链队列 Q 中每个元素的代码见算法 4.27。

算法 4.27 输出链队列的元素

```
int QueueTraverse(LinkQueue Q)
{
    QueuePtr p;
    p=Q.front->next;
    while(p)
    {
        printf("%d ",p->data);
        p=p->next;
    }
    printf("\n");
    return OK;
}
```

对于循环队列与链队列的比较，可以从以下两方面来考虑。

(1) 从时间上说，其实它们的基本操作都是常数时间，即都是 O(1)。不过循环队列是事先申请好空间，使用期间不释放；而对于链队列，每次申请和释放结点会存在一些时间开销，如果入队、出队频繁，则两者还是有细微差异的。

(2) 从空间上来说，循环队列必须有一个固定的长度，所以就有了存储元素个数和空

间浪费的问题。而链队列不存在这个问题，尽管它需要一个指针域，会产生一些空间上的开销，但也可以接受。所以在空间上，链队列更加灵活。

总的来说，在可以确定长度最大值的情况下，建议用循环队列，如果无法预估队列的长度，则用链队列。

4.3 应用实践

4.3.1 火车车厢重排问题

一列货运列车共有 n 节车厢，每节车厢将停放在不同的车站。假定 n 个车站的编号分别为 1～n，即货运列车按照第 n 站至第 1 站的次序经过这些车站。为了便于从列车上卸掉相应的车厢，车厢的编号应与车站(目的地)的编号相同，使各车厢从前至后按编号 1 到 n 的次序排列，这样，在每个车站只需卸掉最后一节车厢即可。所以，给定任意次序的车厢后，必须重新排列它们。可以通过转轨站完成车厢的重排工作，在转轨站中有一个入轨、一个出轨和 k 个缓冲轨，缓冲轨位于入轨和出轨之间。开始时，n 节车厢从入轨进入转轨站，转轨结束时各车厢按照编号 1 至 n 的次序离开转轨站进入出轨。

解：为了重排车厢，需从前至后依次检查入轨上的所有车厢。如果正在检查的车厢就是下一个满足排列要求的车厢，可以直接把它放到出轨上去；如果不是，则把它移动到缓冲轨上，直到按输出次序要求轮到它时才将它放到出轨上。缓冲轨是按照 LIFO 的方式使用的，因为车厢的进和出都是在缓冲轨的顶部进行的。在重排车厢过程中，仅允许以下两种移动操作。

(1) 车厢可以从入轨的前部(即右端)移动到一个缓冲轨的顶部或出轨的左端。

(2) 车厢可以从一个缓冲轨的顶部移动到出轨的左端。

下面给出了 Railroad 中所使用的函数——Output 和 Hold。Output 函数用于把一节车厢从缓冲轨送至出轨处，它同时将修改 minS(指向所有栈中栈顶元素最小的栈)和 minH(指向该栈栈顶元素)。Hold 函数根据车厢分配规则把车厢 c 送入某个缓冲轨，必要时也需要修改 minS 和 minH。

```
#define StackSize 100                    //假定预分配的栈空间最多为 100 个元素
#define MaxLength 100                    //最大的字符串长度
typedef int DataType;                    //假定栈元素的数据类型为整数
typedef struct
{
    DataType data[StackSize];
    int top;
}SeqStack;

//置栈空
void Initial(SeqStack *S)
{
    S->top=-1;
```

```
}
//判栈空
int IsEmpty(SeqStack *S)
{
    return S->top==-1;
}
//判栈满
int IsFull(SeqStack *S)
{
    return S->top==StackSize-1;
}
//进栈
void Push(SeqStack *S,DataType x)
{
    if (IsFull(S))
    {
        printf("栈上溢");                    //上溢，退出运行
        exit(1);
    }
    S->data[++S->top]=x;                    //栈顶指针加 1 后将 x 入栈
}
//出栈
DataType Pop(SeqStack *S)
{
    if(IsEmpty(S))
    {
        printf("栈为空");                    //下溢，退出运行
        return -1;
    }
    return S->data[S->top--];               //栈顶元素返回后将栈顶指针减 1
}
// 取栈顶元素
DataType Top(SeqStack *S)
{
    if(IsEmpty(S))
    {
        printf("栈为空");                    //下溢，退出运行
        exit(1);
    }
    return S->data[S->top];
}

int Hold(int c,int *minH,int *minS,SeqStack H[],int k,int n)
{
    /*c 为要进入缓冲轨的车厢，minS 指向所有栈中栈顶元素最小的栈，minH 指向该栈栈顶元
```

```
素，SeqStack H[]为缓冲轨，k为缓冲轨个数，n为总的车厢数。在一个缓冲轨中放入车厢c，如果没
有可用的缓冲轨，则返回0，否则返回1。*/
        int i;
        int BestTrack = 0;                          //目前最优的铁轨
        int BestTop = n + 1;                        //最优铁轨上的栈顶元素
        int x;                                      //车厢索引
        //扫描缓冲轨
        for (i = 1; i <= k; i++)
            if (!IsEmpty(&H[i]))
            {// 铁轨i不空
                x = Top (&H[i]) ;
                if (c<x && x < BestTop)
                {                                   //缓冲轨i栈顶的车厢编号最小
                    BestTop = x;
                    BestTrack = i;
                }
            }
            else                                    //铁轨i为空
                if (!BestTrack)
                    BestTrack = i;
                if (!BestTrack)
                    return 0;                       //没有可用的铁轨
                //把车厢c 送入缓冲轨
                Push(&H[BestTrack],c);
                printf("Move carriage %d from input to holding track %d\n",c,BestTrack);
                //必要时修改指针minH和minS
                if (c<*minH)
                {
                    *minH = c;
                    *minS = BestTrack;
                }
                return 1;
    }

    void Output(int* minH, int* minS, SeqStack H[ ], int k, int n)
    {
        /*minS指向所有栈中栈顶元素最小的栈，minH指向该栈栈顶元素，SeqStack H[]为缓冲
轨，k为缓冲轨个数，n为总的车厢数。把车厢从缓冲铁轨送至出轨处，同时修改minS和minH*/

        int c,i;                                    //车厢索引

        c=Pop(&H[*minS]) ;                          //从堆栈minS中删除编号最小的车厢minH
        printf("Move carriage %d from holding track %d to output\n",*minH,*minS);
        //通过检查所有的栈顶，搜索新的minH和minS
        *minH=n+2;
```

```
    for (i = 1; i <= k; i++)
        if (!IsEmpty(&H[i]) && (c=Top(&H[i])) < *minH)
        {
            *minH = c;
            *minS = i;
        }
}

int Railroad(int p[], int n, int k)
{
    //k 个缓冲轨，车厢初始排序为 p [1:n]。如果重排成功，返回 1，否则返回 0

    SeqStack *H;                              //创建与缓冲轨对应的堆栈
    int i;
    int NowOut = 1;                           //下一次要输出的车厢
    int minH =n+1;                            //缓冲轨栈顶中编号最小的车厢
    int minS;                                 //minH 号车厢对应的缓冲轨
    H=(SeqStack*)calloc((k+1),sizeof(SeqStack)*(k+1));
    //车厢重排
    for (i = 1; i<= n; i++)
        if (p[i] == NowOut)
        {                                     //直接输出 t
            printf("移动车厢%d 从出口到入口",p[i]);
                NowOut++;
            //从缓冲轨中输出
            while (minH == NowOut)
            {
                Output(&minH, &minS, H, k, n);
                NowOut++;
            }
        }
        else
        {                                     //p[i]送入某个缓冲轨
            if (!Hold(p[i], &minH, &minS, H, k, n))
                return 0;
        }
        return 1;
}
```

4.3.2 四则运算表达式求值

表达式求值是程序设计语言编译中的一个最基本问题。它的实现是栈应用的一个典型例子。要对表达式正确求值，首先要能够正确解释表达式。例如，要对算术表达式7+(4−2)*3+12/2 求值，首先要了解算术四则运算的规则。其可归纳为以下 3 点：

(1) 先乘除后加减。

(2) 从左算到右。

(3) 先括号内，后括号外。

再根据运算优先级的规定来实现对表达式的编译或解释执行。

任何一个表达式都是由操作数(operand)、运算符(operator)和界限符(delimiter)组成的。其中，操作数可以是常数，也可以是被说明为变量或常量的标识符；运算符可以分为算术运算符、关系运算符和逻辑运算符3类；基本界限符有左、右括号和表达式结束符等。为了叙述的简洁，我们仅讨论简单算术表达式的求值问题。

我们把运算符和界限符统称为算符，它们构成的集合命名为 OP。根据四则运算基本法则，在运算的每一步中，任意两个相继出现的操作符 op1 和 op2 之间的优先关系最多有3种，即 op1 的优先级低于 op2，op1 的优先级等于 op2，op1 的优先级高于 op2。具体地，算符(+、–、*、/、(、)、#)的优先关系可分如下几种情况：

(1) 当 op1 为‘+’、‘–’时，优先级低于‘(’、‘*’、‘/’，而高于‘)’、‘#’、‘+’、‘–’。

(2) 当 op1 为‘*’、‘/’时，优先级低于‘(’，而高于‘)’、‘#’、‘+’、‘–’、‘*’、‘/’。

(3) 当 op1 为‘(’时，优先级低于‘+’、‘–’、‘*’、‘/’、‘(’，而等于‘)’。

(4) 当 op1 为‘)’时，优先级高于‘+’、‘–’、‘*’、‘/’、‘)’、‘#’。

(5) 当 op1 为‘#’时，优先级低于‘+’、‘–’、‘*’、‘/’、‘(’，而等于‘#’。

注意，‘(’与‘#’、‘)’与‘(’、‘#’与‘)’无优先关系。

为实现运算符优先算法，可以使用两个工作栈：运算符栈 OPTR 和操作数栈 OPND。四则运算表达式算法的基本思想如下：

(1) 置 OPND 栈为空栈，表达式起始符‘#’为 OPTR 栈的栈底元素。

(2) 依次读入表达式中的每个字符，若是操作数则进 OPND 栈，若是运算符则和 OPTR 栈的栈顶运算符比较优先权后作相应操作，直至整个表达式求值完毕(即 OPTR 栈的栈底元素和当前读入的字符均为‘#’即为求值完毕)。

下面以表达式 7+(4–2)*3+12/2 的求值为例讲解运算符优先算法，其图解如图 4.12 所示。

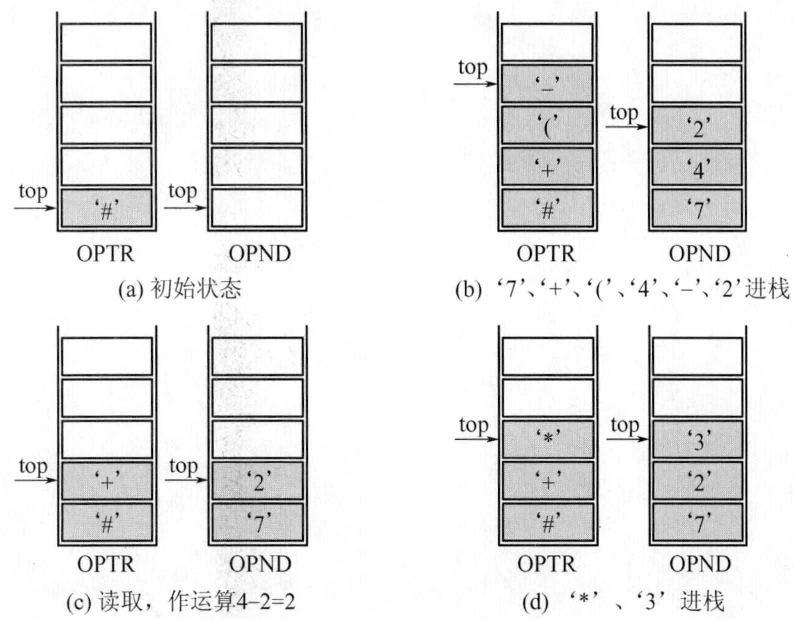

图 4.12 四则运算过程

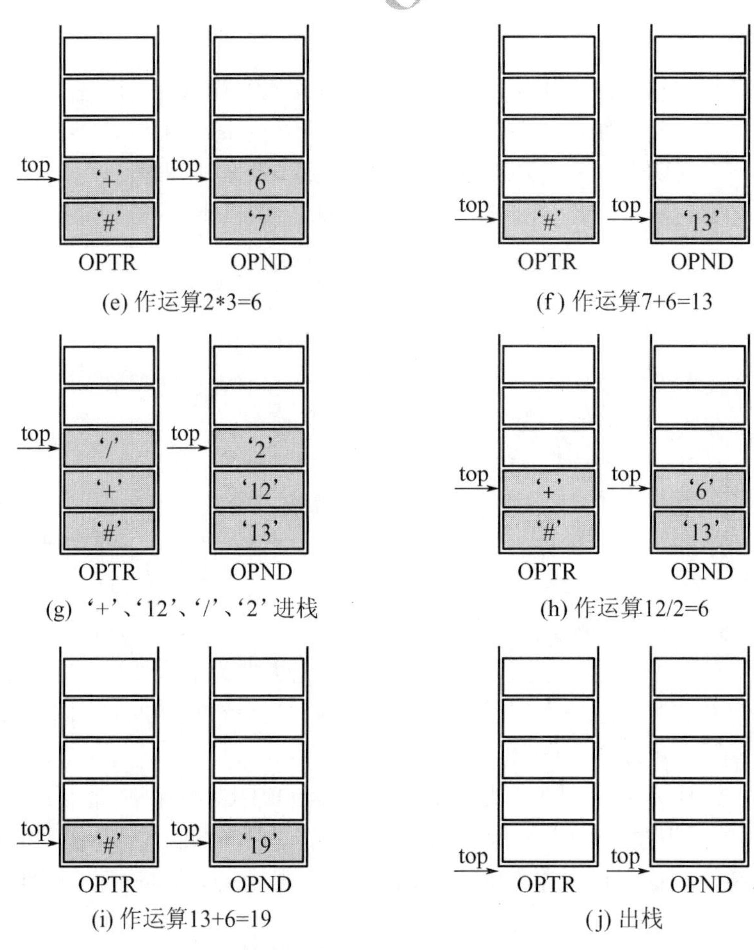

图 4.12　四则运算过程(续)

相应的代码实现如下：

```
int Precede(int t1,int t2)                              //判断两个符号的优先关系
{
    int f;
    switch(t2)
    {
    case '+':
    case '-':if(t1=='('||t1=='#')
                f='<';
             else
                f='>';
        break;
    case '*':
    case '/':if(t1=='*'||t1=='/'||t1==')')
                f='>';
             else
                f='<';
        break;
```

```
    case '(':if(t1==')')
               {
                   printf("ERROR1\n");
                   exit(0);
               }
               else
                   f='<';
         break;
    case ')':switch(t1)
         {
         case '(':f='=';
              break;
         case '#':printf("ERROR2\n");
              exit(0);
         default: f='>';
         }
         break;
    case '#':switch(t1)
         {
         case '#':f='=';
               break;
         case '(':printf("ERROR2\n");
              exit(0);
         default: f='>';
         }
    }
    return f;
}

int In(int c)                                  //判断c是否为运算符

{
    switch(c)
    {
    case'+':
    case'-':
    case'*':
    case'/':
    case'(':
    case')':
    case'#': return 1;
    default: return 0;
    }
}

//四则运算
int Operate(int a,int theta,int b)
```

```
{
    int c;
    switch(theta)
    {
        case'+':
            c=a+b;
            break;
        case'-':
            c=a-b;
            break;
        case'*':
            c=a*b;
            break;
        case'/':
            c=a/b;
    }
    return c;
}

// 算术表达式求值的算符优先算法。设 OPTR 和 OPND 分别为运算符栈和运算数栈
int EvaluateExpression()
{
    SeqStack OPTR,OPND;
    int a,b,d,x,theta;
    char c;                                     //存放由键盘接收的字符
    char z[6];                                  //存放整数字符串
    int i;
    Initial(&OPTR);                             //初始化运算符栈
    Push(&OPTR,'#');                            //#是表达式结束标志
    Initial(&OPND);                             //初始化运算数栈
    c=getchar();
    x = Top(&OPTR);
    while(c!='#' || x!='#')
    {
        if(In(c))                               //是 7 种运算符之一
            switch(Precede(x,c))
            {
            case'<':Push(&OPTR,c);              //栈顶元素优先权低
                c=getchar();
                break;
            case'=':x = Pop(&OPTR);             //括号配对，栈顶括号弹出，并接收下一个字符
                c=getchar();
                break;
            case'>':theta = Pop(&OPTR);        //栈顶优先权高，先弹出，计算，结果操作数入栈
                b = Pop(&OPND);
                a = Pop(&OPND);
                Push(&OPND,Operate(a,theta,b));
```

```
            }
        else if(c>='0'&&c<='9')             //c 是操作数
        {
            i=0;
            do
            {
                z[i]=c;
                i++;
                c=getchar();
            }while(c>='0'&&c<='9');
            z[i]=0;
            d=atoi(z);                      //字符串数组转为整型存于 d
            Push(&OPND,d);
        }
        else                                //c 是非法字符
        {
            printf("ERROR3\n");
            exit(0);
        }
        x = Top(&OPTR);
    }
    x = Top(&OPND);
    return x;
}
int main()
{
    printf("请输入算术表达式, 负数要用(0-正数)表示, 并以#结束\n");
    printf("例如: 7+(4-2)*3+12/2#\n");
    printf("%d\n", EvaluateExpression());
    return 0;
}
```

4.3.3 渡口管理问题

某汽车渡口，过江渡船每次能载 10 辆车过江。过江车辆分为客车类和货车类，上渡船有如下规定：同类车先到先上船；客车先于货车上渡船，且每上 4 辆客车才允许上 1 辆货车；若等待客车不足 4 辆，则以货车代替，若无货车等待允许客车都上船。试写一算法模拟渡口管理。

解：假设 q 数组的元素个数为 10，恰好是每次载渡的最大量。设客车的队列是 q1，货车的队列是 q2。相应的算法如下：

```
//本程序只给出了算法思想，读者可以自己完善本程序
#define quesize 10
typedef struct
{
    DataType data[quesize];
```

```
    int front,rear;
}qnode;

int Empty(qnode *sq)
{
    return(sq->front==sq->rear);
}

void manager(qnode *q,qnode *q1,qnode *q2)
{
    int i=0,j=0 ;                              //j 为已上船的车辆数，i 为客车连续上船数
    DataType x;
    while(j<10)
    {
        if( !Empty(q1)&&(i<4))                 //有客车等待且客车连续上船数小于 4
        {
            x=q1->data[q1->front];
            q1->front=q1->front+1;
            q->data[rear]=x;
            q->rear=q->rear+1;
            i++;
            j++;
        }
        if((i==4)&&!Empty(q2))                 //客车已连续上船 4 辆且有货车等待
        {
            x=q2->data[q2->front];
            q2->front=q2->front+1;
            j++;
            i=0;
        }
        else
        {
            while((i<4)&&!Empty(q2))           //等待客车不足 4 辆，则以货车代替
            {
                x=q2->data[q2->front];
                q2->front=q2->front+1;
                j++;
                i++;
            }
            i=0 ;
        }
        if(Empty(q2)&& !Empty(q1))             //无货车等待允许客车都上船
            i=0;
    }
}
```

4.3.4 农夫过河问题

一个农夫带着一只狼、一只羊和一棵白菜，身处河的南岸。他要把这些东西全部运到北岸。问题是他面前只有一条小船，船小到只能容下他和一件物品，而且，只有农夫能撑船。另外，因为狼能吃羊，而羊爱吃白菜，所以农夫不能留下羊和白菜或者狼和羊单独在河的一边，自己离开。试问农夫该采取什么方案才能将所有的东西运过河呢。

解：求解这个问题的最简单的方法是一步一步进行试探，每一步都搜索所有可能的选择，对前一步进行合适的选择后再考虑下一步的各种方案。用计算机实现上述求解的搜索过程可以采用两种不同的策略：一种是广度优先(breadth first)搜索，另一种是深度优先(depth first)搜索。

这里采用广度优先搜索策略。广度优先的含义是在搜索过程中总是首先搜索下面一步的所有可能状态，然后进一步考虑更后面的各种情况。要实现广度优先搜索一般都采用队列作为辅助结构。把下一步所有可能达到的状态都列举出来，放在这个队列中，然后顺序取出来分别进行处理，处理过程中把再下一步的状态放在队列里……由于队列的操作遵循先进先出的原则，在这个处理过程中，只有在前一步的所有情况都处理完后，才能开始后面一步各情况的处理。

要模拟农夫过河问题，首先需要选择一个对问题中每个角色的位置进行描述的方法。一个很方便的办法是用四位二进制数顺序分别表示农夫、狼、白菜和羊的位置。例如，用 0 表示农夫或者某东西在河的南岸，1 表示在河的北岸，则整数 5(其二进制表示为 0101)表示农夫和白菜在河的南岸，而狼和羊在北岸。

完成了上面的准备工作，现在的问题变成：从初始状态二进制 0000(全部在河的南岸)出发，寻找一种全部由安全状态构成的状态序列，它以二进制 1111(全部到达河的北岸) 为最终目标，并且序列中的每一个状态都可以从前一状态通过农夫(可以带一样东西)划船过河的动作到达。

为简化算法，要求在序列中不应该出现重复的状态。为了实现广度优先搜索，算法中需要使用一个整数队列 moveTo，它的每个元素表示一个可以安全到达的中间状态。另外还需要一个数据结构记录已被访问过的各个状态，以及已被发现的能够到达当前这个状态的路径。

由于在这个问题的解决过程中需要列举的所有状态(二进制 0000～1111)一共 16 种，所以可以构造一个包含 16 个元素的整数顺序表来满足以上的要求。用顺序表的第 i 个元素记录状态 i 是否已被访问过，若已被访问过则在这个顺序表元素中记入前趋状态值，算法中把这个顺序表称为 route。route 的每个分量初始化值均为-1，每当我们在队列中加入一个新状态时，就把顺序表中以该状态作下标的元素的值改为达到这个状态的路径上前一状态的下标值。route 的一个元素具有非负值，表示这个状态已访问过，或正被考虑。最后我们可以利用 route 顺序表元素的值建立起正确的状态路径。

用队列解决农夫过河问题，算法如下：

```
#include <stdio.h>
#include <stdlib.h>
typedef int DataType;
```

```
//顺序队列声明
typedef struct SeqQueue
{
    int MAXNUM;                                         //队列中最大元素个数
    int f, r;
    DataType *q;
}*PSeqQueue;                                            //顺序队列类型的指针类型
//创建一个空队列
PSeqQueue createEmptyQueue_seq(int m)
{
    PSeqQueue queue = (PSeqQueue)malloc(sizeof(struct SeqQueue));
        if (queue != NULL)
        {
            queue->q = (DataType*)malloc(sizeof(DataType) *m);
            if (queue->q)
            {
                queue->MAXNUM = m;
                queue->f = 0;
                queue->r = 0;
                return (queue);
            }
            else
                free(queue);
        }
        printf("Out of space!!\n");             //存储分配失败
        return NULL;
}
//判断队列是否为空
int isEmptyQueue_seq(PSeqQueue queue)
{
    return (queue->f == queue->r);
}
//在队尾插入元素x
void enQueue_seq(PSeqQueue queue, DataType x)
{
    if ((queue->r + 1) % queue->MAXNUM == queue->f)
        printf("Full queue.\n");
    else
    {
        queue->q[queue->r] = x;
        queue->r = (queue->r + 1) % queue->MAXNUM;
    }
}
//删除队列头部元素
void deQueue_seq(PSeqQueue queue)
{
    if (queue->f == queue->r)
```

```
        printf("Empty Queue.\n");
    else
        queue->f = (queue->f + 1) % queue->MAXNUM;
}
//取队头元素
DataType frontQueue_seq(PSeqQueue queue)
{
    if (queue->f == queue->r)
        printf("Empty Queue.\n");
    else
        return (queue->q[queue->f]);
}
//判断农夫的位置
int farmer(int location)
{
    return (0 != (location &0x08));
}
//判断狼的位置
int wolf(int location)
{
    return (0 != (location &0x04));
}
//判断白菜的位置
int cabbage(int location)
{
    return (0 != (location &0x02));
}
//判断羊的位置
int goat(int location)
{
    return (0 != (location &0x01));
}
//安全状态的判断函数，若状态安全则返回1
int safe(int location)
{
    if ((goat(location) == cabbage(location)) && (goat(location) != farmer(location)))
        return (0);                                 //羊与白菜
    if ((goat(location) == wolf(location)) && (goat(location) != farmer(location)))
        return (0);                                 //狼与羊
    return (1);                                     //其他状态是安全的
}
void main()
{
    int i, movers, location, newlocation;
    int route[16];                                  //用于记录已考虑的状态路径
    PSeqQueue moveTo;                               //用于记录可以安全到达的中间状态
    moveTo = createEmptyQueue_seq(20);              //创建空队列
```

```
        enQueue_seq(moveTo, 0x00);                    //初始状态进队列
        for (i = 0; i < 16; i++)
            route[i] = - 1;
        //准备数组 route 初值
        route[0] = 0;
        while (!isEmptyQueue_seq(moveTo) && (route[15] == - 1))
        {
            location = frontQueue_seq(moveTo);     //取队头状态为当前状态
            deQueue_seq(moveTo);
            for (movers = 1; movers <= 8; movers <<= 1)         //考虑各种物品移动
                if ((0 != (location &0x08)) == (0 != (location &movers)))
                            //农夫与移动的物品在同一侧
                {
                  newlocation = location ^ (0x08 | movers);    //计算新状态
                  if (safe(newlocation) && (route[newlocation] == - 1))
                            //新状态安全且未处理
                  {
                      route[newlocation] = location;           //记录新状态的前趋
                      enQueue_seq(moveTo, newlocation);        //新状态入队
                  }
                }
    }
    //打印出路径
        if (route[15] != - 1)                                  //到达最终状态
        {
            printf("The reverse path is : \n");
            for (location = 15; location >= 0; location = route[location])
            {
                printf("The location is : %d\n", location);
                if (location == 0)
                    exit(0);
            }
        }
        else
            printf("No solution.\n");                          //问题无解
    }
```

本章小结

本章主要介绍栈与队列的基本概念、顺序存储表示与基本操作，以及栈与队列的链式存储表示与基本操作。

栈的链式存储结构称链栈。栈顶指针是链表的头指针。我们知道，栈是先进后出的，队列是先进先出的，共同点是只允许在端点处插入和删除元素。栈都是在一端进与出，而队列是在一端进，在另一端出。

通过分析队列的适用范围，以达到应对各种算法出现的问题。最后把栈与队列应用于

实践问题，用火车车厢重排问题、四则运算表达式求值问题、渡口管理问题和农夫过河问题来进一步地分析并理解栈与各种队列的应用。

习题与思考

4.1 单选题

1．一个栈的输入序列为 1，2，3，…，n，若输出序列的第一个元素是 n，则输出的第 i(1≤i≤n)个元素是(　　)。

A．不确定　　B．n−i+1　　C．i　　D．n−i

2．有 6 个元素 7，6，5，4，3，2，1，从 7 开始顺序进栈，则下列哪一个不是合法的出栈序列？(　　)

A．7 5 4 3 6 1 2　　B．4 5 3 1 2 6 7　　C．7 3 4 6 5 2 1　　D．2 3 4 1 5 6 7

3．若栈采用顺序存储方式存储，现两栈共享空间 V[m]，top[i]代表第 i(i=1,2)个栈栈顶，栈 1 的底在 V[0]，栈 2 的底在 V[m−1]，则栈满的条件是(　　)。

A．|top[2]−top[1]|=0　　B．top[1]+1=top[2]

C．top[1]+top[2]=m　　D．top[1]=top[2]

4．执行完下列语句段后，i 值为(　　)。

```
int f(int x)
{ return ((x>0) ? x* f(x-1):2); }
int i;
i =f(f(1));
```

A．2　　B．4　　C．8　　D．无限递归

5．设栈 S 和队列 Q 的初始状态为空，元素 e1，e2，e3，e4，e5 和 e6 依次通过栈 S，一个元素出栈后即进队列 Q，若 6 个元素出队的序列是 e2，e4，e3，e6，e5，e1，则栈 S 的容量至少应该是(　　)。

A．6　　B．4　　C．3　　D．2

4.2 填空题

1．S 表示入栈操作，X 表示出栈操作，若元素入栈的顺序为 1234，为了得到 1342 出栈顺序，相应的 S 和 X 的操作串为________。

2．顺序栈用 data[n]存储数据，栈顶指针是 top(栈顶指针指向当前栈顶元素所在单元的位置)，则值为 x 的元素入栈的操作是________。

3．区分循环队列的满与空，有两种方法，它们是________和________。

4．循环队列的引入，是为了克服________。

5．队列是限制插入只能在表的一端，而删除在表的另一端进行的线性表，其特点是________。

4.3 思考题

1．什么是栈？什么是队列？它们各自的特点是什么？

2．线性表、栈、队列有什么异同？

3．简述栈的入栈、出栈操作的过程。

4．简述在循环队列中入队、出队操作的过程。

5．在什么情况下才能使用栈、队列等数据结构？

6．假设以 S 和 X 分别表示入栈操作和出栈操作，则对初态和终态均为空的栈操作可由 S 和 X 组成的序列表示(如 SXSX)。

(1) 试指出判别给定序列是否合法的一般规则。

(2) 两个不同合法序列(对同一输入序列)能否得到相同的输出元素序列？如能得到，请举例说明。

7．在一个算法中需要建立多个堆栈时，可以选用下列 3 种方案之一：

(1) 分别用多个顺序存储空间建立多个独立的堆栈；

(2) 多个堆栈共享一个顺序存储空间；

(3) 分别建立多个独立的链接堆栈。

试问：这 3 种方案之间相比较各有什么优缺点？

8. 在某程序中，有两个栈共享一个一维数组空间 SPACE[N]，SPACE[0]和 SPACE[N−1]分别是两个栈的栈底。

(1) 对栈 1、栈 2，试分别写出(元素 x)入栈的主要语句和出栈的主要语句。

(2) 对栈 1、栈 2，试分别写出栈满、栈空的条件。

9．当用一个循环数组 q[m]表示队列时，该队列只有一个队列头指针 front，不设队列尾指针 rear，而改置计数器 count 用以记录队列中结点的个数。

(1) 编写实现队列判空、入队、出队的 3 个基本运算算法。

(2) 队列中能容纳元素的最多个数是多少？

10．设输入元素为 1、2、3、P 和 A，输入次序为 1、2、3、P、A。当所有元素均到达输出序列后，有哪些序列可以作为高级语言的变量名。

11．如果允许在循环队列的两端都可以进行插入和删除操作。要求：

(1) 写出循环队列的类型定义。

(2) 写出“从队尾删除”和“从队头插入”的算法。

串、多维数组与特殊矩阵

学习目标

(1) 掌握串的类型定义、3 种存储表示及相应的存储结构。

(2) 掌握串的模式匹配算法。

(3) 掌握特殊矩阵的压缩存储表示方法。

(4) 理解稀疏矩阵的两类压缩存储方法的特点及其适用范围，领会以三元组表示稀疏矩阵时进行矩阵运算所采用的处理方法。

知识结构图

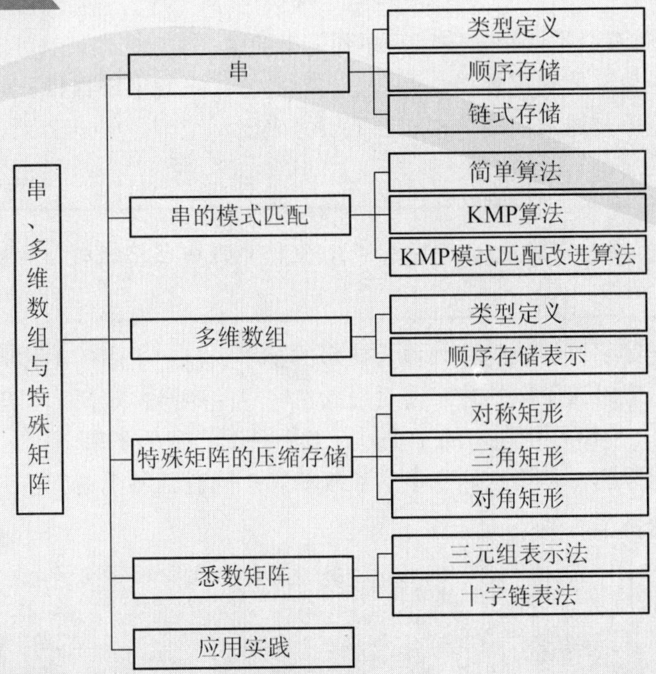

重点和难点

(1) 串与数组的存储结构。

(2) 串的表示和实现。

(3) 特殊矩阵和稀疏矩阵的压缩存储方法及运算的实现。

(4) 数组类型的定义及其存储表示。

学习指南

计算机上的非数值处理的对象基本上是字符串数据。字符串简称串，是一种特殊的线性表，因此串的存储方法也是线性表的一般方法。本章讨论字符串的基本概念、存储方法和基本操作。模式匹配运算字符串是最重要的操作，也是本章学习的难点。

从学习利用高级语言编制程序开始，数组是大家惯用的存储批量数据的工具，前面讨论的线性结构的顺序存储结构也都是利用数组来描述的，那么数组本身又是怎么实现的呢？学习多维数组的目的主要是了解数组类型的特点及在高级编程语言中的实现方法，更有利于学习、理解特殊矩阵的相关运算。

5.1 串

5.1.1 串的类型定义

串(或字符串)是由零个或多个字符组成的有限序列，一般记作

$$s=\text{“}c_0c_1c_2\cdots c_n\text{”}\ (n\geqslant 0)$$

其中，s 为串名，用双引号括起来的字符序列是串的值；$c_i\,(0\leqslant i\leqslant n-1)$可以是字母、数字或其他字符；双引号为串值的定界符，不是串的一部分；串的字符数目 n 称为串的长度。零个字符的串称为空串，通常以两个相邻的双引号来表示空串，如 s=“”，它的长度为零。

注意

要注意区分空串和空格串(也称空白串)，空格串仅由空格组成，如 s=“　”，长度不为零。

串中任意个连续字符组成的序列称为该串的子串。包含子串的串称为主串，通常将子串在主串中首次出现时该子串的首字符对应的主串中的序号，定义为子串在主串中的序号(或位置)。特别地，空串是任意串的子串，任意串是其自身的子串。

称两个串是相等的，是指这两个串的长度相等，同时其各个对应位置的字符都相等。

其抽象数据类型定义如下：

```
ADT String {
    数据对象：D ={ ai | ai 属 char 类型, i=1,2,...,n,  n>=0 }
    数据关系：R ={ <ai-1 ,ai >|ai-1 ,ai∈D, i=2,...,n }
    基本操作：
        Insert(*S, pos, T)     //插入：在 S 的第 pos 个字符前插入串 T
        Delete(*S, pos, len)  //删除：删除 S 中从第 pos 个字符开始长度为 len 的子串
        SubString(&Sub, S, pos, len)
                                  //取子串：取 S 中从第 pos 个字符开始长度为 len 的子串
```

```
        strCopy(&S, T)              //复制串：把 T 赋给 S
        strEqual(S, T)              //是否相等：判断 S 和 T 是否相等
        StrCompare(S, T)            //串的比较：对 S 和 T 进行比较
        Concat(T, S1, S2)           //连接串：连接 S1 和 S2
        Index(S, T, pos)            //匹配串：从 S 中第 pos 个字符之后开始与 T 匹配
} ADT String
```

5.1.2 串的顺序存储

由于串实际上是一种特殊的线性表，它的元素仅由一个字符组成，因此串的存储方法也是线性表的一般方法，常见的有顺序存储和链式存储两种方法。

和线性表的顺序存储一样，串的顺序存储结构就是采用与其逻辑结构相对应的存储结构，即串的各个字符按顺序存入连续的存储单元中去，逻辑上相邻的字符在内存中也是相邻的，有时称为顺序串。

串的最简单程序存储是采用非紧缩格式，即每一个存储单元中存放一个字节，所占存储单元数目即为串的长度。采用这种存储结构，随机读/写串中指定的第 i 个字符最为方便，存取的速度最快。但每一个存储单元本可以放下多个字符，只放一个字符不能充分利用存储空间。

为了充分利用存储空间，也可以采用紧缩格式的顺序存储结构，即根据存储单元的容量给每个单元存入多个字符，最末一个单元如果没有占满，可填充空格符。采用这种存储结构，从所占存储单元的数目不能求出准确的串长度(末尾单元可能空余单元)，故需要对串的长度进行设定。

在串的顺序存储结构中，表示串的长度通常有两种方法：一种方法是设置一个串的长度参数，此种方法的优点是便于在算法中用长度参数控制循环过程；另一种方法是在串值的末尾添加结束标记‘\0’，此种方法的优点是便于系统自动实现。

例如，定义一个串变量 String s，则这种存储方式可以直接得到串的实际长度：s.length，如图 5.1 所示。

在串尾存储一个不会在串中出现的特殊字符作为串的终止符，以此表示串的结尾，如图 5.2 所示，它用‘\0’来表示串的结束。这种存储方法不能直接得到串的长度，通过判断当前字符是否是‘\0’来确定串是否结束，从而求得串的长度。

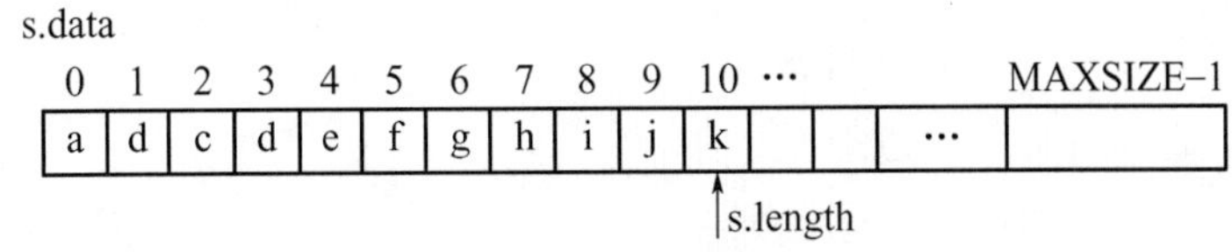

图 5.1 串的顺序存储方式 1

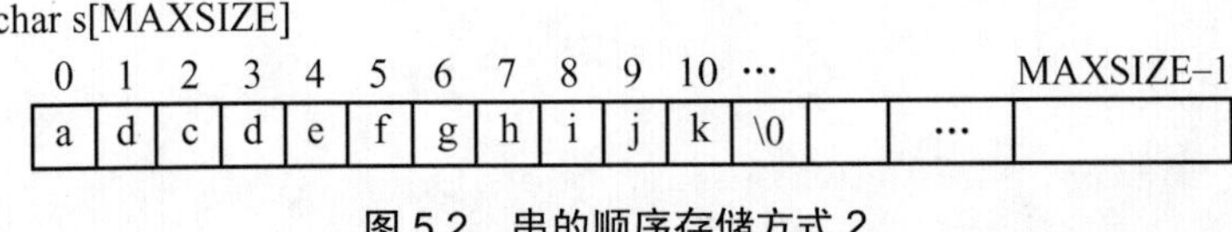

图 5.2 串的顺序存储方式 2

串的顺序存储结构就是用数组存放串的所有字符，数组有静态数组和动态数组两种。

1. 静态数组结构

静态数组结构也称为定长数组结构，其数据结构类型定义如下：

```
typedef struct{
    char str [MaxSize];
    int length;
}String;
```

静态数组下串基本操作的实现见算法 5.1～算法 5.4。其中，算法 5.2 是在串 S 的 pos 位置之前插入子串 T，算法 5.3 是删除串 S 从 pos 位置开始长度为 len 的子串值，算法 5.4 是取串 S 从 pos 位置开始长度为 len 的子串值赋给串 T。

1) 子串插入

算法 5.1 静态数组下串的子串插入

```
int Insert ( String * S ,int pos ,String T){
    int i;
    if (pos<0 )
    {    printf("参数出错！");
        return 0;
    }
    else if(S->length+T.length > MaxSize)
    {    printf("无法插入！");
        return 0;
    }
    else {
            for(i=S->length-1;i>=pos;i--)
                S->str[i+T.length]=S->str[i];
            for(i=0;i<T.length;i++)
                S->str[pos+i]=T.str[i];
            S->length=S->length+T.length;
        return 1;
    }
}
```

2) 子串删除

算法 5.2 静态数组下串的子串删除

```
int Delete(String *S,int pos,int len){
    int i;
    if(S->length<=0)
    {
        printf("无元素可删！\n");
        return 0;
    }
    else if(pos<0 || len<0 || pos+len>S->length)
    {
        printf("参数不合法");
```

```
            return 0;
        }
        else{
            for(i=pos+len;i<=S->length-1;i++)
                S->str[i-len]=S->str[i];
            S->length=S->length-len;
            return 1;
        }
}
```

3) 取子串

算法 5.3　静态数组下串的子串提取

```
int SubString(String &Sub,String S,int pos,int len) {
    int i;
    if (pos < 0 || len<0 || pos + len > S.length )
    {    printf ("参数出错");
        return 0 ;
    }
    else{
        for ( i = 0 ; i < len ; i ++ )
            Sub.str[ i ] = S .str [ pos + i ];
        Sub.length = len ;
        return 1 ;
    }
}
```

4) 串的复制

算法 5.4　静态数组下串的复制

```
void strCopy (String & S, String T){
    int i;
    for ( i = 0 ; i < T.length ; i ++ )
        S. str[ i ] = T. str[ i ];
    S . length = T.length ;
}
```

5) 判断串是否相等

算法 5.5　判断静态数组下串是否相等

```
void strEqual (String S, String T){
    int same =1,i;
    if(S.length !=T.length)
        same = 0;                          //长度不相等时返回 0
    else
        for ( i = 0 ; i < S.length;i ++)
            if(S. str[ i ] != T.str[i])    //有一个对应字符不相等时返回 0
            {
```

```
                Same = 0;
                break;
            }
    return same;
}
```

6) 串比较

对串 S 和 T 进行比较，若 S>T，则返回值大于 0；若 S=T，则返回值为 0；若 S<T，则返回值小于 0。

算法 5.6　静态数组下串的比较

```
int StrCompare(String S, String T)
{
    int i;
    for(i=0;i<S . length &&i<T.length; i++)
        if(S.str [i]!=T.str [i])
            return (S.str [i]-T.str [i]);
    return (S.length - T.length);
}
```

7) 串联接

我们用字符串 T 返回字符串 S1 和字符串 S2 联接而成的新串。基于串 S1 和 S2 长度的不同情况，串 T 值的产生可能有如下 3 种情况：

【参考图文】

(1) S1.length+S2. length≤MAXSIZE，此时不发生截断，见算法 5.7 情况①。

(2) S1. length < MAXSIZE 而 S1.length+S2. length >MAXSIZE，此时将串 S2 的部分截断，得到的串 T 只包括 S2 的一个子串，见算法 5.7 情况②。

(3) S1. length≥MAXSIZE，此时得到的串 T 并非联接的结果，而是串 S1 的部分或全部，见算法 5.7 情况③。

算法 5.7　静态数组下串的联接

```
Status Concat(String T,String S1,String S2)
{
    int i;
    if(S1.length+S2.length <=MAXSIZE)     //①未截断
    {
        for(i=0;i<S1.length;i++)
            T.str[i] = S1.str[i];
        for(i=0;i<S2.length;i++)
            T[S1.length +i]=S2.str[i];
        T.length =S1.length +S2.length;
        return TRUE;
    }
    else                                          //截断 S1 或 S2 两种情况
    {
        while(S1.length < MAXSIZE)                //②截断 S2
        {
```

```
            for(i=0;i< S1.length;i++)
                T.str[i] = S1.str[i];
            for(i=0;i<MAXSIZE - S1.length;i++)
                T[S1.length +i]=S2.str[i];
            T.length=MAXSIZE;
            return FALSE;
        }
        for(i=0;i< MAXSIZE;i++)                 //③截断 S1
            T.str[i] = S1.str[i];
        T.length=MAXSIZE;
        return FALSE;
    }
}
```

该算法若未截断，则返回 TRUE，否则返回 FALSE。

8) 串的匹配

若主串 S 中第 pos 个字符之后存在与 T 相等的子串，则返回第一个这样的子串在 S 中的位置，否则返回 0。

算法 5.8 静态数组下串的匹配

```
int Index (String S, String T, int pos)
{
    int n,m,i;
    String sub;
    if (pos > 0)
    {
        n = S.length;                      //得到主串 S 的长度
        m =T.length;                       //得到子串 T 的长度
        i = pos;
        while (i <= n-m+1)
        {
            SubString (sub, S, i, m);      //取主串中第 i 个位置长度与 T 相等的子串给 sub
            if (StrCompare(sub,T) != 0)    //如果两串不相等
                ++i;
            else                           //如果两串相等
                return i;
        }
    }
    return 0;                              //若无子串与 T 相等，返回
}
```

2. 动态数组结构

为了实现动态存储，我们定义动态数组的结构体如下：

```
typedef struct
{
    char * str;
```

```
    int maxLength;
    int length;
} DString;
```

与静态数组结构相比，其定义中增加了一个指出动态数组长度的域，为每次动态存储空间提供增加量。同时，动态数组下串的基本操作增加了初始化操作和撤销操作。

1) 初始化

该操作的目的是建立存储串的动态数组空间以及给相关的数据域赋值。

算法 5.9 动态数组下串的初始化

```
void Initiate(DString*S,int max,char*T){
    int i ;
    S->str=(char *)malloc(sizeof(char)*max);
    /*申请动态数组空间*/
    S->maxLength=max;                                   //置动态数组元素最大个数
    S->length=strlen(T) ;                               //置串的当前长度值
    for(i=0;i<S->length;i++);
    S->Str[i]=T[i];                                     //赋串值
}
```

2) 插入子串

该操作的目的是在串 S 的 pos 位置之前插入子串 T。

算法 5.10 动态数组下串的子串插入

```
int Insert(DString*S,int pos,DString T){
    int i;
    char*p;
    if ( pos < 0 )
    {
        printf("参数出错！") ;
        return 0 ;
    }
    else{
        if(S->length+T.length>S->maxLength){
            p=(char *)realloc(S->str,(S->length+T.length)*sizeof(char));
            if(p==NULL)
            {
                printf("内存空间不足！");
                return 0;
            }
        }
        for(i=S->length-1;i>=pos;i--)
            S->str[i+T.length]=S->str[i];
        for(i=0;i<T.length;i++)
            S->str[pos+i]=T.str[i];
        S->length=S->length+T.length;
```

```
        return 1;
    }
}
```

realloc(mem_address,size)函数实现将 mem_address 所指的已分配内存区的大小改为 size，新分配内存区中原样保存原内存区中的数据值。

在动态数组结构下，当判断子串插入主串后主串空间不足时，可以为主串 S 重新申请更大的内存空间，然后插入子串，而在静态数组结构下，此种情况必须出错返回。

3) 删除子串

算法 5.11　动态数组下串的子串删除

```
int Delete ( DString * S, int pos, int len ) {
    int i;
    if(S->length<=0)
    {
        printf("无元素可删! \n")
            return 0;
    }
    else if(pos<0 || len<0 || pos+len>S->length) {
        printf("参数不合法");
        return 0;
    }
    else{
        for(i=pos+len;i<=S->length-1;i++)
            S->str[i-len]=S->str[i];
        S->length=S->length-len;
        return 1;
    }
}
```

4) 取子串

算法 5.12　动态数组下串的子串提取

```
int SubString(DString*S,int pos,int len,DString*T){
    int i;
    if(pos<0 || len<0 || pos+len>S->length){
        printf("参数出错!");
        return 0;
    }
    else{
        for(i=0;i<len;i++)
            T->str[i]=S->str[pos+i];
        T->length=len;
        return 1;
    }
}
```

5) 销毁操作

算法 5.13 动态数组下串的销毁

```
void Destroy (DString*S){
    free(S->str);
    S->maxLength=0;
    S->length=0;
}
```

5.1.3 串的链式存储

串的链式存储结构与线性表的链式存储类似，是将存储区分成许多“结点”，每个结点包含一个存放字符的域和一个存放指向下一个结点的指针域。采用链式存储结构的串称为链串。由于串的特殊性——每个元素只包含一个字符，因此，每个结点可以存放一个字符，也可以存放多个字符。图 5.3 和图 5.4 分别表示了存储密度为 4 和 1 的链式存储结构。

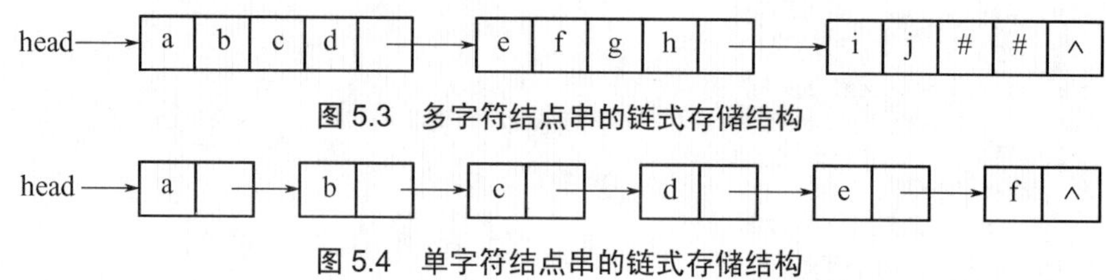

图 5.3 多字符结点串的链式存储结构

图 5.4 单字符结点串的链式存储结构

当结点大小大于 1(如结点大小等于 4)时，链串的最后一个结点的各个数据域不一定总能全被字符占满。此时，应在这些未占用的数据域里补上不属于字符集的特殊符号(如“#”字符)，以示区别(如图 5.3 中的最后一个结点)。

为了实现链串的基本操作，串的链式存储结构类型描述如下：

```
typedef struct node
{
    char data;
    struct node *next;
}LinkStrNode;
typedef LinkStrNode * LinkString;            //链式串的指针
```

在链式存储方式中，结点大小的选择和顺序存储方式的格式选择一样都很重要，它直接影响着串处理的效率。在各种的串处理系统中，所处理的串往往很长或很多，例如，一本书的几百万个字符，情报资料的成千上万个条目，这要求我们考虑串值的存储密度。存储密度可定义为

$$\text{存储密度}=\frac{\text{串值所占的存储位}}{\text{实际分配的存储位}} \tag{5.1}$$

显然，存储密度小(如结点大小为 1)，运算处理方便，然而，存储占用量大。如果在串处理过程中需要进行内、外存交换，则会因为内、外存交换操作过多而影响处理的总效率。应该看到，串的字符集大小也是一个重要因素。一般地，字符集小，则字符的机内编码就短，这也影响串值的存储方式的选取。下面给出链串的基本操作。

1. 链串的初始化

算法 5.14　链串的初始化

```
void Init_LinkString(LinkString &ls)
{
    ls=(LinkStrNode *)malloc(sizeof(LinkStrNode));
    ls->next=NULL;
}
```

2. 链串的赋值

算法 5.15　链串的赋值

```
void Build_LinkString(LinkString &ls,char *str){
    LinkStrNode *pre=ls;
    int length=strlen(str);
    int i;
    for(i=0;i<length;i++)
    {
        LinkStrNode *temp=(LinkStrNode *)malloc(sizeof(LinkStrNode));
        temp->data=str[i];
        temp->next=NULL;
        pre->next=temp;
        pre=pre->next;
    }
}
```

3. 求链串的长度

算法 5.16　求链串的长度

```
int LinkStringLen(LinkString &ls){
    int len=0;
    LinkStrNode *cur=ls->next;
    while(cur)
    {
        len++;
        cur=cur->next;
    }
    return len;
}
```

4. 链串的复制

算法 5.17　链串的复制

```
void LinkStringCopy(LinkString &to,LinkString &from){
    LinkStrNode *cur=from->next;
    LinkStrNode *pre=to;
    while(cur)
```

```
    {
        LinkStrNode *temp=(LinkStrNode *)malloc(sizeof(LinkStrNode));
        temp->data=cur->data;
        cur=cur->next;
        temp->next=NULL;
        pre->next=temp;
        pre=pre->next;
    }
}
```

5. 链串的比较

算法 5.18 链串的比较

```
int LinkStringcmp(LinkString &ls1,LinkString &ls2){
    LinkStrNode *cur1=ls1->next;
    LinkStrNode *cur2=ls2->next;
    while(cur1 && cur2)
    {
        if(cur1->data != cur2->data)
            return cur1->data - cur2->data;
        cur1=cur1->next;
        cur2=cur2->next;
    }
    if(cur1)
        return 1;
    else if(cur2)
        return -1;
    else
        return 0;
}
```

6. 链串的联接

算法 5.19 链串的联接

```
void LinkStringCat(LinkString &ls1,LinkString &ls2){
    LinkStrNode *cur=ls2->next;
    LinkStrNode *pre=ls1->next;
    while(pre->next!=NULL)
        pre=pre->next;
    pre->next=cur;
}
```

7. 子链串的提取

算法 5.20 子链串的提取

```
LinkString LinkStringSub(LinkString &ls, int index, int len){
    LinkString temp;
```

```
    Init_LinkString(temp);
    int length=LinkStringLen(ls);
    if(len>length-index+1)
    {
        cout<<"提取的子链串过长!"<<endl;
    }
    else
    {

        LinkStrNode *lscur=ls->next;
        LinkStrNode *pre=temp;               //把需要提取的子链串复制到temp上
        int i=1;
        while(i!=index)
        {
            lscur=lscur->next;
            i++;
        }
        i=1;
        while(i<=len)
        {
            LinkStrNode *lstemp=(LinkStrNode *)malloc(sizeof(LinkStrNode));
            lstemp->data=lscur->data;
            lscur=lscur->next;
            lstemp->next=NULL;
            pre->next=lstemp;
            pre=pre->next;
            i++;
        }
    }
    return temp;
}
```

8. 链串的插入

算法 5.21　链串的插入

```
void LinkStringInsert(LinkString &s, int index, LinkString &t){
    LinkStrNode *spre=s;                 //指向被插串的index位置的前一个字符
    LinkStrNode *scur=s->next;           //指向被插串的index位置
    int i=1;
    while(i!=index)
    {
        spre=scur;
        scur=scur->next;
        i++;
    }
    LinkStrNode *tpre=t->next;           //插入串的第一个字符的指针
    LinkStrNode *tcur=tpre;              //插入串的最后一个字符的指针
```

```
    while(tcur->next!=NULL)
    {
        tcur=tcur->next;
    }
    tcur->next=scur;
    spre->next=tpre;
    free(t);
}
```

9. 链串的替换

算法 5.22 链串的替换

```
void LinkStringRep(LinkString &s, int index,int len, LinkString &t){
    LinkStrNode *scur=s->next;
    LinkStrNode *tcur=t->next;
    int i=1;
    while(i!=index)
    {
        scur=scur->next;
        i++;
    }
    for(i=0;i<len;i++)
    {
        if(scur!=NULL)
        {
            scur->data=tcur->data;
            scur=scur->next;
            tcur=tcur->next;
        }
        else
        {
            scur=(LinkStrNode *)malloc(sizeof(LinkStrNode));
            scur->data=tcur->data;
            tcur=tcur->next;
            scur->next=NULL;
        }
    }
}
```

5.2 串的模式匹配

串的模式匹配即子串定位，是一种重要的串的运算。设 S 和 T 是给定的两个串，在主串 S 中找到等于子串 T 的过程称为模式匹配(其中 T 称为模式串)。如果在 S 中找到 T 的子串，则称匹配成功，函数返回 T 在 S 中首次出现的存储位置(或序号)，否则匹配失败，返回-1。

为了运算方便，设字符串的长度存放在0号单元，串值从1号单元开始存放，这样字符序号与存储位置一致。本节主要介绍模式匹配的简单算法和一种改进的算法(KMP算法)。

5.2.1 模式匹配的简单算法

其基本思想是分别利用计数指针i和j指示主串S和模式串T中当前正待比较的位置。首先将S[1]和T[1]进行比较，若不同，将S[2]和T[1]进行比较……直到S中的某一个字符S[i]和 T[1]相同，再将它们之后的字符进行比较，若也相同，则如此继续向下比较，当S的某一个字符S[i]与T的字符T[j]不同时，则S返回到本趟开始字符的下一个字符，即S[i-j+2]，T返回到T[1]，继续开始下一趟的比较，重复上述过程。若T中的字符全部比完，则说明本趟匹配成功，否则说明匹配失败。

设主串S="ababcabcacbab"，模式串T="abcac"，匹配过程如图5.5所示。

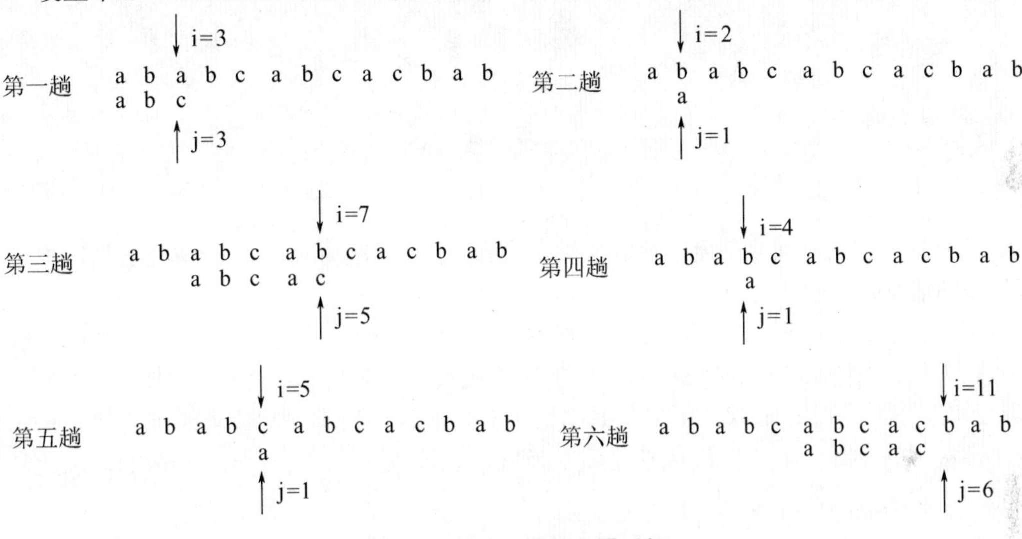

图5.5 模式匹配的匹配过程

其算法执行步骤可描述如下。

(1) 判断匹配位置是否到串的末尾。

(2) 如果主串与模式串对应字符相等，继续匹配下一字符。

(3) 如果主串与模式串对应字符不相等，则主串、子串指针回溯重新开始下一次匹配数据元素。

(4) 判断是否匹配成功。

前面我们已经用串的其他操作实现了模式匹配的算法index( )。现在考虑不用串的其他操作，而是用基本的数组来实现同样的算法。注意，这里假设主串S和要匹配的子串T的长度都存在S[0]和T[0]中，对应的代码见算法5.23。其中i是主串S中当前位置下标值，若pos不为1，则从pos位置开始匹配，j是子串T中当前位置下标值，若i小于S的长度并且j小于T的长度，循环继续。

算法5.23 模式匹配的简单算法

```
int Index(char S[],char T[],int pos){
    int i=pos;
```

```
    int j=1;
    while(i<=S[0]&&j<=T[0])                         //0 号单元存放串的长度
    {
        if(S[i]==T[j])
        {
            ++i;
            ++j;
        }
        else
        {
            i=i-j+2;                                //i 退回到上次匹配首位的下一位
            j=1;                                    //j 退回到子串 T 的首位
        }
    }
    if(j>T[0])
        return i-T[0];
    else
        return 0;
}
```

下面分析它的时间复杂度，设串 S 长度为 n，串 T 长度为 m。 匹配成功的情况下考虑两种极端情况：

(1) 在最好情况下，每趟不成功的匹配都发生在第一对字符比较时。例如，S=“aaaaabc”，T=“bc”，设匹配成功发生在 S[i]处，则字符比较次数在前面 i-1 趟中共比较了 i-1 次，第 i 趟成功匹配共比较了 m 次，所以总共比较了 i-1+m 次，所有匹配成功的可能共有 n−m+1 种，设从 S[i]开始与 T 串匹配成功的概率为 p_i，在等概率情况下 p_i=1/(n−m+1)，因此最好情况下平均比较的次数是

$$\sum_{i=1}^{n-m+1} p_i \times (i-1+m) = \sum_{i=1}^{n-m+1} \frac{1}{n-m+1} \times (i-1+m) = \frac{n+m}{2} \tag{5.2}$$

即最好情况下的时间复杂度是 O(n+m)。

(2) 在最坏的情况下，每趟不成功的匹配都发生在 T 的最后一个字符。例如，S=“aaaaaaaaaabc”，T=“aaab”，设匹配成功发生在 S[i]处，则在前面 i−1 趟匹配中共比较了(i−1)×m 次，第 i 趟成功匹配共比较了 m 次，所以共比较了 i×m 次，因此最坏情况下平均比较次数是

$$\sum_{i=1}^{n-m+1} p_i \times (i \times m) = \sum_{i=1}^{n-m+1} \frac{1}{n-m+1} \times (i \times m) = \frac{m \times (n-m+2)}{2} \tag{5.3}$$

即最坏情况下的时间复杂度是 $O(n \times m)$。

当模式串为“00000001”，而主串为“0000000000000000000000000000000000000000000000000000”时，由于模式串中前 7 个字符均为“0”，主串中前 52 个字符也均为“0”，每趟比较都在模式串的最后一个字符出现不等时，将指针回溯 i−6 的位置上，并从模式串的第一个字符开始重新比较，整个匹配过程中指针 i 需要回溯 45 次，则 while 循环次数为 46*8(index*m)。可见，算法 5.23 在最坏情况下的时间复杂度为 $O(n \times m)$。这种情况在只有

0、1 两个字符的文本串处理中经常出现。01 串可以用在许多应用之中，例如，一些计算机的图形显示就是用画面表示为一个 01 串，一页书就是一个几百万个 0 和 1 组成的串。在二进位计算机上实际处理的都是 01 串，一个字符的 ASCII 码也可以看作 8 个二进位的 01 串。包括汉字存储在计算机中处理时也是作为一个 01 串和其他的字符串一样看待。因此，我们有必要介绍一种改进的模式匹配算法，即 KMP 算法。

【参考图文】

5.2.2　KMP 算法

KMP 算法是由 D.E.Knuth 与 J.H.Morris 和 V.R.Pratt 同时发现的，因此人们称它为克努特—莫里斯—普拉特操作(简称 KMP 算法)。此算法可以在 O(n+m)的时间数量级上完成串的模式匹配操作。其改进在于：每当一趟匹配过程中出现字符比较不等时，不需回溯 i 指针，而是利用已经得到的“部分匹配”的结果将模式串向右“滑动”尽可能远的一段距离后，继续进行比较。下面先从具体例子看起。

回顾图 5.5 中的匹配过程示例，在第三趟的匹配中，当 i=7、j=5 字符比较不等时，又从 i=4、j=1 重新开始比较。然而，经仔细观察发现，i=4、j=1，i=5、j=1 及 i=6、j=1 这 3 次比较是不必进行的。因为从第三趟部分匹配的结果就可得出，主串中第 4、5、6 个字符必然是‘b’、‘c’和‘a’(即模式串第 2、3、4 个字符)。因为模式串中的第一个字符是 a，因此它不需再和这 3 个字符进行比较，而仅需将模式串向右滑动 3 个字符的位置进行 i=7、j=2 时的字符比较即可。同理，在第一趟匹配中出现字符不等时，仅需将模式串向右移动两个字符的位置继续进行 i=3、j=1 时的字符比较。由此，在整个匹配过程中，i 指针没有回溯，如图 5.6 所示。

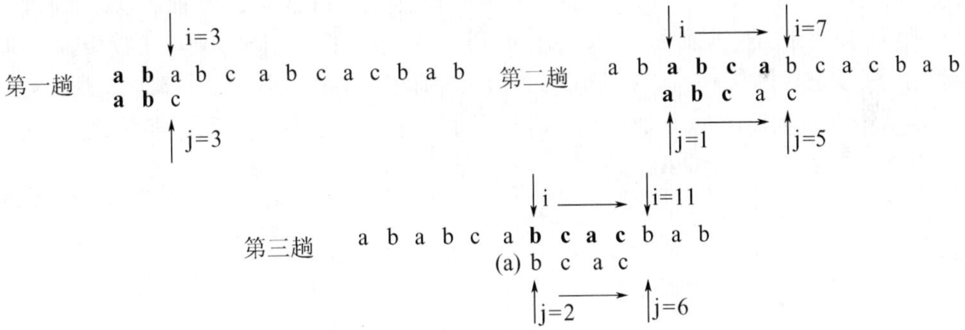

```
            ↓i=3
第一趟   a b a b c a b c a c b a b
         a b c
            ↑j=3

             ↓i ——→ ↓i=7
第二趟   a b a b c a b c a c b a b
             a b c a c
             ↑j=1 ——→ ↑j=5

                   ↓i ——→ ↓i=11
第三趟   a b a b c a b c a c b a b
                 (a) b c a c
                   ↑j=2 ——→ ↑j=6
```

图 5.6　改进算法的匹配过程示例

当主串中第 i 个字符与模式串中的第 j 个字符“失配”(即比较不相等)时，主串中第 i 个字符(i 指针不回溯)应与模式串中哪个字符再比较？

假设应与模式串中第 k(k<j)个字符继续比较，则模式串中前 k−1 个字符的子串必须满足下列关系：

$$'p_1p_2\cdots p_{k-1}'='s_{i-k+1}s_{i-k+2}\cdots s_{i-1}' \tag{5.4}$$

而已经得到的匹配结果是

$$'p_{j-k+1}p_{j-k+2}\cdots p_{j-1}'='s_{i-k+1}s_{i-k+2}\cdots s_{i-1}' \tag{5.5}$$

由式(5.4)和式(5.5)推得下列等式

$$'p_1p_2\cdots p_{k-1}'='p_{j-k+1}p_{j-k+2}\cdots p_{j-1}' \tag{5.6}$$

反之，若模式串中存在满足式(5.6)的两个子串，则匹配过程中，主串中第 i 个字符与模式串中第 j 个字符比较不等时，仅需将模式串向右滑动至模式串中第 k 个字符与主串中第 i 个字符对齐，此时，模式串中前 k-1 个字符的子串 $'p_1p_2\cdots p_{k-1}'$ 必定与主串中第 i 个字符之前长度为 k-1 的子串 $'s_{i-k+1}s_{i-k+2}\cdots s_{i-1}'$ 相等，由此，匹配仅需从模式串中第 k 个字符与主串中第 i 个字符比较起继续进行。

若令 next[j]=k，则 next[j] 表明当前模式串中第 j 个字符与主串中相应字符“失配”时，在模式串中需重新和主串中该字符进行比较的字符位置。由此可引出模式串的 next 函数的定义：

$$next[j]\begin{cases}0, & 当j=1时\\ Max\{k\mid 1<k<j且'p_1p_2\cdots p_{k-1}'='p_{j-k+1}\cdots p_{j-1}'\} \\ 1, & 其他情况\end{cases} \tag{5.7}$$

由定义可推出模式串的 next 函数值如下：

j	1 2 3 4 5 6 7 8
模式串	a b a a b c a c
next[j]	0 1 1 2 2 3 1 2

在求得模式的 next 函数之后，匹配可如下进行：

假设以指针 i 和 j 分别指示主串和模式串中正待比较的字符，令 i 的初值为 pos，j 的初值为 1。若在匹配过程中 $s_i=p_i$，则 i 和 j 分别增 1，否则，i 不变，而 j 退到 next[j] 的位置再比较，若相等，则指针各自增 1，否则 j 再退到下一个 next 值的位置，以此类推，直到下列两种可能：一种是 j 退到某个 next 值(next[next[…next[j] …]])时字符比较相等，则指针各自增 1，继续进行匹配；另一种是 j 退到值为零(即模式串的第一个字符“失配”)，则此时需将模式串继续向右滑动一个位置，即从主串的下一个字符 s_{i+1} 开始和模式串重新开始匹配。图 5.7 所示正是上述匹配过程的一个例子。

```
        ↓i=2
第一趟  主串    a c a b a a b a a b c a c a a b c
        模式串  a b
        ↑j=2   next[2]=1

          ↓i=2
第二趟  主串    a c a b a a b a a b c a c a a b c
        模式串    a
          ↑j=1   next[1]=0

            ↓i=3 ——→ ↓i=8
第三趟  主串    a c a b a a b a a b c a c a a b c
        模式串      a b a a b c
            ↑j=1 ———→ j=6   next[6]=3

                      ↓i=8 ——→  ↓i=14
第四趟  主串    a c a b a a b a a b c a c a a b c
        模式串            (a b) a a b c a c
                      ↑j=3 ——→  ↑j=9
```

图 5.7　利用模式串的 next 函数进行匹配的过程示例

当匹配过程中产生“失配”时，指针 i 不变，指针 j 退回到 next[j] 所指示的位置上重新进行比较，并且当指针 j 退至零时，指针 i 和指针 j 需同时增 1。即若主串的第 i 个字符和模式串中的第 1 个字符不等，应从主串的第 i+1 个字符开始重新进行匹配。对应 KMP 的实现见算法 5.24，其中 i 是主串 S 中当前位置下标值，若 pos 不为 1，则从 pos 位置开始匹配；j 表示子串 T 中当前位置下标值。

算法 5.24　模式匹配的 KMP 算法

```
int Index_KMP(char S[], char T[], int pos){
    int i=pos;
    int j=1;
    int next[100];
    GetNextValue(T,next);
    while(i<=S[0]&&j<=T[0])
    {
    if(j==0||S[i]==T[j])
        {
            ++i;
            ++j;
        }
        else                                    //指针后退重新开始匹配
            j=next[j];                          //j 退回合适的位置，i 值不变
    }
    if(j>T[0])
    return i-T[0];
    else
    return 0;
}
```

该算法返回子串 T 在主串 S 中第 pos 个字符之后的位置。若不存在，则函数返回值为 0。其中 T 非空，pos 应该在[1, StrLength(S)]之间。

KMP 算法是在已知模式串的 next 函数值的基础上执行的，那么，如何求得模式串的 next 函数值呢？next 数组的求解方法是第一位的 next 值为 0，第二位的 next 值为 1，后面求解每一位的 next 值时，根据前一位进行比较。首先将前一位与其 next 值对应的内容进行比较，如果相等，则该位的 next 值就是前一位的 next 值加上 1；如果不等，向前继续寻找 next 值对应的内容来与前一位进行比较，直到找到某个位上内容的 next 值对应的内容与前一位相等为止，则这个位对应的值加上 1 即为需求的 next 值；如果找到第一位都没有找到与前一位相等的内容，那么需求位上的 next 值即为 1。按上述模式串的 next 函数值：

j	1	2	3	4	5	6	7	8
模式串	a	b	a	a	b	c	a	c
next[j]	0	1	1	2	2	3	1	2

我们对其具体运算一遍的过程表述如下：

(1) 前两位必定为 0 和 1。

(2) 计算第三位时，看第二位 b 的 next 值为 1，则把 b 和 1 对应的 a 进行比较，不同，则第三位 a 的 next 的值为 1，因为一直比到最前一位，都没有发生比较相同的现象。

(3) 计算第四位时，看第三位 a 的 next 值为 1，则把 a 和 1 对应的 a 进行比较，相同，则第四位 a 的 next 的值为第三位 a 的 next 值加上 1，即 2，因为是在第三位实现了其 next 值对应的值与第三位的值相同。

(4) 计算第五位时，看第四位 a 的 next 值为 2，则把 a 和 2 对应的 b 进行比较，不同，则再将 b 对应的 next 值 1 对应的 a 与第四位的 a 进行比较，相同，则第五位的 next 值为第二位 b 的 next 值加上 1，即 2，因为是在第二位实现了其 next 值对应的值与第四位的值相同。

(5) 计算第六位时，看第五位 b 的 next 值为 2，则把 b 和 2 对应的 b 进行比较，相同，则第六位 c 的 next 值为第五位 b 的 next 值加上 1，即 3，因为是在第五位实现了其 next 值对应的值与第五位相同。

(6) 计算第七位时，看第六位 c 的 next 值为 3，则把 c 和 3 对应的 a 进行比较，不同，则再把第 3 位 a 的 next 值 1 对应的 a 与第六位 c 比较，仍然不同，则第七位的 next 值为 1。

(7) 计算第八位时，看第七位 a 的 next 值为 1，则把 a 和 1 对应的 a 进行比较，相同，则第八位 c 的 next 值为第七位 a 的 next 值加上 1，即 2，因为是在第七位和实现了其对应的值与第七位相同。

求 next 值的对应代码见算法 5.25。

算法 5.25　模式串的 next 函数

```
void GetNextValue(String T, int *next) {
    int i,j;
    i=1;
    j=0;
    next[1]=0;
    while (i<T[0])
    {
        if(j==0 || T[i]== T[j])
        {
            ++i;
            ++j;
            next[i] = j;
        }
        else
            j= next[j];                    //若字符不相同，则 j 值回溯
    }
}
```

最后说明一点，虽然简单模式匹配算法的时间复杂度为 O(n×m)，但在一般情况下，其实际的执行时间近似于 O(n+m)。KMP 算法仅当模式串与主串之间存在许多“部分匹配”的情况下才显得比简单算法快得多。

5.2.3　KMP 模式匹配改进算法

前面定义的模式串的 next 函数在某些情况下尚有缺陷。例如，模式串“a a a a b”在和主串“a a a b a a a a b”匹配，当 i=4、j=4 时，S[4] ≠T[4]，由 next[j] 的指示还需进行 i=4、j=3，i=4、j=2，i=4、j=1 这 3 次比较。实际上，因为模式中的第 1、2、3 个字符和第 4 个字符都相等，因此不需要再和主串中的第 4 个字符相比较，而可以将模式串向右滑动 4 个字符的位置直接进行 i=5、j=1 时的字符比较。这就说，若按上述定义得到 nextval[k] = k，

而模式串中 $p_i=p_k$，换句话说，此时的next[j]应和next[k]相同。由此可计算next函数的修正值nextval。图5.8为上述模式串的next函数值和nextval函数值。

j	1	2	3	4	5
模块	a	a	a	a	b
next[j]	0	1	2	3	4
nextval[j]	0	0	0	0	4

图 5.8　模式串的 next 函数值和 nextval 函数值

改进后求next值的代码见算法5.26，其中T[0]表示串T的长度。

算法 5.26　模式匹配的KMP改进算法

```
Void GetNextValueImp(String T,int*nextval){
    int i,j;
    i=1;
    j=0;
    nextval[1]=0;
    while (i<T[0])
    {
    if(j==0 || T[i]== T[j])       //T[i]表示后缀的单个字符，T[j]表示前缀的单个字符
        {
            ++i;
            ++j;
            if (T[i]!=T[j])                 //若当前字符与前缀字符不同
                nextval[i] = j;             //则当前的j为nextval在i位置的值
            else
                nextval[i]=nextval[j];      //如果与前缀字符相同，则将前缀字符的
                                            //nextval值赋值给nextval在i位置的值
    }
        else
            j= nextval[j];                  //若字符不相同，则j值回溯
  }
}
```

5.3　多维数组

5.3.1　多维数组的类型定义

数组是由n(n>1)个相同类型的数据元素 a_0，a_1，…，a_i，…，a_{n-1} 构成的有限序列。n是数组的长度。其中，数组中的数据元素 a_i 是一个数据结构，它可以是整型、实型等简单数据类型，也可以是数组、结构体、指针等构造类型。根据数组元素 a_i 的组织形式不同，数组可以分为一维数组、二维数组以及多维(n维)数组。

1. 一维数组

一维数组可以看作一个线性表或一个向量，它在计算机内存放在一块连续的存储单元中，适于随机查找。一维数组记为A[n]或A=(a_0,a_1,…,a_i,…,a_{n-1})。

在一维数组中，一旦a_0的存储地址、单个数据元素所占存储单元数k确定，则a_i的存储地址Loc(a_i)就可求出：

$$Loc(a_i)=Loc(a_0)+i\times k\ (0\leqslant i<n) \tag{5.8}$$

2. 二维数组

二维数组中的每一个元素又是一个定长的线性表(一维数组)，都要受到两个关系即行关系和列关系的约束，也就是每个元素都同属于两个线性表。例如，设A是一个有m行n列的二维数组，则A可以表示为

$$A=\begin{pmatrix} a_{00} & a_{01} & \cdots & a_{0,n-1} \\ a_{10} & a_{11} & \cdots & a_{1,n-1} \\ \vdots & \vdots & & \vdots \\ a_{m-1,0} & a_{m-1,1} & \cdots & a_{m-1,n-1} \end{pmatrix}$$

图5.9　m行n列的二维数组

图5.9所示的二维数组可以看成由m个行向量组成的向量，也可以看由n个列向量组成的向量。数组中的每个元素由元素值a_{ij}及一组下标(i, j)来确定。a_{ij}既属于第i行的行向量，又属于第j列的列向量。

显然，二维数组同样满足数组的定义。一个二维数组可以看作每个数据元素都是相同类型的一维数组。

3. 多维数组

n维数组是由$\prod b_i$个元素组成的，所有元素都属于同一数据类型，每个元素受着n个关系的约束，每个元素$a_{j_0 j_1 \cdots j_{n-1}}$($0\leqslant j_i \leqslant b_{i-1}$)都对应一组下标($j_0, j_1, \cdots, j_{n-1}$)。图5.10所示为三维数组的逻辑结构。

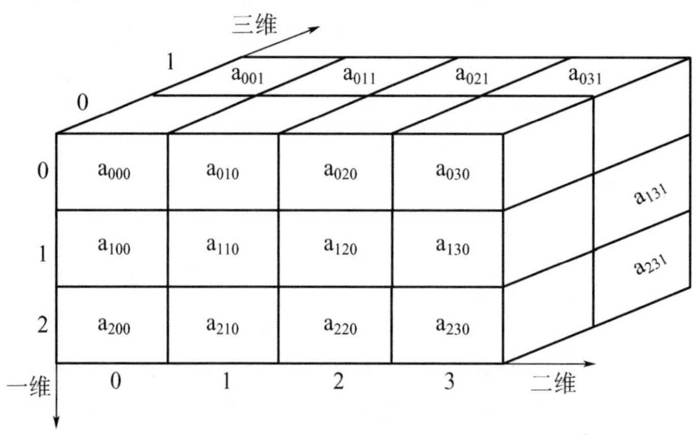

图5.10　一个3×4×2的三维数组的逻辑结构

5.3.2 多维数组的顺序存储表示

数组一般不作删除或插入运算，所以一旦数组被定义后，数组中的元素个数和元素之间的关系就不再变动。通常采用顺序存储结构表示数组。

对于一维数组，数组的存储结构关系如式(5.9)所示。

$$Loc(a_i)=Loc(a_0)+i\times d(0\leqslant i<n) \tag{5.9}$$

对于二维数组，由于计算机的存储单元是一维线性结构，如何用线性的存储结构存放二维数组元素就有行、列次序问题。常用两种存储方法：以行序为主序(row major order)的存储方式和以列序为主序(column major order)的存储方式，也称行优先顺序和列优先顺序。图 5.11(b)和图 5.11(c)列举了矩阵 A 的两种存储方式。

$$A=\begin{pmatrix} a_{00} & a_{01} & a_{02} \\ a_{10} & a_{11} & a_{12} \end{pmatrix}$$

(a) 矩阵形式表示

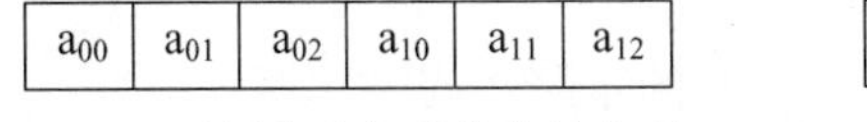

a_{00}	a_{01}	a_{02}	a_{10}	a_{11}	a_{12}

(b) 以行序为主序的存储方式

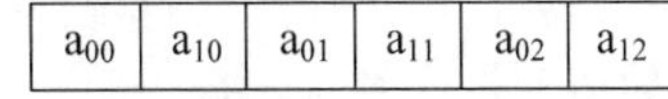

a_{00}	a_{10}	a_{01}	a_{11}	a_{02}	a_{12}

(c) 以列序为主序的存储方式

图 5.11 二维数组 A 的两种存储方式

1. 行优先顺序

将数组元素按行排列，第 i+1 个行向量紧接在第 i 个行向量后面。以二维数组为例，按行优先顺序存储的线性序列为 a_{00}，a_{01}，…，$a_{0(n-1)}$，a_{10}，a_{11}，…，$a_{1(n-1)}$，…，$a_{(m-1)0}$，$a_{(m-1)1}$，…，$a_{(m-1)(n-1)}$。

在 Pascal、C 语言中，数组就是按行优先顺序存储的。对一个以行序为主序的计算机系统，当二维数组第一个数据元素 a_{00} 的存储地址 $Loc(a_{00})$及每个数据元素所占用的存储单元 d 确定后，该二维数组中任一数据元素 a_{ij} 的存储地址可由式(5.10)确定：

$$Loc(a_{ij})=Loc(a_{00})+(i\times n+j)\times d \tag{5.10}$$

其中，n 为每行中的元素个数(即列数)。

同理，对于三维数组 A_{mnp} 来说，数组元素 a_{ijk} 的存储地址为

$$Loc(a_{ijk})=Loc(a_{000})+(i\times n\times p+j\times p+k)\times d \tag{5.11}$$

2. 列优先顺序

将数组元素按列向量排列，第 j+1 个列向量紧接在第 j 个列向量之后，A 的 m×n 个元素按列优先顺序存储的线性序列为 a_{00}，a_{10}，…，$a_{(m-1)0}$，a_{01}，a_{11}，…，$a_{(m-1)1}$，…，$a_{0(n-1)}$，$a_{1(n-1)}$，…，$a_{(m-1)(n-1)}$。

在 Fortran 语言中，数组就是按列优先顺序存储的。

该二维数组中任一数据元素 a_{ij} 的存储地址可由式(5.12)确定：

$$Loc(a_{ij})=Loc(a_{00})+(j\times m+i)\times d \tag{5.12}$$

同理，对于三维数组 A_{mnp} 来说，数组元素 a_{ijk} 的存储地址为

$$Loc(a_{ijk}) = Loc(a_{000}) + (k \times m \times n + j \times m + i) \times d \tag{5.13}$$

以上规则可以推广到多维数组的情况：行优先顺序可规定为先排最右的下标，从右到左，最后排最左下标：列优先顺序与此相反，先排最左下标，从左向右，最后排最右下标。

按上述两种方式顺序存储的数组，只要知道开始结点的存放地址(即基地址)、维数和每维的上、下界，以及每个数组元素所占用的单元数，就可以将数组元素的存放地址表示为其下标的线性函数。因此，数组中的任一元素可以在相同的时间内存取，即顺序存储的数组是一个随机存取结构。

5.4 特殊矩阵的压缩存储

矩阵是多科学与计算问题中研究的数学对象。在此，我们感兴趣的不是矩阵本身，而是如何存储矩阵的元，从而使矩阵的各种运算能有效地进行。

通常，用高级语言编制程序时，均用二维数组来存储矩阵元。有的程序设计语言中还提供了各种矩阵运算，用户使用时都很方便。

然而，在数值分析中经常出现一些阶数很高的矩阵，同时在矩阵中有许多值相同的元素或者零元素。有时为了节省存储空间，可以对这类矩阵进行压缩存储。所谓压缩存储是指为多个值相同的元只分配一个存储空间，对零元不分配空间。

假若值相同的元素或者零元素在矩阵中的分布有一定规律，则我们称此类矩阵为特殊矩阵；反之，称为稀疏矩阵。下面分别讨论它们的压缩存储。

特殊矩阵压缩存储的方法是只存储特殊矩阵中数值不相同的数据元素。读取被压缩掉矩阵元素的方法是利用矩阵中元素位置与压缩存储后的存储位置之间的映射关系，实现矩阵元素的随机存取。

5.4.1 对称矩阵

对称矩阵是一个 n 阶方阵。若一个 n 阶方阵 A 中的元素满足：

$$a_{ij}=a_{ji}(0 \leqslant i，j \leqslant n-1) \tag{5.14}$$

则称 A 为 n 阶对称矩阵，如图 5.12(a)所示。

$$\begin{pmatrix} 1 & 5 & 1 & 3 & 7 \\ 5 & 0 & 8 & 0 & 0 \\ 1 & 8 & 9 & 2 & 6 \\ 3 & 0 & 2 & 5 & 1 \\ 7 & 0 & 6 & 1 & 3 \end{pmatrix}$$

(a) 对称矩阵A

$$\begin{pmatrix} a_{00} & & & & \\ a_{10} & a_{11} & & & \\ a_{20} & a_{21} & a_{22} & & \\ \cdots & \cdots & \cdots & & \\ a_{n-1,0} & a_{n-1,1} & a_{n-1,2} & \cdots & a_{n-1,n-1} \end{pmatrix}$$

(b) A的下三角元素

0	1	2	3	4	5	6	7	8	9	10	11	12	13	14
1	5	0	1	8	9	3	0	2	5	7	0	6	1	3

(c) A的压缩存储

图 5.12 对称矩阵 A 及其存储

在图 5.10(b)的下三角部分中，第 i 行恰有 i+1 个元素，则元素总数为

$$\sum_{i=0}^{n-1}(i+1)=n(n+1)/2 \tag{5.15}$$

由于对称矩阵中的元素关于主对角线对称，因此可以为每一对对称的矩阵元素分配 1 个存储空间，n 阶矩阵中的 n×n 个元素就可以被压缩到 n(n+1)/2 个元素的存储空间中。

假设以一维数组 sa[n(n+1)/2]作为 n 阶对称矩阵 A 的压缩存储结构，则其压缩存储结构见表 5-1。

表 5-1 对称矩阵的压缩存储结构

数组下标 k	0	1	2	3	4	…	n(n−1)/2	…	n(n+1)/2−1
sa[k]	a_{00}	a_{10}	a_{11}	a_{20}	a_{21}	…	$a_{n-1,0}$	…	$a_{n-1,n-1}$
隐含的元素		a_{01}		a_{02}	a_{12}		$a_{0,n-1}$		

为了便于访问对称矩阵 A 中的元素，我们必须在数组元素 sa[k]和矩阵元素 a_{ij} 之间找到一个对应关系。对于下三角中的元素 a_{ij}，其特点是：i≥j 且 0≤i≤n−1，存储到 sa 数组中后，由图 5.12(b)，根据存储原则可知，a_{ij} 前面有 i 行，共有 1+2+3+…+i=i(i+1)/2 个元素，而 a_{ij} 又是它所在的行中的第 j 个，所以在上面的排列顺序中，a_{ij} 是第 i(i+1)/2+j 个元素。若 i<j，则 a_{ij} 是上三角中的元素，因为 $a_{ij}=a_{ji}$，这样，访问上三角中的元素 a_{ij} 时去访问和它对应的下三角中的 a_{ji} 即可，将式 i(i+1)/2+j 中的行列下标交换就可以了。数组元素 sa[k]和矩阵元素 a_{ij} 之间的对应关系为

$$k=\begin{cases} i(i+1)/2+j, & i\geqslant j \\ j(j+1)/2+i, & i<j \end{cases} \tag{5.16}$$

对于任意给定的一组下标(i,j)，均可在 sa[k]中找到矩阵元素 a_{ij}，反之，对所有的 k=0，1，…，n(n+1)/2−1，都能确定sa[k]中的元素在矩阵中的位置(i,j)。这种存储方式可节约 n(n−1)/2 个存储单元。n 较大时，这是可观的一部分存储资源。

5.4.2 三角矩阵

三角矩阵也是一个 n 阶方阵，有上三角矩阵和下三角矩阵。下(上)三角矩阵是主对角线以上(下)元素均为常数或零的 n 阶矩阵，如图 5.13 所示。下面以一维数组 sb[n(n+1)/2+1]作为 n 阶三角矩阵 B 的存储结构，仍采用按行存储方案，讨论它们的压缩存储方法。

$$\begin{pmatrix} a_{00} & c & c & c & c \\ a_{10} & a_{11} & c & c & c \\ a_{20} & a_{21} & a_{22} & c & c \\ \cdots & \cdots & \cdots & & c \\ a_{n-1,0} & a_{n-1,1} & a_{n-1,2} & \cdots & a_{n-1,n-1} \end{pmatrix}$$

(a) 下三角矩阵

$$\begin{pmatrix} a_{00} & a_{01} & a_{02} & \cdots & a_{0,n-1} \\ c & a_{11} & a_{12} & \cdots & a_{1,n-1} \\ c & c & a_{22} & \cdots & a_{2,n-1} \\ c & c & c & & \cdots \\ c & c & c & c & a_{n-1,n-1} \end{pmatrix}$$

(b) 上三角矩阵

图 5.13 三角矩阵示例

1. 下三角矩阵

下三角矩阵与对称矩阵的压缩存储类似，不同之处在于存储完下三角中的元素以后，紧接着存储对角线上方的常量，因为是同一个常数，只需存储一个即可。数组下标与元素之间的对应关系及存储结构见表 5-2，设存入数组 sb[n(n+1)/2+1]中，这种存储方式可节约 n(n−1)/2−1 个存储单元。

$$k=\begin{cases} i(i+1)/2+j, & i\geqslant j \\ n(n+1)/2, & i<j \end{cases} \tag{5.17}$$

表 5-2 下三角矩阵的压缩存储

数组下标 k	0	1	2	3	4	…	n(n−1)/2	…	n(n+1)/2−1	n(n+1)/2
sb[k]	a_{00}	a_{10}	a_{11}	a_{20}	a_{21}	…	$a_{n-1,0}$	…	$a_{n-1,n-1}$	c

2. 上三角矩阵

对于上三角矩阵，第一行存储 n 个元素，第二行存储 n−1 个元素，以此类推，a_{ij} 的前面有 i 行，共存储 n+(n−1)+ …+(n−(i−1))=i(2n−i+1)/2 个元素，而 a_{ij} 又是它所在行中要存储的第 j−i+1 个元素，因此它是上三角存储顺序中的第 i(2n−i+1)/2+(j−i+1)个元素，在数组 sb 中的下标为 k= i(2n−i+1)/2+j−i，见表 5-3。

$$k=\begin{cases} i(2n-i+1)/2+j-i, & i\leqslant j \\ n(n+1)/2, & i<j \end{cases} \tag{5.18}$$

表 5-3 上三角矩阵的压缩存储

数组下标 k	0	1	…	n	n+1	n+2	…	…	n(n+1)/2−1	n(n+1)/2
sb[k]	a_{00}	a_{01}	…	$a_{0,n-1}$	a_{11}	a_{12}	…	…	$a_{n-1,n-1}$	c

5.4.3 对角矩阵

对角矩阵(或称带状矩阵)是指所有的非零元素都集中在以主对角线为中心的带状区域中，即除了主对角线上和紧靠着主对角线上下方若干条对角线上的元素外，所有其他元素皆为零的矩阵。常见的有三对角矩阵、五对角矩阵、七对角矩阵等。我们主要讨论三对角矩阵。图 5.14 是一个 7 阶三对角矩阵。

$$\begin{pmatrix} a_{00} & a_{01} & 0 & 0 & 0 & 0 & 0 \\ a_{10} & a_{11} & a_{12} & 0 & 0 & 0 & 0 \\ 0 & a_{21} & a_{22} & a_{23} & 0 & 0 & 0 \\ 0 & 0 & a_{32} & a_{33} & a_{34} & 0 & 0 \\ 0 & 0 & 0 & a_{43} & a_{44} & a_{45} & 0 \\ 0 & 0 & 0 & 0 & a_{54} & a_{55} & a_{56} \\ 0 & 0 & 0 & 0 & 0 & a_{65} & a_{66} \end{pmatrix}$$

图 5.14 7 阶三对角矩阵

对于 n 阶有 k(k 必为奇数，因为副对角线关于主对角线对称)条非零元素带的对角矩阵，只需存放对角区域内的所有非零元素即可。

在 n 阶对角矩阵 A 中，主对角线元素数最多 n 个，然后向两边依次减少，每隔一条元素带元素数就减少 1 个，最外端的对角线有 n−(k−1)/2 个元素，所以非零元素总数 S 为

$$
\begin{aligned}
S &= n + 2\sum_{i=n-(k-1)/2}^{n-1} i \\
&= n + 2(((n-1)+(n-(k-1)/2))/2\times((n-1)-(n-(k-1)/2)+1) \\
&= n + 2(n-(k+1)/4)(k-1)/2 \\
&= kn-(k^2-1)/4
\end{aligned}
\tag{5.19}
$$

对角矩阵可按行优先顺序或对角线的顺序，将其压缩存储到一个向量中，并且也能找到每个非零元素和向量下标的对应关系。

以三对角矩阵为例，我们以行序为主序来存储。除第 0 行和第 n−1 行是 2 个元素外，每行的非零元素都是 3 个，因此，需存储的元素个数为 2+2+3(n−2)=3n−2。

数组 sc 中的元素 sc[k]与三对角矩阵中的元素 a_{ij} 存在一一对应关系，在 a_{ij} 之前有 i 行，共有 2+3×(i−1)=3i−1 个非零元素，在第 i 行，有 j−i+1 个非零元素，这样，非零元素 a_{ij} 在数组 sc 中的下标为 k=3i−1+j−i+1=2i+j，见表 5-4。

表 5-4　三对角矩阵的存储结构

数组下标 k	0	1	2	3	4	5	…	2i+j	…	$kn-(k^2-1)/4$
sc[k]	a_{00}	a_{01}	a_{10}	a_{11}	a_{12}	a_{21}	…	a_{ij}	…	$a_{n-1,n-1}$

上述的各种特殊矩阵，其非零元素的分布都是有规律的，因此总能找到一种方法将它们压缩存储到一个向量中，并且一般都能找到矩阵中的元素与该向量的对应关系，通过这个关系，仍能对矩阵的元素进行随机存取。

5.5　稀疏矩阵

如果一个矩阵中有很多元素的值为零，即零元素的个数远远大于非零元素的个数时，称该矩阵为稀疏矩阵。稀疏矩阵一般都采用压缩存储的方法来存储矩阵中的元素。一般在这类矩阵中，非零元素的分布没有规律，为了能找到相应的元素，仅存储非零元素的值是不够的，还要记下它所在的行和列。有两种常用的存储稀疏矩阵的方法：三元组表示法和十字链表法。

知识链接

假设在 m×n 的矩阵中，有 t 个元素不为零。令 $\delta=\frac{t}{m\times n}$，称 δ 为矩阵的稀疏因子。通常认为 δ ≤0.05 为稀疏矩阵。

5.5.1　稀疏矩阵的三元组表示法

三元组表示法就是在存储非零元素的同时，也存储该元素所对应的行下标和列下标。

稀疏矩阵中的每一个非零元素由一个三元组(i, j, a_{ij})唯一确定。矩阵中所有非零元素存放在由三元组组成的数组中，该数组的第 0 位未用。

假设有一个 6×7 阶稀疏矩阵 A，其元素情况及非零元素对应的三元组表(以行序为主序)如图 5.15 所示。

$$A=\begin{pmatrix}0&0&0&2&0&0&0\\0&5&0&0&0&0&0\\3&0&0&0&0&0&0\\0&0&0&0&6&0&0\\0&0&0&7&0&0&0\\0&0&0&0&0&0&9\end{pmatrix}$$

数组下标	行	列	值
1	1	4	2
2	2	2	5
3	3	1	3
4	4	5	6
5	5	4	7
6	6	7	9

图 5.15　稀疏矩阵及三元组表

假设以行序为主序，且以一维数组作为三元组表的存储结构。显然，要唯一地表示一个稀疏矩阵，还需要在存储三元组表的同时存储该矩阵的行、列，为了运算方便，矩阵的非零元素的个数也同时存储。三元组顺序表的数据结构定义见算法 5.27。

算法 5.27　稀疏矩阵的建立

```
typedef struct{
    int i,j;                               //该非零元素的行下标和列下标
    DataType e;                            //存储该非零元素的值
}Triple;

typedef struct{
    Triple data[MAXSIZE+1];                //非零元素三元组表，data[0]未用
    int mu,nu,tu;                          //矩阵的行数、列数和非零元素个数
}TSMatrix;                                 //三元组表的存储类型
```

建立稀疏矩阵的代码如下：

```
int CreatSMatrix(TSMatrix &M){             //创建稀疏矩阵 M
    int i,m,n;
    DataType e;
    printf("请输入矩阵的行数、列数和非零元素个数(可用空格隔开):");
    scanf("%d",&M.mu);scanf("%d",&M.nu);scanf("%d",&M.tu);
    if(M.tu>MAXSIZE) {
        printf("非零元素个数太多，请重新输入\n");exit(0);
    }
    M.data[0].i=0;                         //为下面比较顺序做准备
    for(i=1;i<=M.tu;i++)
    {
        printf("请按行序输入第%d 个非零元素所在行、列、元素的值:",i);
        scanf("%d",&m);scanf("%d",&n);scanf("%d",&e);
        if(m<1||m>M.mu||n<1||n>M.nu)       //行或列超出范围
        {
            printf("行或列超出范围，请重新输入\n");exit(0);
        }
        if(m<M.data[i-1].i||m==M.data[i-1].i&&n<=M.data[i-1].j)
```

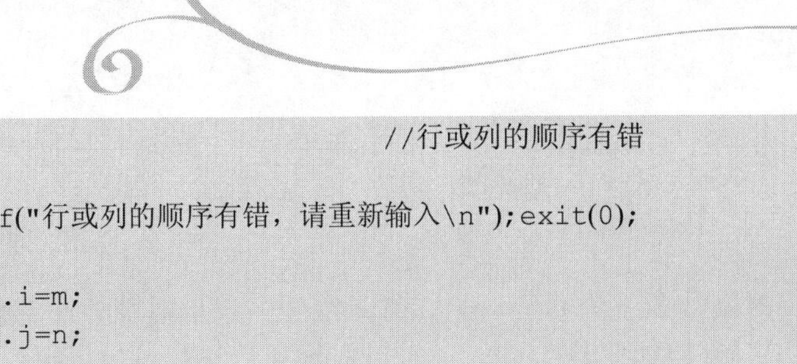

```
                                        //行或列的顺序有错
        {
            printf("行或列的顺序有错，请重新输入\n");exit(0);
        }
        M.data[i].i=m;
        M.data[i].j=n;
        M.data[i].e=e;
    }
    return OK;
}
```

下面讨论这种存储方式下稀疏矩阵的转置运算。

转置是矩阵中最简单的一种运算。对于一个 m×n 的矩阵 A，其转置矩阵是一个 n×m 的矩阵 B，且满足 $a_{ij}=b_{ji}$，即 a[i][j]=b[j][i]。其中，1≤i≤m，1≤j≤n，即 A 的行是 B 的列，A 的列是 B 的行。

三元组表示的稀疏矩阵转置的常用算法有以下两种。

1. 列序转置

将 A 转置为 B，就是将 A 的三元组表 a.data 置换为 B 的三元组表 b.data，如果只是简单地交换 a.data 中 i 和 j 的内容，那么得到的 b.data 将是一个按列优先顺序存储的稀疏矩阵 B，要得到按行优先顺序存储的 b.data，就必须重新排列三元组的顺序。

由于 A 的列是 B 的行，因此，按 a.data 的列序转置，所得到的转置矩阵 B 的三元组表 b.data 必定是按行优先存放的。

按这种方法设计的算法，其基本思想是对 A 中的每一列 col(1≤col≤n)，通过从头至尾扫描三元组表 a.data，找出所有列号等于 col 的那些三元组，将它们的行号和列号互换后依次放入 b.data 中，即可得到 B 的按行优先的压缩存储表示，见算法 5.58。

算法 5.28 稀疏矩阵的列序转置

```
int transposematrix(TSMatrix a, TSMatrix b){
    int col, totalN,k=1;
    if(a.tu==0) return(0);          //矩阵中无非零元素
    b.nu=a.mu;                      //转置矩阵 B 的列数为矩阵 A 的行数
    b.mu=a.nu;                      //转置矩阵 B 的行数为矩阵 A 的列数
    b.tu=a.tu;                      //转置矩阵 B 中非零元素个数为矩阵 A 中非零元素个数
    for(col=1;col<=a.nu;col++)      //按矩阵 A 的列序扫描
    for(totalN=1;totalN<=a.tu;totalN++)
        if(a.data[totalN].j==col){          //判断第 j 个三元组是不是第 i 列的
            b.data[k].i=a.data[totalN].j;b.data[k].j=a.data[totalN].i;
            b.data[k].e=a.data[totalN].e;
            k++;
        }
    return(OK);                     //成功完成矩阵转置
}
```

以上算法的时间主要花费在两个循环上，假设矩阵 A 为 m 行 n 列，有 t 个非零元素，则算法的时间复杂度为 O(n×t)。也就是说，时间的花费和矩阵 A 的列数和非零元素个数的乘积成正比。若用 m×n 的二维数组表示矩阵，则相应的矩阵转置算法的循环为

```
for(i=1; i<=n; i++)
    for(j=1; j<=m; j++)
        b[i][j]=a[j][i];
```

此时，时间复杂度为 O(m×n) 。三元组顺序表虽然节省了存储空间，但时间复杂度比一般矩阵转置算法的要大些，同时还有可能增加算法的难度。因此，此算法仅适用于 t<<m×n 的情况。

2. 快速转置

如果能预先确定矩阵 A 中每一列(B 的每一行)的第一个非零元素在 b.data 中应有的位置，那么在对 a.data 中的三元组依次作转置时，便可直接放到 b.data 中恰当的位置上去。

为了确定这些位置，在转置前应先求得矩阵 A 中的每一列中非零元素的个数。因为矩阵 A 中某一列的第一个非零元素在数组 b.data 中应有的位置等于前一列第一个非零元素的位置加上前列非零元素的个数，为此，需要设置两个一维数组 num[col]和 cpos[col]。

(1) num[col]：统计 A 中每列非零元素的个数。

(2) cpos[col]：A 中的每列第一个非零元素在 b.data 中的位置。

显然，有

$$\begin{cases} \text{cpos}[1]=1, & \text{col}=1 \\ \text{cpos}[\text{col}]=\text{cpos}[\text{col}-1]+\text{num}[\text{col}-1], & 2\leqslant \text{col}\leqslant \text{a.num} \end{cases} \tag{5.20}$$

对于图 5.13 所示的稀疏矩阵来说，num[col]和 cpos[col]的值见表 5-5。

表 5-5　矩阵 A 的 num[col]和 cpos[col]值

col	1	2	3	4	5	6	7
num[col]	1	1	0	2	1	0	1
cpos[col]	1	2	3	3	5	6	6

这种转置方法称为快速转置，其代码实现见算法 5.29。

算法 5.29　稀疏矩阵的快速转置

```
void fasttranstri(TSMatrix a, TSMatrix &b){
    int p,q,col,k,num[a.nu],cpos[a.nu];
    if(a.tu==0)       return(0);          //矩阵中无非零元素
    b.nu=a.mu;                            //转置矩阵 B 的列数为矩阵 A 的行数
    b.mu=a.nu;                            //转置矩阵 B 的行数为矩阵 A 的列数
    b.tu=a.tu;                 //转置矩阵 B 中的非零元素个数为矩阵 A 中非零元素个数
    if(b.tu){
        for(col=1;col<=a.nu; col++)  num[col]=0;
        for(k=1;k<=a.tu; k++)             //求 A 中每一列含非零元素的个数
            ++num[a.data[k].j];
        cpos[1]=1;                        //A 中第一列非零元素在 b.data 中的序号
        for(col=2;col<=a.nu; col++)  //求 A 中各列第一个非零元素在 b.data 中的位置
            cpos[col]=cpos[col-1]+num[col-1];
```

```
        for(p=1;p<=a.tu; p++){
            col=a.data[p].j;
            q=cpos[col];
            b.data[q].i=a.data[p].j;
            b.data[q].j=a.data[p].i;
            b.data[q].e=a.data[p].e;
            ++cpos[col];
        }
    }
}
```

设A矩阵有n列t个非零元素，则循环次数为n+t+n+t，故时间复杂度为O(n+t)。当矩阵中大约有m×n个非零元素时，时间复杂度为O(m×n)，与经典算法的时间复杂度相同。2个数组占用n+n个存储单元，空间复杂度为O(n)。

5.5.2 稀疏矩阵的十字链表法

稀疏矩阵中非零元素的位置或个数经常变动时，三元组就不适于作为稀疏矩阵的存储结构，此时，采用链表作为存储结构更为恰当。

对于一个m×n的稀疏矩阵，每个非零元素用一个含有5个域的结点来表示，如图5.16所示。

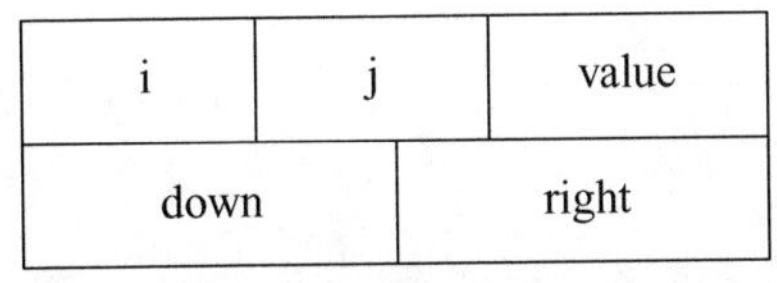

(a) 结点结构

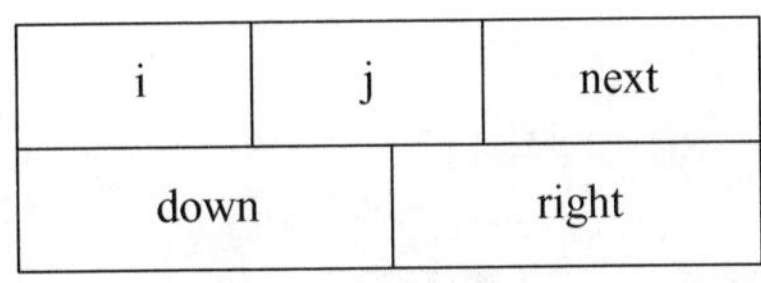

(b) 头结点结构

图5.16 稀疏矩阵结点表示

其中各分量含义如下：

(1) i表示矩阵中非零元素的行号。

(2) j表示矩阵中非零元素的列号。

(3) value表示矩阵中非零元素的值。

(4) right表示向右域，用以链接同一行中下一个非零元素。

(5) down表示向下域，用以链接同一列中下一个非零元素。

同一行的非零元素通过right域链接成一个链表，同一列的非零元素通过down域链接成一个链表，每一个非零元素既是某个行链表中的结点，又是某个列链表中的结点。每个非零元素就好像站在十字路口一样，由此称为十字链表。图5.17所示是一个稀疏矩阵A的十字链表M。

十字链表M为稀疏矩阵的每一个行设置一个单独链表，同时也为每一列设置一个单独链表，这样稀疏矩阵的每个非零元素就同时包含在两个链表中，即每一个非零元素同时包含在所在行的行链表中和所在列的列链表中，这就大大降低了链表的长度，方便了算法中行方向和列方向的搜索，因而大大降低了算法的时间复杂度。

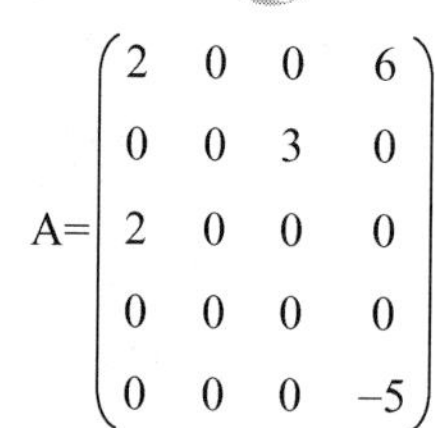

$$A=\begin{pmatrix}2&0&0&6\\0&0&3&0\\2&0&0&0\\0&0&0&0\\0&0&0&-5\end{pmatrix}$$

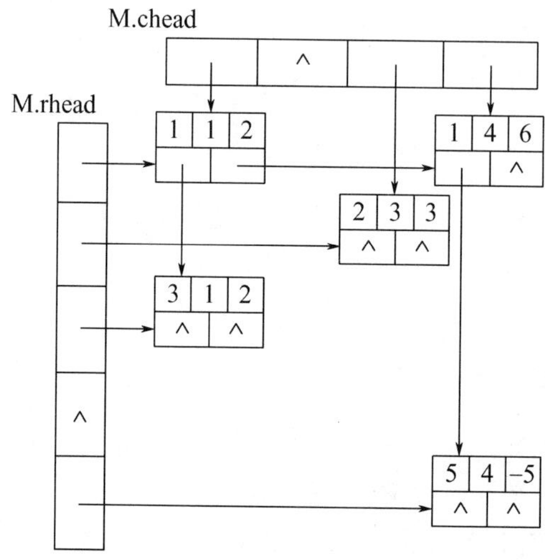

图 5.17　用十字链表 M 表示的稀疏矩阵 A

十字链表的创建见算法 5.30，其结点结构可定义如下：

算法 5.30　十字链表的建立

```
struct CrossNode                        //结点结构
{
    int i,j;                            //该非零元素的行和列下标
    int e;                              //非零元素值
    CrossNode *right,*down;             //该非零元素所在行表和列表的后继链域
};
typedef CrossNode *CrossLink;

struct CrossList
{
    CrossLink *rhead,*chead;            //行和列链表头指针向量基址由CreatSMatrix_OL( )分配
    int mu,nu,tu;                       //稀疏矩阵的行数、列数和非零元素个数
};

int CreateSMatrix_OL(CrossList &M)
{
    CrossNode *p,*q;
    int i,j,e,m,n,t;
    if(M) free(M);
    printf("Enter the number of rows, columns and number of nonzero terms: \n");
scanf("%d%d%d",&m,&n,&t);
```

```
    M.mu=m;  M.nu=n;  M.tu=t;          //得到M的行数、列数和非零元素个数
    if(!(M.rhead = (CrossLink *)malloc((m+1)*sizeof(CrossLink)))) return ERROR;
    if(!(M.chead = (CrossLink *)malloc((n+1)*sizeof(CrossLink)))) return ERROR;
    for(int a=1;a<=m;a++)              //初始化行、列头指针向量，各行、列链表为空链表
        M.rhead[a]=NULL;
    for(int b=1;b<=n;b++)
        M.chead[b]=NULL;
    for(int c=1;c<=t; c++)             //按任意次序输入非零元素
    {
        printf("Enter the value of a new node!\n");
        scanf(&i,&j,&e);
        if (!(p = (CrossNode *)malloc(sizeof(CrossNode)))) return ERROR;
        p->i=i;
        p->j=j;
        p->e=e;
        p->down=NULL;
        p->right=NULL;                 //产生新结点p
        if (M.rhead[i] == NULL || M.rhead[i]->j > j)
        {
            p->right = M.rhead[i];
            M.rhead[i]= p;
        }
        else
        {
            for (q=M.rhead[i]; (q->right) && (q->right->j<j);  q=q->right);
                                       //寻查在行表中的插入位置
            p->right = q->right;
            q ->right = p;

        }                              //完成行插入
        if (M.chead[j] == NULL || M.chead[j]->i > i)
        {
            p->down = M.chead[j];
            M.chead[j]= p;
        }
        else
        {

            for(q=M.chead[j]; (q->down) && q->down->i <i; q = q->down );
                                       //寻查在列表中的插入位置
            p->down = q->down;
            q->down = p;

        }                              //完成列插入
    }
    return 1;
}
```

对于m行n列且有t个非零元素的稀疏矩阵，算法5.30的执行时间为O(t×s)，s=max{m, n}，这是因为每建立一个非零元素的结点都要寻查它在行表和列表中的插入位置，此算法对非零元素输入的先后次序没有任何要求。反之，若按以行序为主序的次序依次输入三元组，则可将建立十字链表的算法改写成O(t)数量级。

5.6 应用实践

5.6.1 汉诺塔问题

【参考图文】

汉诺塔(hanoi塔，又称河内塔)问题其实是印度的一个古老的传说。开天辟地的神勃拉玛在一个庙里留下了3根金刚石的棒，第一根上面套着64个圆的金片，最大的一个在底下，其余一个比一个小，依次叠上去，庙里的众僧不倦地把它们一个个地从这根棒搬到另一根棒上，规定可利用中间的一根棒作为辅助，但每次只能搬一个，而且大的不能放在小的上面。计算结果非常大(移动圆片的次数)，约为18446744073709551615，众僧们即便耗尽毕生精力也不可能完成金片的移动。

为了实现汉诺塔问题，我们可以描述如下：

有A、B、C三个杆，如图5.18所示。A杆上有若干个由大到小的圆盘，大的在下面，小的在上面，B和C都是空杆，把A杆上的圆盘都倒到B杆或C杆上，在倒盘的过程中不可以使大的圆盘压在小的圆盘上，并且一次只能移动一个圆盘。

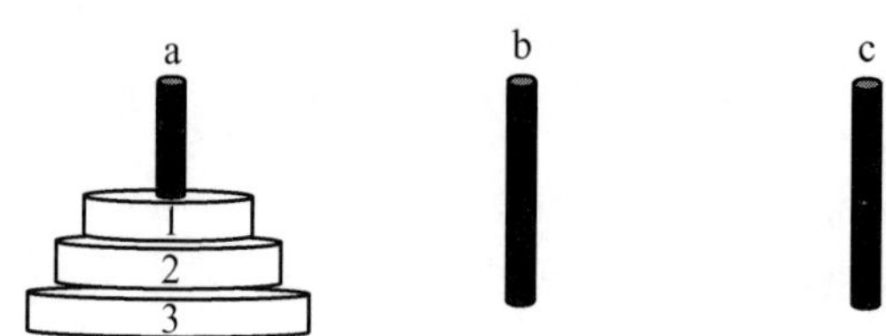

图5.18 3阶汉诺塔问题的初始状态

分析：若只有一个圆盘，则直接从A杆移到C杆。若有一个以上的圆盘，假设有n个，则考虑3个步骤。

第一步，把n-1个圆盘从A杆搬到B杆(辅助杆)，这不是一起搬动，而是按要求从一个杆搬到另一个杆。

第二步，将剩下的一个圆盘从A杆移到空着的C杆上。

第三步，用第一步所说的办法再将B杆上的圆盘都搬到C杆上。和第一步一样，这步实际上是由一个序列更小的一次仅搬一个盘的操作组成。

解：求解n阶汉诺塔问题的代码如下：

```
#include <stdio.h>

void Move(int n,char A,char B)                    //把n号圆盘从x移到y，并输出
{
    printf("Move disk %d from %c to %c\n", n, A, B);
```

```
}

void hanoi(int n, char A, char B, char C)    //把前n个通过b从a移到c
{
    if(n==1) move(1, A, C);
    else
    {
        hanoi(n-1,A, C, B);                  //把A杆的n-1个圆盘通过C杆移到B杆
        move(n, A, C);                       //把A杆的第n个圆盘移到C杆，输出
        hanoi(n-1, B, A, C);                 //把B杆的n-1个圆盘通过A杆移到C杆
    }
}

main( )
{
    int n;
    printf("请输入数字n以解决n阶汉诺塔问题：\n");
    scanf("%d",&n);
    hanoi(n,'A','B','C');
}
```

显然，上述代码中求解汉诺塔问题的函数是一个递归函数，在函数执行过程中需要多次自我调用。递归调用本质上和普通的函数调用没有区别。递归调用时，函数调用一次就被压一次栈，但调用不能无限进行，所以得有一个结束条件，这时 return 并不意味着整个函数退出了，因为还有前面的调用位于栈上，它们还得继续执行后续的代码，然后一层层返回。

5.6.2 最长重复字串

假设以定长顺序存储结构表示串，设计一个算法，求串 s 中出现的第一个最长重复字串及其位置，并分析该算法的时间复杂度。

分析：该算法思想是，依次把串 s 的一个副本 s2 向右错位平移 1 格、2 格、3 格……与自身 s1 相匹配，如果存在最长重复子串，则必然在此过程中被发现。用变量 lrs1、lrs2、maxlen 记录已发现的最长重复字串第一次出现的位置、第二次出现的位置和长度。题目中未说明“重复字串”是否允许有重叠部分，本算法假定允许。如不允许，只需在第二个 for 语句的循环条件中加上“k<=i”即可。此题可有多种解法，但时间复杂度不同，较好的做法能达到的时间复杂度为 O(length^2(s))。

解：算法如下：

```
void Get_LRepSub(String *s)              //求s的最长重复字串的位置和长度
{
    for (maxLength=0,i=1;i<s[0];i++)     //串s2向右移i格
    {
    for (k=0,j=1;j<=s[0]-i;j++)          //j为串s2的当前指针,此时串s1的当前指针为
                                         //i+j，两指针同步移动
```

```
    {
        if(s[j]==s[j+i]) k++;           //用 k 记录连续相同的字符数
        else k=0                        //失配时 k 归零
            if(k>maxLength)             //发现了比以前发现的更长的重复字串
            {
                lrs1=j-k+1;lrs2=mrs1+i;maxLength=k;
            }
    }
}
    if (maxLength)
    {
        printf("Longest Repeating Substring length:%d\n",maxLength);
        printf("Position1:%d  Position2:%d\n",lrs1,lrs2);
    }
    else
        printf("No Repeating Substring found!\n");
}
```

5.6.3 稀疏矩阵的相加

假设稀疏矩阵 A 和 B 均以三元顺序表为存储结构。试写出两个稀疏矩阵相加的算法。

解：算法如下：

```
Status comp(int c1,int c2){            //比较行列的大小，AddSMatrix 函数中将用到
    if(c1<c2)
        return -1;
    if(c1==c2)
        return 0;
    return 1;
}


Status AddSMatrix(TSMatrix M,TSMatrix N,TSMatrix &Q){//求稀疏矩阵的和 Q=M+N
    int m=1,n=1,q=0,v;                              //分别为矩阵 M、N、Q 的编号
    if(M.mu!=N.mu||M.nu!=N.nu)                      //M、N 两稀疏矩阵行或列数不同
    {
        printf("不满足矩阵相加的条件请重新输入\n");exit(0);
    }
    Q.mu=M.mu;Q.nu=M.nu;                            //矩阵 Q 行列数与矩阵 M(矩阵 N)相同
    while(m<=M.tu&&n<=N.tu)
    {                                               //矩阵 M、N 的元素都没有处理完
        switch(comp(M.data[m].i,N.data[n].i)){
            case -1:                                //M 元素的行号小于 N 的行号
                ++q;
                Q.data[q].i =M.data[m].i;   //将矩阵 M 的当前元素值赋给矩阵 Q
                Q.data[q].j =M.data[m].j;
                Q.data[q].e =M.data[m].e;
```

```
                m++;
                break;
            case 0:                                //M、N矩阵当前行元素相等继续比较
                switch(comp(M.data[m].j,N.data[n].j)){
                    case -1:
                        ++q;
                        Q.data[q].i =M.data[m].i;
                        Q.data[q].j =M.data[m].j;
                        Q.data[q].e =M.data[m].e;
                        m++;
                        break;
                    case 0:                 //M、N矩阵当前非零元素的行、列均相等
                        ++q;
                        v = M.data[m].e + N.data[n].e;
                        if(v!=0)            //判断元素值是否存入压缩矩阵
                        {
                            Q.data[q].i =M.data[m].i;
                            Q.data[q].j =M.data[m].j;
                            Q.data[q].e = v;
                            ++q;
                        }
                        m++; n++;
                        break;
                    case 1:
                        ++q;
                        Q.data[q].i=N.data[n].i;//将矩阵N当前元素赋值给矩阵Q
                        Q.data[q].j = N.data[n].j;
                        Q.data[q].e = N.data[n].e;
                        n++;
                        break;
                }
                break;
            case 1:
                ++q;
                Q.data[q].i =N.data[n].i;
                Q.data[q].j = N.data[n].j;
                Q.data[q].e = N.data[n].e;
                n++;
                break;
        }
    }
    while(m<=M.tu)                          //矩阵M元素全部处理完毕
        Q.data[++q]=M.data[m++];
    while(n<=N.tu)                          //矩阵N元素全部处理完毕
        Q.data[++q]=N.data[n++];
    Q.tu=q;                                 //矩阵Q的非零元素个数
```

```
        if(q>MAXSIZE)                                    //非零元素个数太多
        {
            printf("非零元素个数太多请重新输入\n");
            exit(0);
        }
        return OK;
    }
```

5.6.4 中文分词

分词就是将连续的字序列按照一定的规范重新组合成词序列的过程。把中文的汉字序列切分成有意义的词，就是中文分词，也称为切词。中文分词主要应用于信息检索、汉字的智能输入、中外文对译、中文校对、自动摘要、自动分类等很多方面。下面以信息检索为例来说明中文分词的应用。

对于搜索引擎，最重要的并不是找到所有结果，因为在上百亿的网页中找到所有结果没有太多意义，没有人能看得完，最重要的是把相关的结果排在最前面，这也称为相关度排序。中文分词的准确与否，常常直接影响到对搜索结果的相关度排序。

基于字符串匹配的分词方法又叫机械分词方法，它是按照一定的策略将待分析的汉字串与一个“充分大的”机器词典中的词条进行匹配。若在词典中找到某个字符串则匹配成功(识别出一个词)。按照扫描方向的不同，串匹配分词方法可以分为正向匹配法和逆向匹配法；按照不同长度优先匹配的情况，可以分为最大(最长)匹配法和最小(最短)匹配法；按照是否与词性标注过程相结合，又可以分为单纯分词方法和分词与标注相结合的一体化方法。常见的几种机械分词方法有以下几种：正向最大匹配法(由左到右的方向)、逆向最大匹配法(由右到左的方向)、最少切分法(使每一句中切出的词数最小)。还可以将上述各种方法相互结合。例如，可以将正向最大匹配法和逆向最大匹配法结合起来构成双向匹配法。一般来说，逆向匹配的切分精度略高于正向匹配，遇到的歧义现象也比较少。实际使用的分词系统都是把机械分词作为一种初分手段，还需利用各种其他的语言信息来进一步提高切分的准确率。

一种方法是改进扫描方式，称为特征扫描或标志切分，优先在待分析字符串中识别和切分出一些带有明显特征的词，以这些词作为断点，可将原字符串分为较小的串再来进行机械分词，从而减少匹配的错误率。另一种方法是将分词和词类标注结合起来，利用丰富的词类信息对分词决策提供帮助，并且在标注过程中反过来对分词结果进行检验、调整，从而极大地提高切分的准确率。

对于机械分词方法，可以建立一个自动分词模型(Automatic Segmentation Model，ASM)，形式地表示为 ASM(d,a,m)，其参数含义如下。

(1) d：匹配方向，+1 表示正向，−1 表示逆向。

(2) a：每次匹配失败后增加或减少字符串长度(字符数)，+1 表示增字，−1 表示减字。

(3) m：最大/最小匹配标志，+1 为最大匹配，−1 为最小匹配。

例如，ASM(+,−,+)就是正向减字最大匹配法，ASM(−,−,+)就是逆向减字最大匹配法。对于现代汉语，只有 m=+1 是实用的方法。用这种模型可以对各种方法的复杂度进行比较。假设在词典的匹配过程都使用顺序查找和相同的计首字索引查找方法，则在不计首字索引查找次数(最小为汉字总数的对数，为 12～14)和词典读入内存时间的情况下，对于典型的词频分布，减字匹配 ASM(d,-,m)的复杂度约为 12.3 次，增字匹配 ASM(d,+,m)的复杂度约为 10.6 次。

本章小结

本章介绍了串类型的定义及其实现方法，并重点讨论了串操作中最常用的“模式匹配(又称子串定位)”的两个算法。

串的两个显著特点是：①它的数据元素都是字符，因此它的存储结构和线性表有很大不同，例如，多数情况下，实现串类型采用的是“堆分配”的存储结构，而当用链表存储串值时，结点中数据域的类型不是“字符”，而是“串”，这种块链结构通常只在应用程序中使用；②串的基本操作通常以“串的整体”作为操作对象，而不像线性表以“数据元素”作为操作对象。

“串匹配”的简单算法的思想直截了当，简单易懂，适用于在一般的文档编辑中应用，但在某些特殊情况，如只有 0 和 1 两种字符构成的文本串中应用时效率很低。KMP 算法是它的一种改进方法，其特点是利用匹配过程中已经得到的主串和模式串对应字符之间“等与不等”的信息及 T 串本身具有的特性来决定之后进行的匹配过程，从而减少了简单算法中进行的“本不必要再进行的”字符比较。

通过本章的学习，了解了多维数组和特殊矩阵的类型定义及其在C语言中的实现方法。数组作为一种数据类型，它的特点是一种多维的线性结构，并只进行存取或修改某个元素的值的操作，因此它只需要采用顺序存储结构。研究特殊矩阵的压缩对解决我们现实生活的问题有比较重要的意义，如图像压缩方面。

习题与思考

5.1 单选题

1．设有一个 6 阶的对称矩阵 A，采用压缩存储方式，以行序为主存储，a_{11} 为第一元素，其存储地址为 1，每个元素占一个地址空间，则 a_{45} 的地址为(　　)。

A．13　　B．11　　C．18　　D．20

2．设有数组 A[i,j]，数组的每个元素长度为 3 字节，i 的值为 1～8，j 的值为 1～9，数组从内存首地址 BA 开始顺序存放，当以列序为主存放时，元素 A[5,6]的存储首地址为(　　)。

A．BA+132　　B．BA+180　　C．BA+222　　D．BA+225

3．数组 A[0...5,0...6]的每个元素占 5 字节，将其按列优先次序存储在起始地址为 1000 的内存单元中，则元素 A[5,5]的地址是(　　)。

A．1175　　B．1180　　C．1205　　D．1210

4．下面关于串的叙述中，不正确的是(　　)。

A．串是字符的有限序列

B．空串即空白串

C．模式匹配是串的一种重要运算

D．串既可以采用顺序存储，也可以采用链式存储

5．若串 S='abbdded'，则其子串的数目是(　　)。

A．8　　B．28　　C．29　　D．7

5.2　填空题

1．设二维数组 A[0...49,1...50]，每个元素占有 4 个存储单元，存储起始地址为 200。如按行优先顺序存储，则元素 A[25,18]的存储地址为________；如按列优先顺序存储，则元素 A[18,25]的存储地址为________。

2．假设一个 10 阶的上三角矩阵 A 按行优先顺序压缩存储在一维数组 B 中，则非零元素 A[9,9]在 B 中的存储位置 k=________。(注：矩阵元素下标从 1 开始。)

3．下列程序判断字符串 s 是否对称，对称则返回 1，否则返回 0。例如，对于 f("abba")，返回 1；对于 f("abab")，返回 0。

```
int f(_____)
{
    int  i=0,j=0;
    while (s[j])_____;
    for(j--; i<j && s[i]==s[j]; i++,j--);
        return(_____)
}
```

4．下列算法实现求采用顺序结构存储的串 s 和串 t 的一个最长公共子串。

```
void maxcomstr(orderstring *s,*t; int index, length)
{
    int i,j,k,length1,con;
    index=0;length=0;i=1;
    while (i<=s.len)
    {
        j=1;
        while(j<=t.len)
        {   if (s[i]= =t[j])
            {   k=1;length1=1;con=1;
                while(con)
                if_____{ length1=length1+1;k=k+1; } else _____;
                if (length1>length) { index=i; length=length1; }
                _____;
            }
            else _____;
        }
        _____;
    }
}
```

5．实现字符串复制的函数 strcpy 如下：

```
void strcpy(char *s , char *t)
{
    while(_________)
}
```

5.3　思考题

1．空串与空格串的区别是什么？

2．串是一种特殊的线性表，其特殊体现在什么地方？

3．串的两种基本存储方式是什么？

4．两个串相等的充分必要条件是什么？

5．设有 n×n 阶三对角矩阵(a_{ij})，将其 3 条对角线上的元素逐行地存于数组 B(1:3n−2)中，使得 B[k]=a_{ij}，求：

(1) 用 i, j 表示 k 的下标变换公式。

(2) 用 k 表示 i,j 的下标变化公式。

6．数组 A 中，每个元素 A[i,j]的长度均为 32 个二进位，行下标从 0 到 10，列下标从 1 到 11，从首地址 S 开始连续存放于主存储器中，主存储器字长为 16 位。求：

(1) 存放该数组所需多少单元？

(2) 存放数组第 4 列所有元素至少需多少单元？

(3) 数组按行存放时，元素 A[7,4]的起始地址是多少？

(4) 数组按列存放时，元素 A[4,7]的起始地址是多少？

7．已知 A 为稀疏矩阵，试从空间角度和时间角度比较采用两种不同的存储结构(二维数组和三元组表)完成求 $\sum_{i=1}^{n} a_{ij}$ 运算的优缺点。

8．设对角线矩阵：

$$A=\begin{pmatrix}1&2&0&0&0\\1&0&1&0&0\\0&2&1&0&0\\0&0&0&0&1\\0&0&0&3&5\end{pmatrix}(行列下标 i,j 满足 1\leqslant i，j\leqslant 5)$$

(1) 若将矩阵 A 压缩存储到数组 S 中：

	1	2	1	0	1	2	1	0	0	0	1	3	5
下标：	1	2	3	4	5	6	7	8	9	10	11	12	13

试求出 A 中已存储元素的行列下标(i,j)与 S 中元素的下标 K 之间的关系。

(2) 若将 A 视为稀疏矩阵，请画出其行逻辑链接顺序表。

9．如果两个串含有相等的字符，能否说它们相等？

10．设 S1、S2 为串，给出使 S1//S2=S2//S1 成立的所有可能的条件(//为连接符)。

11．已知 s='(xyz)+*'，t ='(x+z)*y'，试利用链接、求子串和置换等基本运算，将 s 转化为 t。

12．两个字符串 S1 和 S2 的长度分别为 m 和 n。求这两个字符串最大共同子串算法的时间复杂度 T(m,n)。估算最优的 T(m,n)，并简要说明理由。

13. 函数 void insert(char*s,char*t,int pos)用于将字符串 t 插入到字符串 s 中，插入位置为 pos。试用 C 语言实现该函数。假设分配给字符串 s 的空间足够使字符串 t 插入 (说明：不得使用任何库函数)。

14．S=“$S_1S_2\cdots S_n$”是一个长为 N 的字符串，存放在一个数组中，编程序将 S 改造之后输出：

(1) 将 S 的所有第偶数个字符按照其原来的下标从大到小的次序放在 S 的后半部分；

(2) 将 S 的所有第奇数个字符按照其原来的下标从小到大的次序放在 S 的前半部分。

例如：S='ABCDEFGHIJKL'，则改造后的 S 为'ACEGIKLJHFDB'。

树

学习目标

(1) 领会树和二叉树的类型定义及主要特性。
(2) 精通二叉树的各种遍历算法。
(3) 掌握二叉树的线索化过程及在中序线索化树上找出给定结点的前趋和后继的方法。
(4) 精通二叉排序树的存储结构及其相关操作。

知识结构图

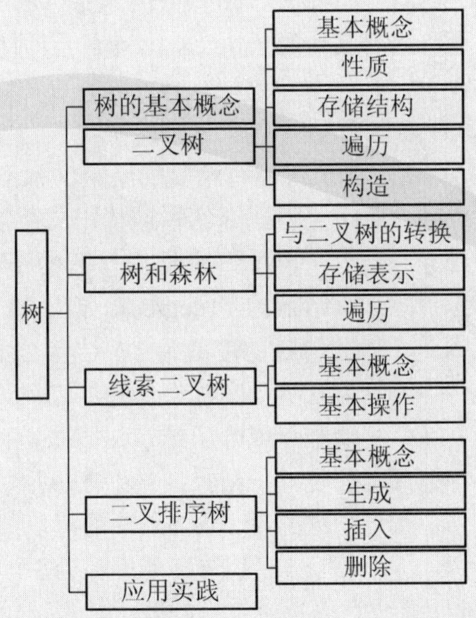

重点和难点

二叉树和树的遍历及其应用是本章的学习重点，而编写实现二叉树和树的各种操作的递归算法也恰是本章的难点所在。

学习指南

本章是整个课程的第二个学习重点，也是整个课程中的一大难点。在本章的学习过程中，主要应该学会如何根据二叉树和树的结构及其操作的递归定义编写递归算法。

6.1 树的基本概念

树是一种常用的非线性结构。我们可以这样定义：树是 n(n≥0)个结点的有限集合 T。若 n=0，则称为空树。有且仅有一个特定的结点被称为根。当 n>1 时，其余结点被分成 m(m>0)个互不相交的子集 T_1，T_2，…，T_m。其中，每个子集又是一棵树，并称为根的子树。由此可以看出，树的定义是递归的，即树是一种递归数据结构，树的各个结点有不同的层次关系，这种关系通常用图形表示，但与自然界的树木相反，习惯上将整棵树的根画在最上层。

【参考图文】

图 6.1 所示是一棵含有 13 个结点的树。其中，A 为整棵树的“根”，其余 12 个结点分为 3 个互不相交的子集 T_1={B, E, F, K, L}，T_2={C, G}和 T_3={D, H, I, J, M}，每个子集都是一棵树，称为 A 的子树，它们的根结点都是 A 的后继。在子树 T_1 中，B 是根，其余元素分为 2 个互不相交的子集 T_{11}={E}和 T_{12}={F, K, L}，每个子集构成一棵 B 的子树，子树中的根结点是 B 的后继，以此类推。子树{F}、{K}、{L}本身也仍然都是子树，不过这 3 棵树只有一个结点——根结点，而不再有其他的子树。这 13 个结点(数据元素)之间存在下列关系：

R={<A,B>,<A,C>,<A,D>,<B,E>,<B,F>,<C,G>,<D,H>,<D,I>,<D,J>,<F,K>,<F,L>,<H,M>}

需注意，按树的定义，有限集合 T_1，T_2，…，T_m 应该“互不相交”，即任意两个集合不能有相重的结点。如果同一结点的子树间有相重的结点，就不能称为树了。

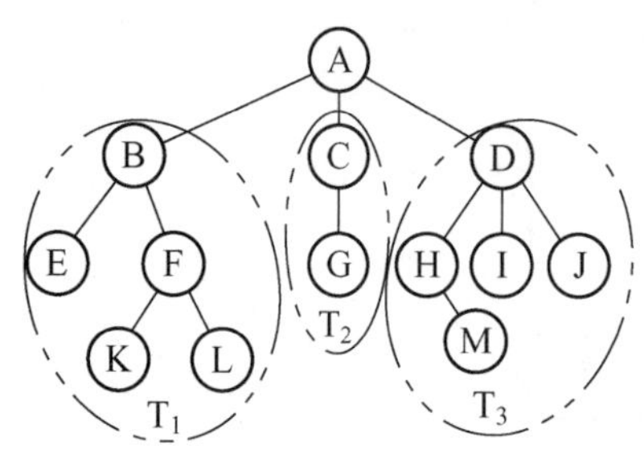

图 6.1　树

下面介绍树结构中常用的术语。

树中每个结点具有的子树数或者后继结点数称为该结点的度(degree)。如图 6.1 所示，结点 A 的度数为 3，结点 B 的度数为 2，结点 C 的度数为 1，结点 J 的度数为 0 等。度数为 0 的结点，即没有子树的结点，称为终端结点或叶子结点，图 6.1 中 E、K、L、G、M、I 和 J 都是叶子结点。一棵树中各个结点度数的最大值称为这个树的度。图 6.1 中的树以结点 A、D 的度数最大，都等于 3，故该树的度数为 3。

一个结点子树的根或者后继结点称为该结点的儿子结点，反之，该结点则称为其后继结点的父亲(双亲)结点。例如，图 6.1 中，结点 B、C 和 D 都是结点 A 的儿子结点，结点 A 则是它们的父亲结点。实际上，一个结点的度数也就是它的儿子结点的数目。

同一个结点的儿子结点之间互称为兄弟结点。例如，图 6.1 中，结点 B、C 和 D 互为兄弟结点，结点 H、I 和 J 之间互为兄弟结点等。

一个结点的子树中的所有结点均称为该结点的子孙结点。例如，结点 B 的子孙结点有 E、F、K 和 L 结点，结点 D 的子孙结点有 H、I、J 和 M 结点。显然，除整个树的根结点以外，所有结点都是根结点的子孙结点。图 6.1 中，结点 A 共有 12 个子孙结点。

反之，从根结点到达一个结点的路径上的所有结点，都称为该结点的祖先结点。例如，图 6.1 中，从 A 到 M 的路径上有 A、D、H 共 3 个结点，故这 3 个结点都是 M 结点的祖先结点。

上述的父子结点、兄弟结点、子孙结点、祖先结点等都是仿照人的家族关系来定义的，但所谓的祖先结点和子孙结点并不考虑“旁系”的结点。例如，图 6.1 中，对于 E 和 F 结点来说，C 结点是它们父亲结点 B 的兄弟结点，但在此 C 结点不作为 E、F 结点的祖先看待。同理，E、F 结点也不算作 C 结点的子孙结点。

树是一种层次结构，树中结点的层次(level)是从根结点算起的。根结点为第 1 层，其儿子结点是第 2 层。其余各结点的层数逐层由上而下计算。若某结点在第 K 层，则其儿子结点在第(K+1)层。由此可知某结点的祖先数等于它的层数减 1。例如，图 6.1 中，结点 M 在第 4 层，它有 3 个祖先。又如，结点 B 在第 2 层，它只有 1 个祖先，根结点在第 1 层，它没有祖先。一棵树中结点的最大层数称为此树的深度或高度。图 6.1 中的树，其深度等于 4。

n 个树的集合称为森林(forest)。若一棵树原有 n 个子树，将其根结点去掉，那么，这 n 个子树就成为森林。如图 6.1 中所示的树，将根结点 A 去掉就变成有 3 棵树的森林。

树状结构的逻辑特征可用树中结点之间的父子关系来描述：树中任一结点都可以有零个或多个直接后继结点(即儿子结点)，但至多只能有一个直接前趋结点(即父亲结点)。树中只有根结点无前趋，则是开始结点；叶子结点无后继，则是终端结点。显然，树中结点之间的关系是非线性的，树状结构是非线性结构。

树的抽象数据类型定义：

```
ADT Tree{
    数据对象：D ={ ai | ai ∈ElemType, i=1,2,...,n,  n>=0 }
                                        //ElemType 是自定义的类型标识符
    数据关系：R ={ <ai ,aj >|ai,aj∈D,i=1,...,n,j=1,...,n, 其中每个元素只有一个直接前趋，可以有零个或多个直接后继，有且仅有一个元素没有直接前趋}
    基本操作：
     InitTree(&T)          //初始化树：构造一个空树 T
     ClearTree(&T)         //销毁树：释放树 T 占用的存储空间
     Parent(t)             //求元素 t 的直接前趋
     Sons(t)               //求元素 t 的所有直接后继
     …
}
```

6.2 二 叉 树

6.2.1 二叉树的基本概念

二叉树在图论中是这样定义的：二叉树是一个连通的无环图，并且每一个顶点的度不大于 2。有根二叉树还要满足根结点的度不大于 2。有了根结点之后，每个顶点定义了唯一的父结点和最多两个子结点。然而，没有足够的信息来区分左结点和右结点。如果不考虑连通性，允许图中有多个连通分量，这样的结构称作森林。

【参考图文】

在计算机科学中，二叉树是每个结点最多有两个子树的树。通常子树的根被称作左子树(left subtree)和右子树(right subtree)。二叉树的每个结点至多只有两棵子树(不存在度大于2 的结点)，二叉树的子树有左、右之分，次序不能颠倒。

通过上面的表述，我们知道树和二叉树的差别主要包括以下两点。

(1) 树中结点的最大度数没有限制，而二叉树结点的最大度数为 2。

(2) 树的结点无左、右之分，而二叉树的结点有左、右之分。

二叉树也可以用递归的形式定义，即二叉树是 n(n≥0)个结点的有限集合。当 n = 0 时，称为空二叉树；当 n > 0 时，有且仅有一个结点为二叉树的根，其余结点被分成两个互不相交的子集，一个作为左子集，另一个作为右子集，每个子集又是一个二叉树。

上述数据结构的递归定义表明二叉树或为空，或是由一个根结点加上两棵分别称为左子树和右子树、互不相交的二叉树组成。由于这两棵子树也是二叉树，则由二叉树的定义可知，它们也可以是空树。由此，二叉树可以有 5 种基本形态，如图 6.2 所示。

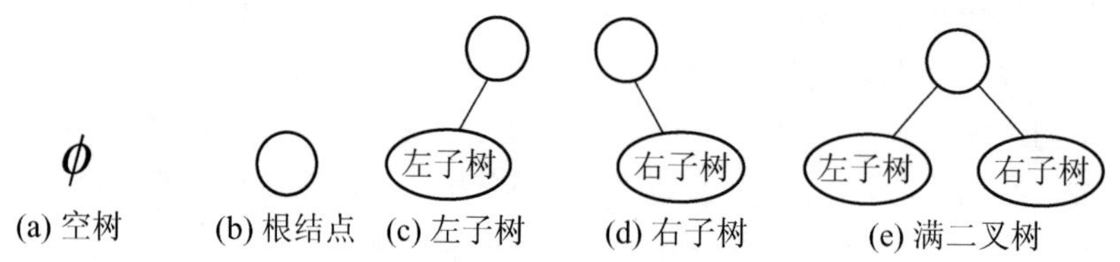

图 6.2　二叉树的 5 种形态

如果一个深度为 h 的二叉树拥有 2^h-1 个结点，则将它称为满二叉树。满二叉树的所有分支结点都存在左子树和右子树，并且所有叶子结点都在同一层上，如图 6.3 所示。

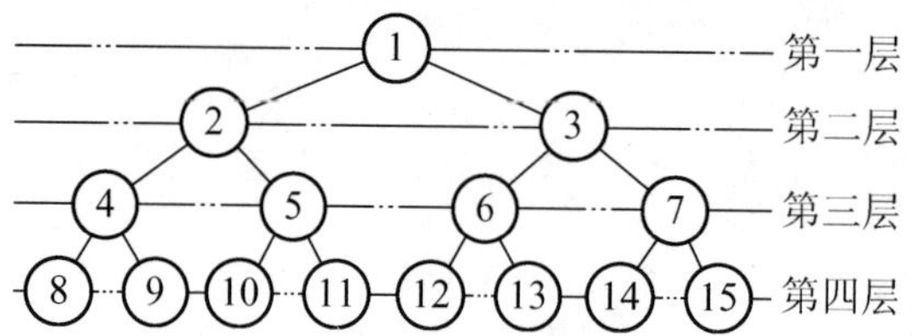

图 6.3　满二叉树

有一棵深度为 h，具有 n 个结点的二叉树，若将它与一棵同深度的满二叉树中的所有结点按从上到下、从左到右的顺序分别进行编号，且该二叉树中的每个结点分别与满二叉树中编号为 1～n 的结点位置一一对应，则称这棵二叉树为完全二叉树。图 6.4 所示为完全二叉树，而图 6.5 所示为非完全二叉树。将图 6.5 所示非完全二叉树中的虚结点 5、8、10、11、12、13 补上，就构成了一棵完全二叉树。

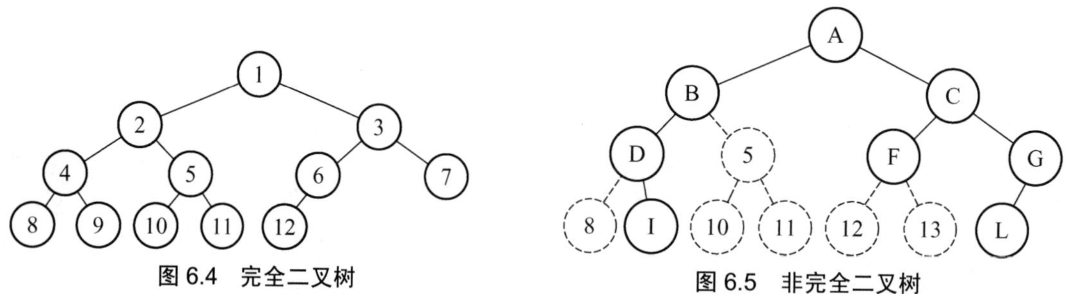

图 6.4　完全二叉树　　图 6.5　非完全二叉树

6.2.2 二叉树的性质

二叉树具有下列 5 个重要的性质：

性质 1 在二叉树的第 i 层上最多有 2^{i-1} 个结点($i \geqslant 1$)。

证明：i=1 时，只有一个根结点。显然，$2^{i-1}=2^0=1$ 是对的。

现在假定对所有的 j，$1 \leqslant j < i$，命题成立，即第 j 层上至多有 2^{i-1} 个结点。那么，可以证明i=j时命题也成立。

由归纳假设：第 $i-1$ 层上至多有 2^{i-2} 个结点。由于二叉树的每个结点的度至多为 2，故在第 i 层上的最大结点数为第 $i-1$ 层上的最大结点数的 2 倍，即 $2 \times 2^{i-2} = 2^{i-1}$。

性质 2 深度为 $h(h \geqslant 1)$的二叉树最多有 2^h-1 个结点。

证明：设第 i 层上的结点为 x^i ($1 \leqslant i \leqslant h$)，深度为 h 的二叉树的结点数为 M，$x^i$ 最多为 2^{i-1}，则有

$$M = \sum_{i=1}^{h} x^i \leqslant \sum_{i=1}^{h} 2^{i-1} = 2^{h-1} \tag{6.1}$$

性质 3 对于任意一棵二叉树 BT，如果度为 0 的结点个数为 n_0，度为 2 的结点个数为 n_2，则 $n_0=n_2+1$。

证明：假设度为 1 的结点个数为 n_1，结点总数为 n，B 为二叉树中的分支数。因为在二叉树中，所有结点的度均小于或等于 2，所以结点总数为

$$n=n_0+n_1+n_2 \tag{6.2}$$

再查看一下分支数。在二叉树中，除根结点之外，每个结点都有一个从上向下的分支指向，所以，总的结点个数 n 与分支数 B 之间的关系为 n=B+1。

又因为在二叉树中，度为 1 的结点产生 1 个分支，度为 2 的结点产生 2 个分支，所以分支数 B 可以表示为

$$B=n_1+2n_2 \tag{6.3}$$

将式(6.3)代入关系式 n=B+1，得

$$n=n_1+2n_2+1 \tag{6.4}$$

用式(6.4)减去式(6.2)，并经过调整后得到

$$n_0=n_2+1 \tag{6.5}$$

性质 4 具有 n 个结点的完全二叉树的深度为$\lfloor \log_2 n \rfloor+1$或$\lceil \log_2(n+1) \rceil$。其中，$\lfloor \log_2 n \rfloor$ 的结果是不大于 $\log_2 n$ 的最大整数，而$\lceil \log_2(n+1) \rceil$的结果是不小于$\log_2(n+1)$的最小整数。

证明：根据完全二叉树的定义和性质 2 可知，当一棵完全二叉树的深度为 k 、结点个数为 n 时，有

$$2^{k-1}-1 < n \leqslant 2^k-1$$

即

$$2^{k-1} \leqslant n < 2^k \tag{6.6}$$

对不等式取对数，有

$$k-1\leqslant \log_2 n<k$$

由于 k 是整数，则有

$$k=\lfloor \log_2 n\rfloor+1 \tag{6.7}$$

性质 5 对有 n 个结点的完全二叉树中的所有结点按从上到下、从左到右的顺序进行编号，则对任意一个结点 i(1≤i≤n)，都有：

(1) 如果 i=1，则结点 i 是这棵完全二叉树的根，没有双亲；如果 i>1，则其双亲结点的编号为 $\lfloor i/2\rfloor$。

(2) 如果 2i>n，则结点 i 没有左孩子(结点 i 为叶子结点)；否则其左孩子结点的编号为 2i。

(3) 如果 2i+1>n，则结点 i 没有右孩子；否则其右孩子结点的编号为 2i+1。

我们以图 6.6 为例来理解这个性质。这是一棵完全二叉树，深度为 4，结点总数是 10。

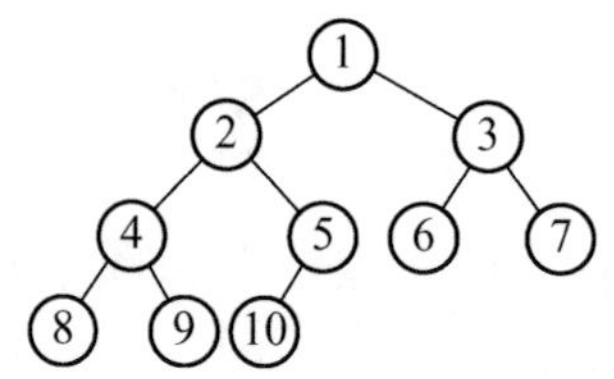

图 6.6 一棵完全二叉树

第一个结论是很显然的，i=1 时就是根结点。i>1 时，如对于结点 7，它的双亲就是 $\lfloor 7/2\rfloor=3$；对于结点 9，它的双亲就是 $\lfloor 9/2\rfloor=4$。

对于第二个结论，如结点 6，因为 $2\times 6=12$，超过了结点总数 10，所以结点 6 无左孩子，它是叶子结点。同样，对于结点 5，因为 $2\times 5=10$，正好是结点总数 10，所以它的左孩子是结点 10。

对于第三个结论，如结点 5，因为 $2\times 5+1=11$，大于结点总数 10，所以它无右孩子。而结点 3，因为 $2\times 3+1=7$，小于 10，所以它的右孩子是结点 7。

6.2.3 二叉树的存储结构

二叉树可以采用两种存储方式：顺序存储结构和链式存储结构。

1. 顺序存储结构

这种存储结构适用于完全二叉树，如图 6.7(a)所示，其存储形式为用一组地址连续的存储单元按照完全二叉树的每个结点编号的顺序存放结点内容。因此，必须确定好树中各数据元素的存放次序，使得各数据元素在这个存放次序中的相互位置能反映出数据元素之间的逻辑关系。

二叉树的顺序存储结构中结点的存放次序如下：对该树中每个结点进行编号，其编号从小到大的顺序就是结点存放在连续存储单元的先后次序。若把二叉树存储到一维数组中，则该编号就是下标值加 1(注意，C/C++语言中数组的起始下标为 0)。树中各结点的编号与等高度的完全二叉树中对应位置上结点的编号相同。其编号过程如下：首先把树根结点的编号定位为 1，然后按照层次从上到下、每层从左到右的顺序，对每一结点进行编号。若它是编号为 i 的双亲结点的左孩子结点，则它的编号应为 2i；若它是右孩子结点，则它的编号应为(2i+1)。

根据二叉树的性质 5，在二叉树的顺序存储中的各结点之间的关系可通过编号(存储位置)确定。对于编号为 i 的结点(即第 i 个存储单元)，其双亲结点的编号为$\lfloor i/2 \rfloor$；若存在左孩子结点，则左孩子结点的编号(下标)为 2i；若存在右孩子结点，则右孩子结点的编号(下标)为(2i+1)。因此，访问每一个结点的双亲和左、右孩子结点(若有的话)都非常方便。当二叉树中某结点为空结点或无效结点(不存在该编号的结点)时，对应位置的值用特殊值(如'#')表示。

图 6.7 所示是一棵二叉树及其相应的存储结构。

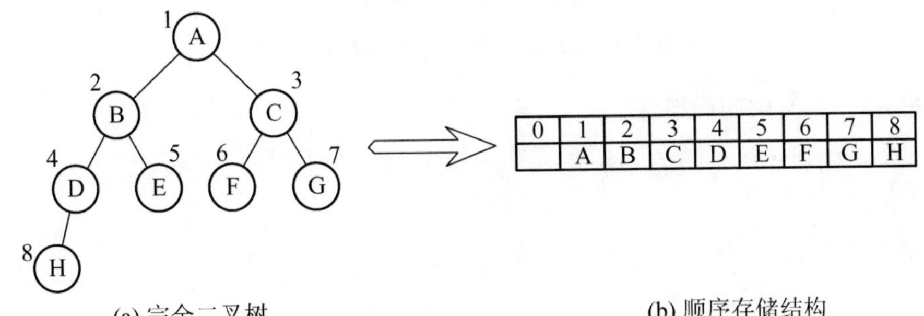

(a) 完全二叉树　　(b) 顺序存储结构

图 6.7　二叉树及其相应的存储结构

图 6.5 所示非完全二叉树的顺序存储结构如图 6.8 所示。

0	1	2	3	4	5	6	7	8	9	10	11	12	13	14
	A	B	C	D	#	F	G	#	I	#	#	#	#	L

图 6.8　顺序存储结构

如图 6.6(b)和图 6.8 所示，下标为 0 的位置不使用，赋任意字符值，其他位置上#字符表示空结点或无效结点。

对于完全二叉树来说，其顺序存储是十分合适的，它能够充分利用存储空间。但对于一般的二叉树，特别是对于那些单分支结点较多的二叉树来说是很不合适的，因为可能只有少数存储单元被利用，特别是对退化的二叉树(即每个分支结点都是单分支的)，空间浪费更是惊人。由于顺序存储结构这种固有的缺陷，使得二叉树的插入、删除等运算十分不方便。因此，对于一般二叉树通常采用链式存储方式。

考虑一种极端情况，一棵深度为 h 的右斜树，它只有 h 个结点，却需要分配 2^h-1 个存储单元空间，这显然是对存储空间的浪费，如图 6.9 所示。所以顺序存储结构一般只用于完全二叉树结构。

在 C 语言中，这种存储形式的类型定义如下：

```
#define MAXSIZE 100                         //存储空间初始分配量
#define MAXTREESIZE 100                     //二叉树的最大结点数
```

下面我们给出完全二叉树在这种存储形式下的操作算法。

1) 构造一棵二叉树

按层序次序输入二叉树中结点的值(字符型或整型)，构造顺序存储的二叉树 T。其 0 号单元存储二叉树是否为空的标志，0 表示二叉树为空，否则不为空。

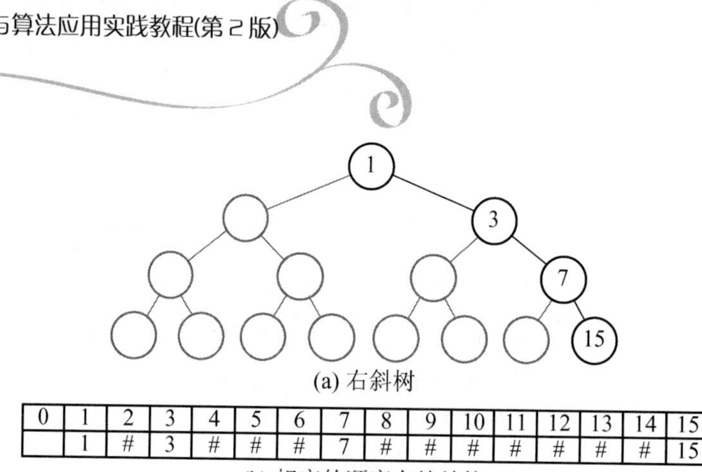

(a) 右斜树

0	1	2	3	4	5	6	7	8	9	10	11	12	13	14	15
	1	#	3	#	#	#	7	#	#	#	#	#	#	#	15

(b) 相应的顺序存储结构

图 6.9 右斜树及其相应的顺序存储结构

算法 6.1 二叉树的构造

```
typedef int SqBiTree[MAXTREESIZE];                         //结点数
int Num;
int CreateBiTree(SqBiTree T)
{
    for(i=0;i<MAXTREESIZE;i++) T[i]=0;                     //初值为空
    printf("请按层序输入结点的值(整型),0 表示空结点,9999 表示结束。结点数%d\n,Num");
    int i=0;
    while(i<Num)
    {
        T[i]=i+1;
        if(i!=0&&T[(i+1)/2-1]==0&&T[i]!=0)                 //此结点(不空)无双亲且不是根
        {
            printf("出现无双亲的非根结点%d\n",T[i]);
            exit(ERROR);
        }
        i++;
    }
    if(i>0) T[0] = i;                                      //说明该二叉树不为空
    while(i<MAXTREESIZE)
    {
        T[i]=0;                                            //将空赋值给 T 的后面的结点
        i++;
    }
    return 1;
}
```

2) 获取给定结点的左孩子

算法 6.2 获取左孩子

```
int LeftChild(SqBiTree T, int e)
{
```

```
    int i;
    if(T[0]==0)                          //空树
        return 0;
    for(i=1;i<=MAXTREESIZE-1;i++)
    if(T[i]==e)
        return T[2*i];
    return 0;
}
```

3) 获取给定结点的双亲

算法 6.3 获取双亲

```
int Parent(SqBiTree T, int e)
{
    int i;
    if(T[0]==0)                          //空树
        return 0;
    for(i=1;i<=MAXTREESIZE-1;i++)
        if(T[i]==e)
            return T[i/2-1];
    return 0;
}
```

2. 链式存储结构

在顺序存储结构中，利用编号表示元素的位置及元素之间孩子或双亲的关系，因此，对于非完全二叉树，需要将空缺的位置用特定的符号填补，若空缺结点较多，势必造成空间利用率的下降。在这种情况下，就应该考虑使用链式存储结构。

常见的二叉树结点结构如图 6.10 所示。其中，lchild 和 rchild 是分别指向该结点左孩子和右孩子的指针，data 是数据元素的内容。

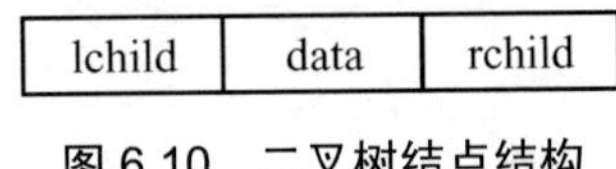

图 6.10 二叉树结点结构

在 C 语言中的类型定义如下：

```
typedef struct BiTNode
{
    int data;                                  //结点数据
    struct BiTNode  *lchild,*rchild;           //左、右孩子指针
}BiTNode,*BiTree;
```

图 6.11 所示是一棵二叉树及其相应的链式存储结构。

这种存储结构的特点是寻找孩子结点容易，寻找双亲就比较困难。因此，若需要频繁地寻找双亲，可以给每个结点添加一个指向双亲结点的指针域，这样的存储结构我们称为三叉链表。其结点结构如图 6.12 所示。

其相应的三叉链式存储结构如图 6.11(c)所示。

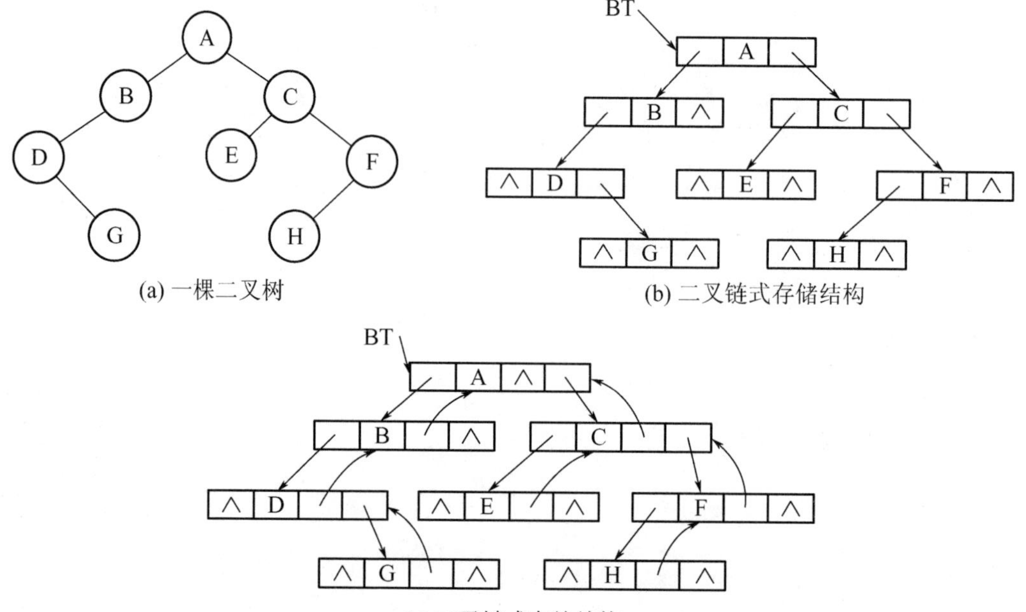

(a) 一棵二叉树

(b) 二叉链式存储结构

(c) 三叉链式存储结构

图 6.11　二叉树及其相应的链式存储结构

lchild	elem	parent	rchild

图 6.12　二叉树链式存储的结点结构

6.2.4　二叉树的遍历

二叉树的遍历是指按照一定次序访问二叉树中的所有结点，并且每个结点仅被访问一次的过程。它是最基本的运算，是二叉树中所有其他运算的基础。

按根 D、左子树 L 和右子树 R 3 部分进行遍历。根据根访问的位置不同分别分为先序遍历(DLR)、中序遍历(LDR)、后序遍历(LRD)。

1. 先序遍历二叉树

若二叉树为空，则结束遍历操作；否则，首先访问根结点，然后先序遍历根结点的左子树，最后先序遍历根结点的右子树。

例如，图 6.11(a)所示的二叉树的先序序列为 ABDGCEFH。显然，在一棵二叉树的先序序列中，第一个元素即为根结点对应的结点值。其递归算法如下：

算法 6.4　先序遍历二叉树

```
void PreOrderTraverse(BiTree T)
{
    if(T==NULL)
        return;
    printf("%c",T->data);
    PreOrderTraverse(T->lchild);
    PreOrderTraverse(T->rchild);
}
```

2. 中序遍历二叉树

若二叉树为空，则结束遍历操作；否则，首先中序遍历左子树，然后访问根结点，最后中序遍历右子树。

例如，图 6.11(a)所示的二叉树的中序序列为 DGBAECHF。显然，在一棵二叉树的中序序列中，根结点值将其序列分为前、后两部分，前部分为左子树的中序序列，后部分为右子树的中序序列。其递归算法如下：

算法 6.5　中序遍历二叉树

```
void InOrderTraverse(BiTree T)
{
    if(T==NULL)
        return;
    InOrderTraverse(T->lchild);        //中序遍历左子树
    printf("%c",T->data);              //显示结点数据，可以更改为其他对结点操作
    InOrderTraverse(T->rchild);        //最后中序遍历右子树
}
```

3. 后序遍历二叉树

若二叉树为空，则结束遍历操作；否则，首先后序遍历左子树，然后后序遍历右子树，最后访问根结点。

例如，图 6.11(a)所示的二叉树的后序序列为 GDBEHFCA。显然，在一棵二叉树的后序序列中，最后一个元素即为根结点对应的结点值。其递归算法如下：

算法 6.6　后序遍历二叉树

```
void PostOrderTraverse(BiTree T)
{
    if(T==NULL)
        return;
    PostOrderTraverse(T->lchild);
    PostOrderTraverse(T->rchild);
    printf("%c",T->data);
}
```

此外，还有一种层次遍历方法，若二叉树非空(假设其高度为 h)，则：

① 访问根结点(第 1 层)；

② 从左到右访问第 2 层的所有结点；

③ 从左到右访问第 3 层的所有结点、……、第 h 层的所有结点。

例如，图 6.11(a)所示的二叉树的层序序列为 ABCDEFGH。

我们用图形的方式来表现树的结构，应该说是非常直观和容易理解的，但是对于计算机来说，它只有循环、判断等方式来处理，也就是说，它只会处理线性序列，而我们刚才提到的 4 种遍历方法，其实都是在把树总的结点变成某种意义的线性序列，这就给程序的实现带来了好处。

另外，不同的遍历提供了对结点依次处理的不同方式，可以在遍历过程中对结点进行各种处理。

6.2.5 二叉树的构造

定理 1 任何 n(n>0)个不同结点的二叉树，都可由它的先序序列和中序序列唯一地确定。

证明：采用数学归纳法证明。

当 n=0 时，二叉树为空，结论正确。

假设结点数小于 n 的任何二叉树，都可以用其先序序列和中序序列唯一地确定。若某棵二叉树具有 n(n>0)个不同结点，其先序序列是 $a_0a_1\cdots a_{n-1}$，中序序列是 $b_0b_1\cdots b_{k-1}b_kb_{k+1}\cdots b_{n-1}$。因为在先序遍历过程中，访问根结点后，紧跟着遍历左子树，最后再遍历右子树，所以 a_0 必定是二叉树的根结点，而且 a_0 必然在中序序列中出现。也就是说，在中序序列中必有某个 b_k $(0\leqslant k\leqslant n-1)$就是根结点 a_0。

由于 b_k 是根结点，而在中序遍历过程中，先遍历左子树，再访问根结点，最后再遍历右子树。所以在中序序列中，$b_0b_1\cdots b_{k-1}b_kb_{k+1}\cdots b_{n-1}$ 必是根结点 b_k (也就是 a_0)左子树中的中序序列，即 b_k 的左子树有 k 个结点(注意，k=0 表示结点 b_k 没有左子树)，而 $b_{k+1}\cdots b_{n-1}$ 必是根结点 b_k (也就是 a_0)右子树中的中序序列，即 b_k 的右子树有 n−k−1 个结点(注意，k=n−k−1 表示结点 b_k 没有右子树)。

另外，在先序序列中，紧跟在根结点 a_0 之后的 k 个结点 $a_1\cdots a_k$ 就是左子树的先序序列，$a_{k+1}\cdots a_{n-1}$ 这 n−k−1 就是右子树的先序序列。

根据归纳假设，由于子先序序列 $a_1\cdots a_k$ 和子中序序列 $b_0b_1\cdots b_{k-1}$ 可以唯一地确定根结点 a_0 的左子树，而子先序序列 $a_{k+1}\cdots a_{n-1}$ 和子中序序列 $b_{k+1}\cdots b_{n-1}$ 可以唯一地确定根结点 a_0 的右子树。

综上所述，这棵二叉树的根结点已经确定，而且其左、右子树都唯一确定了，所以整个二叉树也就唯一地确定了。

实际上，先序序列的作用是确定一颗二叉树的根结点(其第一个元素即为根结点)，中序序列的作用是确定左、右子树的中序序列(含各自的结点个数)，反过来又可以确定左、右子树的先序序列。

例 6.1 假设有一棵二叉树的先序遍历序列为 ABDGCEFH，中序遍历序列为 DGBAECHF，则这棵二叉树的后序遍历结果是什么？

解：由于先序遍历序列为 ABDGCEFH，我们知道 A 就是根结点的数据。再由中序遍历序列是 DGBAECHF，可以知道 D、G 和 B 是 A 的左子树上的结点，而 E、C、H 和 F 是 A 的右子树上的结点，如图 6.13 所示。

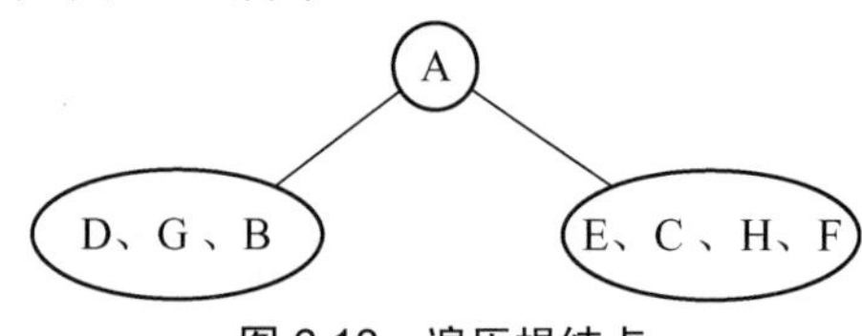

图 6.13 遍历根结点

然后，我们来看先序序列中的 B、D 和 G，它的顺序是 ABDGCEFH 中 B 排在 D 和 G 的前面，所以 B 应该是 A 的左孩子，而 D 和 G 是 B 的孩子或者孙子，此时还不能确定，如图 6.14(a)所示。再看中序序列 DGBAECHF，D 在 G 的前面，这就说明 D 是 B 的左孩子。先序和中序序列中 D 都排在 G 的前面，所以说 G 是 D 的右孩子，如图 6.14(b)所示。

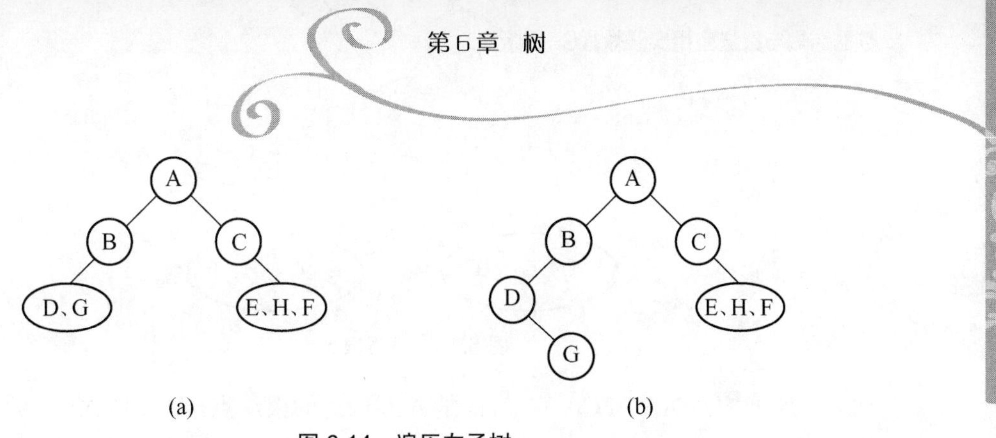

图 6.14　遍历左子树

再看先序序列中的 C、E、F、H，它的顺序是 ABDGCEFH，那就意味着 C 是 A 结点的右孩子，E、F 和 H 是 C 的子孙。注意，它们中有一个不一定是孩子，还有可能是孙子。再来看中序序列 DGBAECHF，由于 E 在 C 的左侧，而 H 和 F 在右侧，所以可以确定 E 是 C 的左孩子，H 和 F 是 C 的子孙。又因为先序序列中 F 在 H 的前面，中序序列中 H 在 F 的前面，所以我们得到 H 是 F 的左孩子。因此，最终得到的二叉树如图 6.11(a)所示。

为了避免推导错误，我们可以检查一下得到的这棵树的先序遍历和中序遍历是否与题目中的相同。已经复原了二叉树，要获得它的后序遍历结果就很简单了，结果是 GDBEHFCA。

定理 2　任何 n(n>0)个不同结点的二叉树，都可由它的中序序列和后序序列唯一地确定。

证明：同样采用数学归纳法证明。

当 n=0 时，二叉树为空，结论正确。

假设结点数小于 n 的任何二叉树，都可以用其中序序列和后序序列唯一地确定。

若某棵二叉树具有 n(n>0)个不同结点，其中序序列是 $b_0b_1\cdots b_{n-1}$，后序序列是 $a_0a_1\cdots a_{n-1}$。

因为在后序遍历过程中，先遍历左子树，再遍历右子树，最后访问根结点，所以 a_{n-1} 必定是二叉树的根结点，而且 a_{n-1} 必然在中序序列中出现。也就是说，在中序序列中必有某个 b_k $(0\leqslant k\leqslant n-1)$就是根结点 a_{n-1}。

由于 b_k 是根结点，而在中序遍历过程中，先遍历左子树，再访问根结点，最后遍历右子树，所以在中序序列中，$b_0\cdots b_{k-1}$ 必是根结点 b_k (也就是 a_{n-1})左子树中的中序序列，即 b_k 的左子树有 k 个结点(注意，k=0 表示结点 b_k 没有左子树)。而 $b_{k+1}\cdots b_{n-1}$ 必是根结点 b_k (也就是 a_{n-1})右子树中的中序序列，即 b_k 的右子树有 n−k−1 个结点(注意，k=n−1 表示结点 b_k 没有右子树)。

另外，在后序序列中，在根结点 a_{n-1} 之前的 n−k−1 个结点 $a_k\cdots a_{n-2}$ 就是右子树的后序序列，$a_0\cdots a_{k-1}$ 中 k 就是左子树的后序序列。

根据归纳假设，由于子中序序列 $b_0\cdots b_{k-1}$ 和子后序序列 $a_0\cdots a_{k-1}$ 可以唯一地确定根结点 b_k (也就是 a_{n-1})的左子树，而子中序序列 $b_{k+1}\cdots b_{n-1}$ 和子后序序列 $a_k\cdots a_{n-2}$ 可以唯一地确定根结点 b_k 的右子树。

综上所述，这棵二叉树的根结点已经确定，而且其左、右子树都唯一确定了，所以整个二叉树也就唯一地确定了。

例 6.2　如果已知二叉树的中序序列为 DGBAECHF，后序序列是 GDBEHFCA，求先序序列。

解：这要相对简单点，由后序的 GDBEHFCA，得到 A 是根结点。于是根据中序序列的 DGBAECHF 分为两棵树 DGB 和 ECHF，如图 6.15 所示。

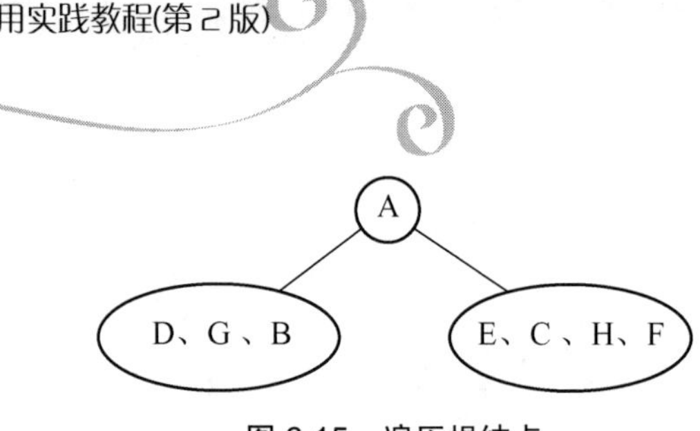

图 6.15 遍历根结点

由后序序列的 GDBEHFCA 知道，B 是 A 左孩子的根结点，而 C 是 A 右孩子的根结点。如图 6.16 所示。

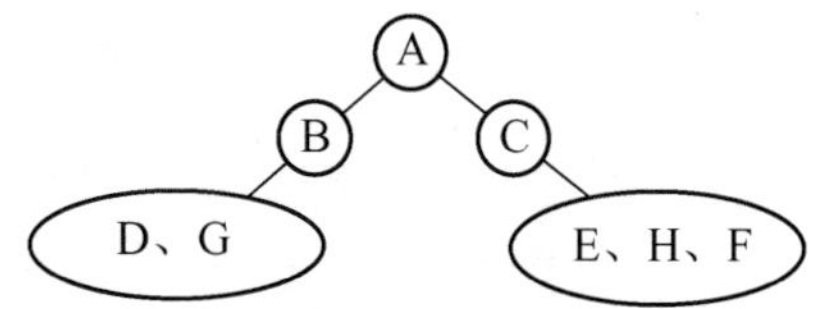

图 6.16 遍历左子树根和右子树根

由中序中的 DGB 和后序中的 GDB，我们可以知道 D 和 G 都在 B 的左侧，且 D 是 B 的左孩子，G 是 D 的右孩子，如图 6.17 所示。

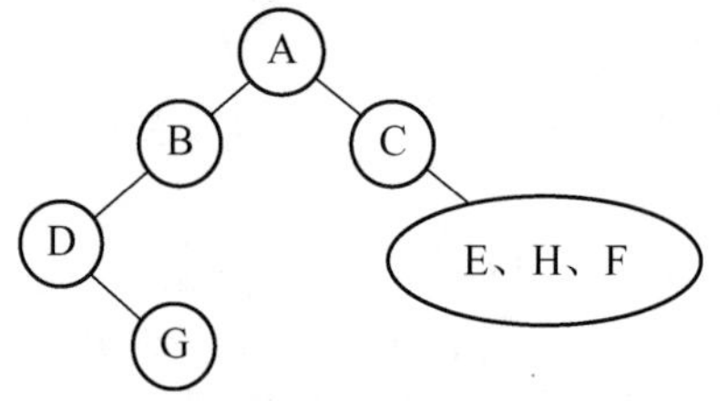

图 6.17 遍历左子树

同理，由中序中的 ECHF 推出 E 和 HF 分别在 C 的左右两侧，即 E 是 C 的左孩子结点，HF 为右孩子结点。由中序中的 HF 和后序中的 HF 可知，我们可以得到 F 是 C 的右孩子，H 是 F 的左孩子。最后，我们得到完整的二叉树如图 6.11(a)所示。

这样，我们就能很容易得到该二叉树的先序序列：ABDGCEFH。

6.3 树和森林

6.3.1 树、森林与二叉树的转换

树、森林与二叉树之间有一个自然的对应关系，它们之间可以互相进行转换，即任何一个森林或一棵树都可以唯一地对应一棵二叉树，而任何一棵二叉树也能唯一地对应一个森林或一棵树。正是由于有这样的一一对应关系，可以把在树的处理中的问题对应到二叉树中进行处理，从而可以把问题简化，因此，二叉树在树的应用中显得特别重要。下面将介绍森林、树与二叉树相互转换的方法。

对于一般的树来说，树中结点的左、右次序无关紧要，只要其双亲结点与孩子结点的关系不发生错误就可以了。但在二叉树中，左、右孩子结点的次序不能随意颠倒。因此，下面讨论的二叉树与一般树之间的转换都是约定按照树在图形上的结点次序进行的，即把

一般树作为有序树来处理，这样不致引起混乱。

1. 树转换成二叉树

将一棵树转换成二叉树的过程(如图 6.18 所示)如下：①对每个孩子进行从左到右的排序；②在兄弟之间加一条连线；③对每个结点，除了第一个孩子外，去除其与其余孩子之间的联系；④以根结点为轴心，将整个树顺时针转一定角度。

这种转换的特点是一棵树转换成二叉树后，根结点没有右孩子。

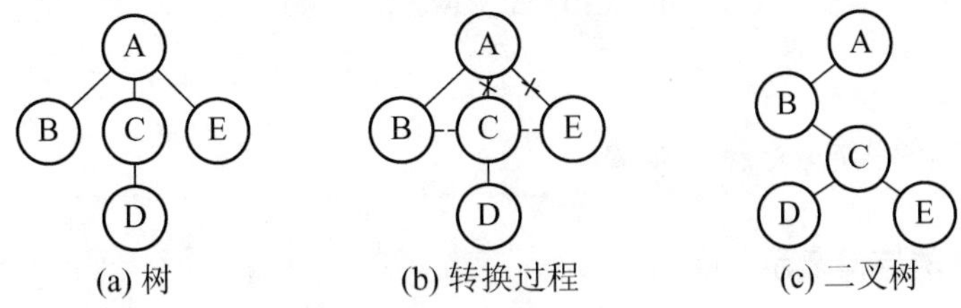

图 6.18　树转换为二叉树

2. 森林转换为一棵二叉树

将森林转换成二叉树的方法与一棵树转换成二叉树的方法类似，如图 6.19 所示，只是把森林中所有树的根结点看作兄弟关系，并对其中的每棵树依次地进行转换。

将森林转换成二叉树的过程如下：①将各棵树分别转成二叉树；②第一棵二叉树不动，从第二棵二叉树开始，依次把后一棵二叉树的根结点作为前一棵二叉树根结点的右孩子；③以第一棵树的根结点作为二叉树的根结点，按顺时针方向旋转。

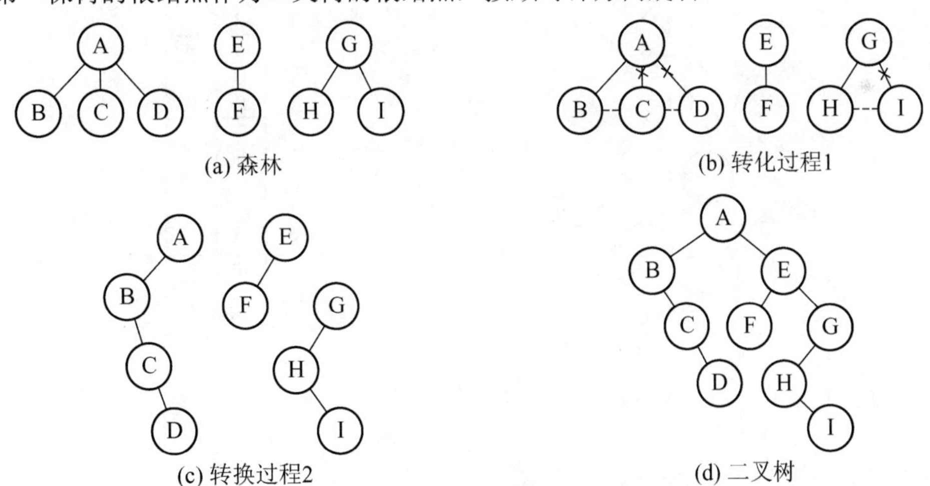

图 6.19　森林转换为二叉树

3. 将二叉树转换为树或森林

将二叉树转换成树或森林的过程如下：①若某结点是其双亲的左孩子，则把该结点的右孩子、右孩子的右孩子……都与该结点的双亲结点用线连起来；②删除原二叉树中所有的双亲结点与右孩子结点的连线；③整理步骤 1、2 所得到的树或森林，使结构层次分明。

将图 6.20(a)所示的二叉树还原为一般的树。还原为树的过程如图 6.20(b)所示，最终结构如图 6.20(c)所示。

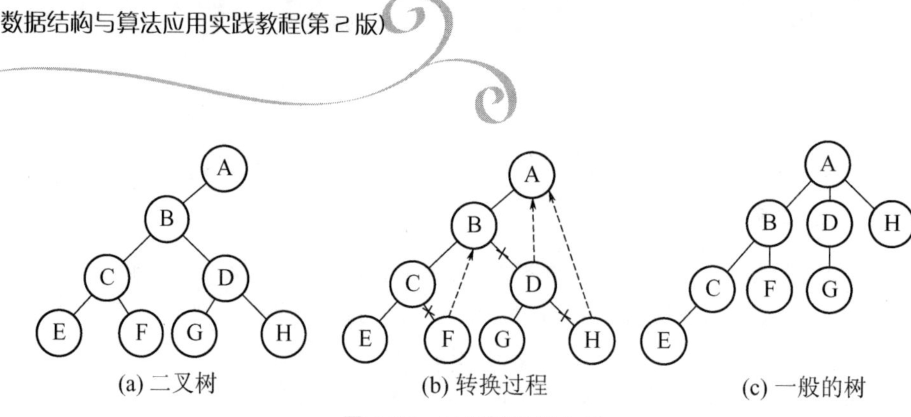

(a) 二叉树　　(b) 转换过程　　(c) 一般的树

图 6.20　二叉树转换为树

思考

请思考二叉树转换为森林的步骤。

6.3.2　树和森林的存储表示

1. 双亲表示法

这种存储结构是一种顺序存储结构，用一组连续空间存储树的所有结点，同时在每个结点中附设一个伪指针指示其双亲结点的位置。其结点结构如图 6.21 所示。

data	parent

图 6.21　结点结构

例如，图 6.22(a)所示树对应的双亲存储结构为图 6.22(b)，其中，根结点 R 的双亲伪指针为-1，其孩子结点 A、B 和 C 的双亲伪指针均为 0，D 和 E 的双亲伪指针均为 1，F 的双亲伪指针为 3，G、H 和 K 的双亲伪指针均为 6。

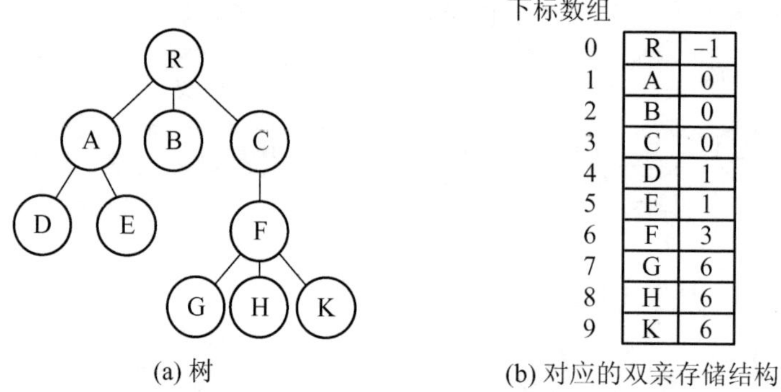

下标数组		
0	R	−1
1	A	0
2	B	0
3	C	0
4	D	1
5	E	1
6	F	3
7	G	6
8	H	6
9	K	6

(a) 树　　(b) 对应的双亲存储结构

图 6.22　树的双亲表示法示例

该存储结构利用了每个结点(根结点除外)只有唯一双亲的性质。在这种存储结构中，求某个结点的双亲结点十分容易，但求某个结点的孩子结点时需要遍历整个结构。

以下是双亲表示法结点结构定义代码。

```
#define MAXTREESIZE 100
typedef int TreeElemType;                //树结点的数据类型，目前暂定为整型
typedef struct PTNode //结点结构
{
   TreeElemType data;                    //结点数据
   int  parent;                          //双亲位置
}PTNode ;
```

```
typedef struct //树结构
{
    PTNode  nodes[MAXTREESIZE];          //数组结构
    int r,n;                             //根的位置和结点数
}PTree;
```

2. 孩子表示法

由于树中每个结点可能有多棵子树，可以考虑用多重链表，即每个结点有多个指针域，其中每个指针指向一棵子树的根结点，我们把这种方法叫作多重链表法。不过，树的每个结点的度是不同的，所以结点的指针域个数的设置也有两种方法：

① 每个结点指针域的个数等于树的度数；

② 每个结点指针域的个数等于该结点的度数。

相应地，链表中的结点可以有图6.23所示的两种结点格式。

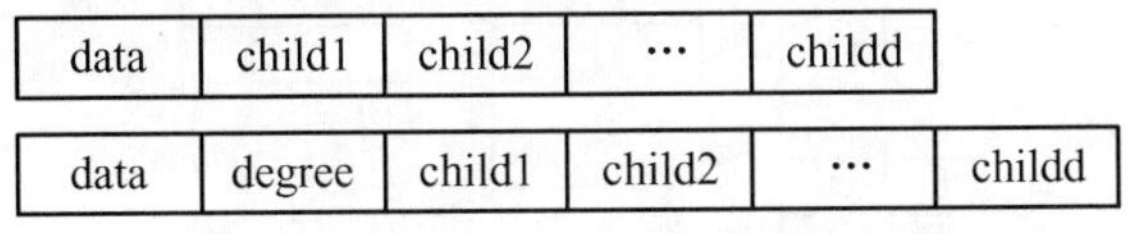

图6.23　孩子表示法的两种结点格式

其中，data是数据域，child1到childd是指针域(用来指向该结点的孩子结点)，degree是度域(用来存储相应结点的孩子结点的个数)。

我们用方法1来存储图6.22(a)的树，树的度为3，所以指针域的个数是3，如图6.24所示。

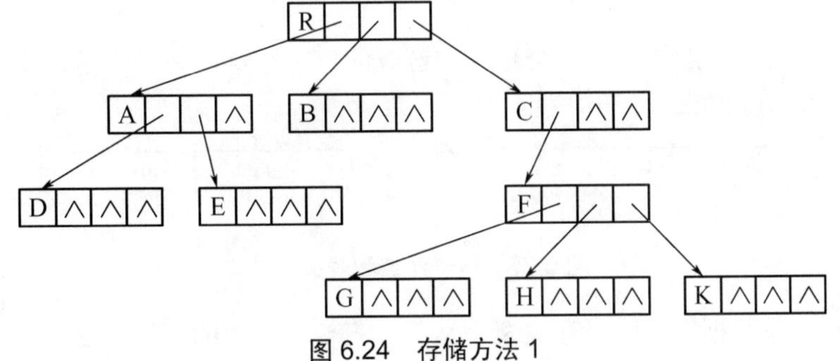

图6.24　存储方法1

这种方法对于树中各结点的度相差很大时，显然是很浪费空间的，因为有很多结点的指针域是空的。不过，如果树的各结点度相差很小，那就意味着开辟的空间被充分利用了，这时存储结构的缺点反而变成了优点。

我们接着用方法2来存储图6.22(a)的树，如图6.25所示。

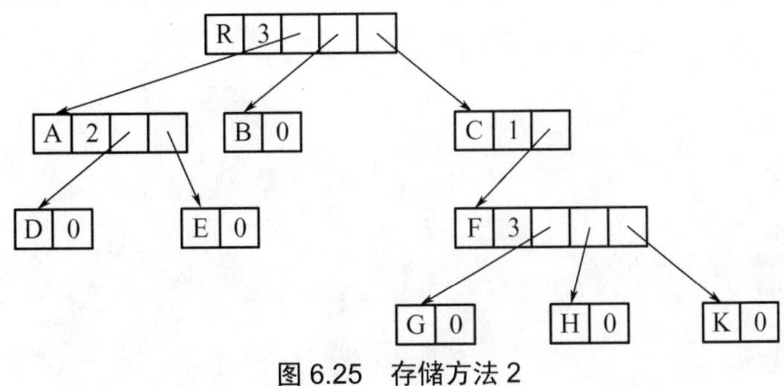

图6.25　存储方法2

这种方法克服了浪费空间的缺点，对空间利用率是很高的，但是由于各个结点的链表是不相同的结构，加上要维护结点的度的数值，在运算上就会带来时间上的损耗。

存在既可以减少空指针的浪费又能使结点结构相同的方法吗？答案是肯定的。仔细观察，我们为了要遍历整棵树，把每个结点放到一个顺序存储结构的数组中是合理的，但每个结点的孩子有多少是不确定的，所以，我们要对每个结点的孩子建立一个单链表以体现它们的关系。这就是我们要介绍的孩子表示法。

具体办法是把每个结点的孩子结点排列起来，以单链表作为存储结构，则 n 个结点有 n 个孩子链表，如果是叶子结点则此单链表为空。然后 n 个头指针又组成一个线性表，采用顺序存储结构，存放进一个一维数组中。运用这种存储方法存储图 6.22(a)的树，结果如图 6.26 所示。

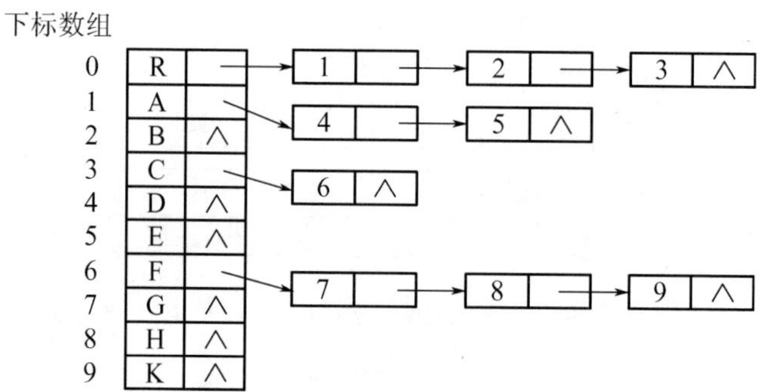

图 6.26　孩子表示法示意图

为此，设计两个结点结构，一个是孩子链表的孩子结点，另一个是表头数组的表头结点，分别如图 6.27(a)和图 6.27(b)所示。

图 6.27　孩子结点和表头结点

其中，child 是数据域，用来存储某个结点在表头数组中的下标。next 是指针域，用来存储指向某结点的下一个孩子结点的指针。data 是数据域，用来存储某结点的数据信息。firstchild 是头指针域，用来存储指向某结点的下一个孩子结点的指针。

以下是孩子表示法的结构定义代码。

```
typedef struct CTNode                              //孩子链表结点
{
    int child;
    struct CTNode *next;
}*ChildPtr;

typedef struct                                     //孩子链表头结点
{
    DataType data;                                 //结点的数据元素
    ChildPtr firstchild;                           //孩子链表头指针
}CTBox;
```

```
typedef struct                                    //树结构
{
    CTBox nodes[MaxTreeSize];
    int n, r,                                     //树的结点数和根结点的位置
} CTree;
```

我们要查找给定结点的孩子，或者找该结点的兄弟，只需查找这个结点的孩子单链表就可以了。该结构对于遍历整棵树也是很方便的，对头结点的数组循环即可。

3. 孩子兄弟表示法

任意一棵树，它的结点的第一个孩子如果存在就是唯一的，它的右兄弟如果存在也是唯一的。因此，我们设置两个指针，分别指向该结点的第一个孩子和此结点的右兄弟。这就是我们接下来要介绍的孩子兄弟表示法。

结点结构如图 6.28 所示。

data	firstchild	rightsib

图 6.28 结点结构

其中，data 是数据域；firstchild 为指针域，存储该结点的第一个孩子结点的存储地址；rightsib 是指针域，存储该结点的右兄弟结点的存储地址。

这是一种常用的存储结构，在这种存储结构下，树中结点的存储表示可描述如下：

```
typedef struct CSTreeNode
{
    DataType data;
    struct CSTreeNode *firstchild;
    struct CSTreeNode *rightsib;
}CSNode, *CSTree;
```

对于图 6.22(a)的树来说，这种方法实现的示意图如图 6.29 所示。

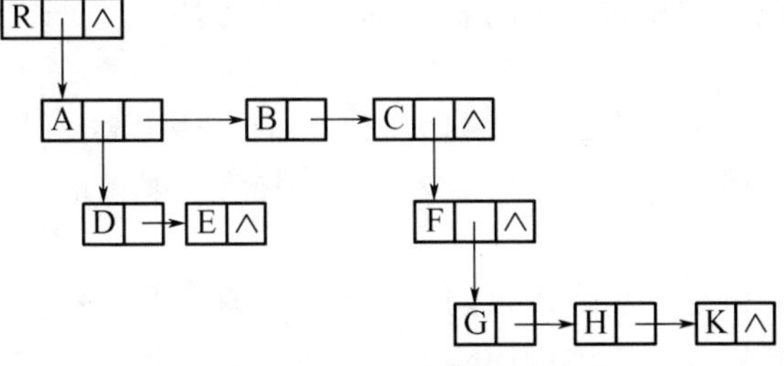

图 6.29 孩子兄弟表示法示意图

孩子兄弟表示法给查找某个结点的孩子带来了方便，因为只需通过 firstchild 找到此结点的长子，然后通过长子结点的 rightsib 就可以找到其他兄弟了。另外，该表示法可方便地实现树和二叉树的相互转换。但是这种表示法跟孩子表示法存在一样的缺点，就是从当前结点查找双亲结点比较麻烦，需要从根结点开始逐个结点比较查找。

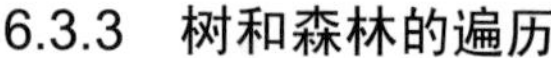

6.3.3 树和森林的遍历

1. 树的遍历

和二叉树的遍历类似，树的遍历问题也是从根结点出发，对树中各个结点进行一次且仅进行一次访问。

对树进行遍历可有两条搜索路径：一条是从左到右(这里的左右指的是在存储结构中自然形成的子树之间的次序)，另一条是按层次从上到下。

树的按层次遍历类似于二叉树的按层次遍历，例如，对图 6.30 所示的树进行按层次遍历所得结点先后被访问的次序为 ABCDEFGHIJK。

对根的访问时机不同可得下列两个遍历树：

1) 先根(序)遍历树

若树非空，则先访问根结点，然后依次从左到右先根遍历根的各棵子树。

2) 后根(序)遍历树

若树非空，则先依次从左到右后根遍历根的各棵子树，然后访问根结点。

例如，对图 6.30 所示的树进行先根遍历所得结点的访问序列为 ABEHIJCFDGK，进行后根遍历所得结点的访问序列为 HIJEBFCKGDA。

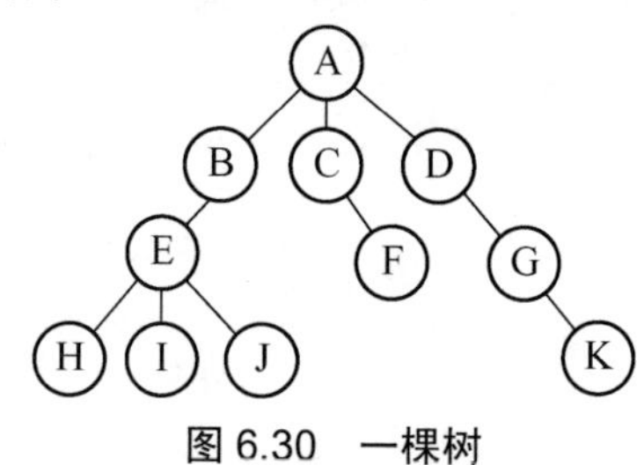

图 6.30 一棵树

2. 森林的遍历

森林是树的集合，由此可以对森林中的每一棵树依次从左到右进行先根遍历或者后根遍历。森林中的第一棵树的根、第一棵树的子树森林及其余树构成的森林，分别对应为二叉树的根、二叉树的左子树和二叉树的右子树。由此可如下定义森林的这两种遍历。

1) 先序遍历森林

若森林非空，则可依下列次序进行遍历：①访问森林中第一棵树的根结点；②先序遍历第一棵树中的子树森林；③先序遍历除去第一棵树之后剩余的树构成的森林。

2) 中序遍历森林

若森林非空，则可依下列次序进行遍历：①中序遍历第一棵树中的子树森林；②访问森林中第一棵树的根结点；③中序遍历除去第一棵树之后剩余的树构成的森林。

由森林与二叉树之间转换的规则可知，当森林转换成二叉树时，其第一棵树的子树森林转换成左子树，剩余树的森林转换成右子树，则上述森林的先序遍历和中序遍历即为其对应的二叉树的先序遍历和中序遍历。

由此可见，树的先根遍历即森林的先序遍历，可对应到二叉树的先序遍历；树的后根遍历即森林的中序遍历，可对应到二叉树的中序遍历。换句话说，若以孩子-兄弟链表作为树(或森林)的存储结构，则树的先根遍历(或森林的先序遍历)的算法和二叉树的先序遍历算法类似，而树的后根遍历(或森林的中序遍历)的算法和二叉树的中序遍历算法类似。

6.4　线索二叉树

6.4.1　线索二叉树的基本概念

二叉树的遍历本质上是将一个复杂的非线性结构转换为线性结构，使每个结点都有了唯一前趋和后继(第一个结点无前趋，最后一个结点无后继)。对于二叉树的一个结点，查找其左右子女是方便的，其前趋、后继只能在遍历中得到。为了容易找到前趋和后继，有两种方法：一是在结点结构中增加向前和向后的指针 fwd 和 bkd，这种方法增加了存储开销，不可取；二是利用二叉树的空链指针。

对于具有 n 个结点的二叉树，采用二叉链存储结构时，每个结点有两个指针域，总共有 2n 个指针域，又由于只有 n−1 个结点被有效指针所指向(n 个结点中只有树根结点没有被有效指针所指向)，则共有 2n−(n−1)=n+1 个空链域。

由于遍历方式不同，产生的遍历线性序列也不同，做如下规定：当某个结点的左指针为空时，令该指针指向按某种方式遍历二叉树时得到该结点的直接前趋结点；当某结点的右指针为空时，令该指针指向按某种方式遍历二叉树时得到该结点的直接后继结点。但如何区分左指针指向的结点到底是左孩子结点还是直接前趋结点，右指针指向的结点到底是右孩子结点还是直接后继结点呢？为此，在结点的存储结构上增加两个标志位(左标志 ltag 和右标志 rtag)来区分这两种情况：

$$\text{ltag}=\begin{cases}0,\text{表示lchild指向左孩子的结点}\\1,\text{表示lchild指向直接前趋的结点}\end{cases}$$

$$\text{rtag}=\begin{cases}0,\text{表示 rchild 指向右孩子的结点}\\1,\text{表示 rchild 指向直接后继的结点}\end{cases}$$

现将线索二叉树的结点结构重新定义，如图 6.31 所示。以这种结点结构构成的二叉链表作为二叉树的存储结构，叫作线索链表，指向前趋和后继的指针叫作线索，加上线索的二叉树叫作线索二叉树，对二叉树进行某种形式遍历使其变为线索二叉树的过程叫作线索化，即线索化的过程就是在遍历的过程中修改空指针的过程。

lchild	ltag	data	rtag	rchild

图 6.31　线索二叉树的结点结构

和双向链表结构一样，在二叉树线索链表上添加一个头结点，如图 6.32 所示。该结点的 data 域为空，lchild 域的指针指向二叉树的根结点(图 6.32 中的①)，ltag 为 0；rchild 指向按某种遍历二叉树的最后一个结点(图 6.32 中的②)，rtag 为 1。另外，令该遍历产生序列的第一个结点的 lchild 域指针和最后一个结点的 rchild 域指针均指向头结点(图 6.32 中的③和④)。这样定义的好处就是我们既可以从第一个结点起顺后继进行遍历，也可以从最后一个结点起顺前趋进行遍历。

图 6.32(a)为中序线索二叉树(中序序列为 DGBAECHF)，图 6.32(b)为先序线索二叉树(先序序列为 ABDGCEFH)，图 6.32(c)为后序线索二叉树(后序序列为 GDBEHFCA)。图 6.32 中的实线表示二叉树原来指针所指的结点，虚线表示线索二叉树所添加的线索。

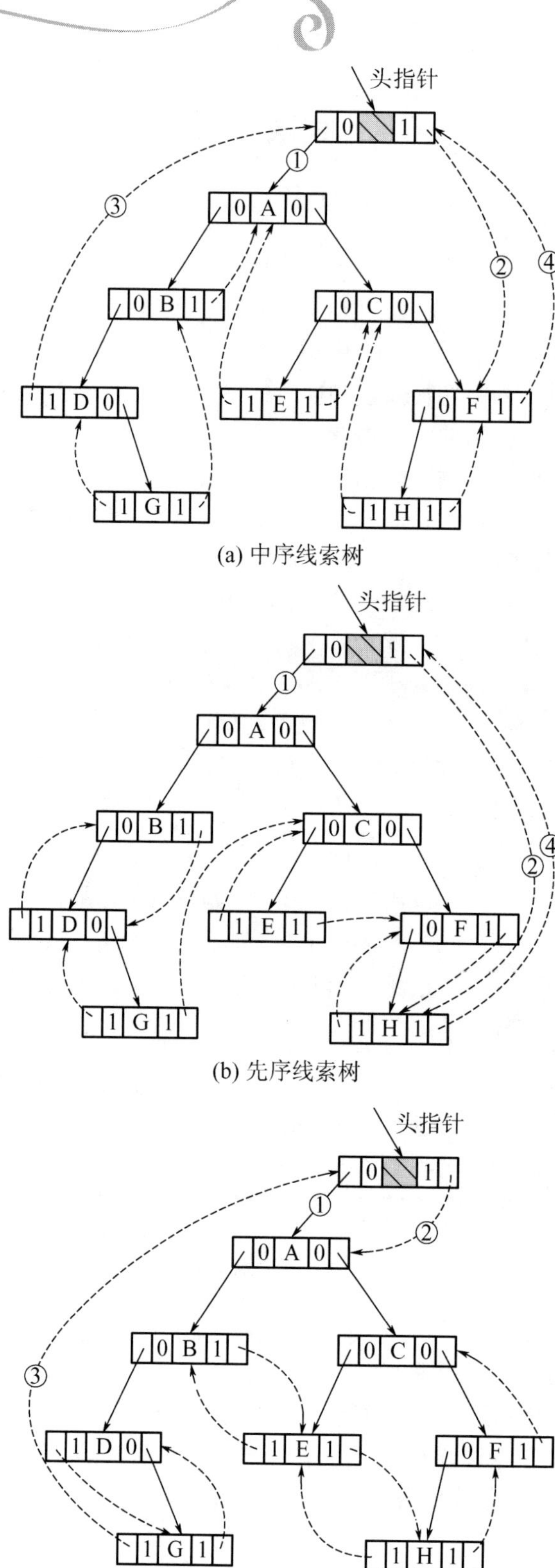

(a) 中序线索树

(b) 先序线索树

(c) 后序线索树

图 6.32　线索二叉树

6.4.2 线索二叉树的基本操作

线索二叉树的存储结构如下：

```
typedef enum {Link,Thread} PointerTag; // Link==0 表示指向左右孩子指针
                                       //Thread==1 表示指向前趋或后继的线索
typedef  struct BiThrNode              // 二叉线索存储结点结构
{
    TreeElemType data;
    struct BiThrNode *lchild, *rchild; //左右孩子指针
    PointerTag LTag;
    PointerTag RTag;                   //左右标志
} BiThrNode, *BiThrTree;
```

1. 二叉线索树的构造

按先序输入二叉线索树中结点的值并构造二叉线索树 T，其中，#表示空树。

算法 6.7 构造线索二叉树

```
int CreateBiThrTree(BiThrTree *T)
{
    TreeElemType h;
    scanf("%c",&h);
    if(h== '#')
        *T=NULL;
    else
    {
        *T=(BiThrTree)malloc(sizeof(BiThrNode));
        if(!*T)
             exit(OVERFLOW);
        (*T)->data=h;
        CreateBiThrTree(&(*T)->lchild);        //递归构造左子树
        if((*T)->lchild)
            (*T)->LTag=Link;
        CreateBiThrTree(&(*T)->rchild);        //递归构造右子树
        if((*T)->rchild)
            (*T)->RTag=Link;
    }
    return 1;
}
```

2. 线索二叉树的中序遍历线索化

中序遍历二叉树 T，并将其中序线索化，Thrt 指向头结点。

算法 6.8 线索二叉树的中序遍历

```
BiThrTree pre;                          //全局变量，始终指向刚刚访问过的结点
void InThreading(BiThrTree p)
{
```

```
    if(p)
    {
        InThreading(p->lchild);                 //递归左子树线索化
        if(!p->lchild)
        {
            p->LTag=Thread;
            p->lchild=pre;
        }
        if(!pre->rchild)
        {
            pre->RTag=Thread;
            pre->rchild=p;
        }
        pre=p;                                  //保持 pre 指向 p 的前趋
        InThreading(p->rchild);                 //递归右子树线索化
    }
}

int InOrderThreading(BiThrTree *Thrt,BiThrTree T)
{
    *Thrt=(BiThrTree)malloc(sizeof(BiThrNode));
    if(!*Thrt)
        exit(OVERFLOW);
    (*Thrt)->LTag=Link;
    (*Thrt)->RTag=Thread;
    (*Thrt)->rchild=(*Thrt);
    if(!T)
        (*Thrt)->lchild=*Thrt;
    else
    {
        (*Thrt)->lchild=T;
        pre=(*Thrt);
        InThreading(T);                         //中序遍历进行中序线索化
        pre->rchild=*Thrt;
        pre->RTag=Thread;
        (*Thrt)->rchild=pre;
    }
    return OK;
}
```

在算法 6.8 中 InThreading 函数的虚线框部分中，if(!p->lchild) 表示如果某结点的左指针域为空，因为其前趋结点刚刚访问过，赋值给了 pre，所以可以将 pre 赋值给 p->lchild，并修改 p->LTag = Thread (也就是定义为 1)以完成前趋结点的线索化。

后继就要稍微麻烦一些。因为此时 p 结点的后继还没有访问到，因此只能对它的前趋结点 pre 的右指针 rchild 进行判断。if(!pre->rchild) 表示如果为空，则 p 就是 pre 的后继，于是 pre->rchild=p，并且设置 pre->RTag=Thread，以完成后继结点的线索化。

完成前趋和后继的判断后，别忘记将当前的结点 p 赋值给 pre，以便于下一次使用。

3. 中序遍历二叉线索树

T 为二叉线索树的头结点，我们用非递归方式来实现，具体代码见算法 6.9。

算法 6.9 中序遍历二叉线索树

```
int InOrderTraverse_Thr(BiThrTree T)
{
    BiThrTree p;
    p=T->lchild;                        //p 指向根结点
    while(p!=T)                         //空树或遍历结束时,p==T
    {
    while(p->LTag==Link)                //当 LTag=0 时循环到中序序列第一个结点
        p=p->lchild;
    if(!visit(p->data))                 //访问其左子树为空的结点
        return ERROR;
    while(p->RTag==Thread&&p->rchild!=T)
    {
        p=p->rchild;
        visit(p->data);                 //访问后继结点
    }
    p=p->rchild;
    }
    return 1;
}

int visit(int e)
{
    printf("%c ",e);
    return OK;
}
```

其中，p=T->lchild 的意思就是图 6.32(a)中的①，让 p 指向根结点开始遍历。while(p!=T)的意思就是循环直到图 6.32(a)中的④出现，此时意味着 p 指向了头结点，于是与 T 相等(T 是指向头结点的指针)，结束循环，否则一直循环下去进行遍历操作。while(p->LTag==Link)这个循环，就是由 A→B→D。此时 D 结点的 Ltag 不是 Link(即 Ltag 不等于 0)，所以结束此循环。此时指针 p 指向 D，执行 visit(p->data)，输出 D。while(p->RTag==Thread&&p->rchild!=T)是在 Rtag 为 Thread(即 Rtag 等于 1)且 p->rchild 不指向头结点的情况下执行此循环，当 p 指向 D 时，由于 p->rchild 为 0，所以不执行此循环。执行 p=p->rchild 使 p 指向结点 G。因为 p!=T，所以接着执行 while(p!=T)循环，直到依次输出 BAECHF。最后 p 指向了头结点，即 p=T，循环终止。

从这段代码可以看出，它相当于对一个链表的扫描，所以时间复杂度为 O(n)。由于它充分利用了空指针域的空间(这意味节省了空间)，又保证了创建时的一次遍历就可以终生受用前趋、后继的信息(这意味着节省了时间)。所以在实际问题中，如果所用的二叉树需经常遍历或查找结点时需要某种遍历序列中的前趋和后继，那么采用线索二叉链表的存储结构是非常不错的选择。

注意

(1) 在中序、先序和后序线索二叉树中，所有实践均相同，即线索化之前的二叉树相同，所有结点的标志位取值也完全相同，只是当标志位取 1 时，不同的线索二叉树将用不同的虚线表示，即不同的线索树中线索指向的直接前趋结点和直接后继结点不同。

(2) 学习线索化时，有 3 点必须注意：

① 何种“序”的线索化，是先序、中序还是后序。

② 要“前趋”线索化、“后继”线索化还是“全”线索化(前趋后继都要)。

③ 只有空指针处才能加线索。

4. 线索二叉树的查找

(1) 在中序线索二叉树中查找结点*p 的前趋和后继。若结点的 Ltag=1，lchild 指向其前趋；否则，该结点的前趋是以该结点为根的左子树上按中序遍历的最后一个结点。若 Rtag=1，rchild 指向其后继；否则，该结点的后驱是以该结点为根的右子树上按中序遍历的第一个结点。求后继和前趋的代码分别见算法 6.10 和算法 6.11。

算法 6.10 在中序线索二叉树上查找后继

```
BiThrTree * InOrderPostNode (BiThrTree *p)
{
    if (p->RTag==1) return(p->rchild);
    else {
        q=p->rchild;                              //找右子树最先访问的结点
        while (q->LTag==0) q=q->lchild;
        return(q);
    }
}
```

算法 6.11 在中序线索二叉树上查找前趋

```
BiThrTree * InOrderPreNode (BiThrTree *p)
{
    if (p->LTag==1) return(p->lchild);
    else {
        q=p->lchild;                              //找左子树最后访问的结点
        while (q->RTag==0) q=q->rchild;
        return(q);
    }
}
```

(2) 在后序线索二叉树中查找结点*p 的前趋：若结点*p 无左子树，则 p->lchild 指向

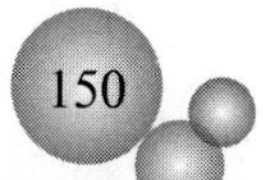

其前趋。若结点*p 有左子树，当其右子树为空时，其左子树的根(即 p->lrchild)为其后序前趋；当其右子树非空时，其右子树的根(即 p->rchild)为其后序前趋。

在后序线索二叉树中查找结点*p 的后继：若结点*p 为根，则无后继；若结点*p 为其双亲的右孩子，则其后继为其双亲；若结点*p 为其双亲的左孩子，且双亲无右子女，则其后继为其双亲；若结点*p 为其双亲的左孩子，且双亲有右子女，则结点*p 的后继是其双亲的右子树中按后序遍历的第一个结点。所以，求后序线索二叉树中结点的后继要知道其双亲的信息，要使用栈，所以说后序线索二叉树是不完善的。

(3) 在先序线索二叉树中查找结点的后继较容易，而查找前趋要知道其双亲的信息，要使用栈，所以说先序线索二叉树也是不完善的。

6.5 二叉排序树

6.5.1 二叉排序树的基本概念

二叉排序树(binary sort tree)又称二叉查找(搜索)树(binary search tree)。其定义为二叉排序树或者是空树，或者是满足如下性质的非空二叉树：

(1) 若它的左子树非空，则左子树上所有结点的值均小于根结点的值。

(2) 若它的右子树非空，则右子树上所有结点的值均大于根结点的值。

(3) 左、右子树本身又各是一棵二叉排序树。

上述性质简称二叉排序树性质(BST 性质)，故二叉排序树实际上是满足 BST 性质的二叉树。

由 BST 性质可知其特点如下：

(1) 二叉排序树中任一结点 x，其左(右)子树中任一结点 y(若存在)的关键字必小(大)于 x 的关键字。

(2) 二叉排序树中，各结点关键字是唯一的。

需要注意的是，在实际应用中，不能保证被查找的数据集中各元素的关键字互不相同，所以可将二叉排序树定义中 BST 性质(1)里的“小于”改为“小于等于”，或将 BST 性质(2)里的“大于”改为“大于等于”，甚至可同时修改这两个性质。

(3) 按中序遍历该树所得到的中序序列是一个递增有序序列。

图 6.33 所示的两棵树均是二叉排序树，它们的中序序列均为有序序列：2，3，4，5，7，8。

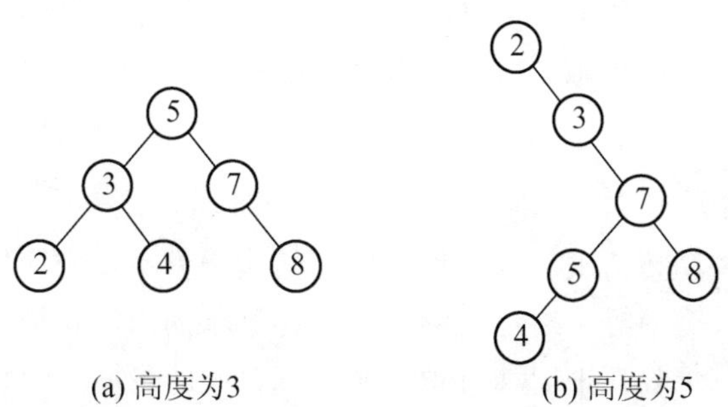

图 6.33 两棵二叉排序树

6.5.2 二叉排序树的生成

设已知一组待排序的数据，若要构造出对应的一个二叉排序树，一般采取从空树开始陆续插入一系列结点的办法，逐步生成对应的二叉排序树。即首先以第 1 个数据构成根结点，以后对应每个数据插入一个结点，在插入过程中，原有结点的位置均不再变动，只是将新数据结点作为一个端结点插入到合适的位置处，使树中任何结点的数据与其左、右子树结点数据之间的关系都符合二叉排序树的要求。例如，若待排序的数据为一组正整数，即

$$\{12, 17, 22, 7, 12, 32, 11, 9\}$$

首先以第 1 个数据“12”作为整个树的根结点，以后的数据均作为它的子孙结点，其中，数值小于 12 的结点应置于根结点的左子树，否则置于它的右子树；第 2 个数据“17”与根结点数据相比，数值比根结点数值大，相应的结点应是根结点的右儿子结点；第 3 个数据“22”既比根结点数据值大，也比它的右儿子结点的数据值“17”大，故它是“17”结点的右儿子结点；数据“7”比较容易处理，因为它比根结点数据值小，且根结点尚无左子树，故该结点作为根结点的左儿子结点；再下一个数据“12”比根结点的数值大(相等也算作大)，但比根结点的右儿子结点数值“17”小，此结点作为数值“17”结点的左儿子结点；依次进行下去，直到最后一个数据“9”，它比根结点数值小，比根结点左儿子结点数值“7”大，又比“7”的右儿子结点“11”数值小，故此结点应是“11”的左儿子结点。整个过程的各个步骤如图 6.34 所示。

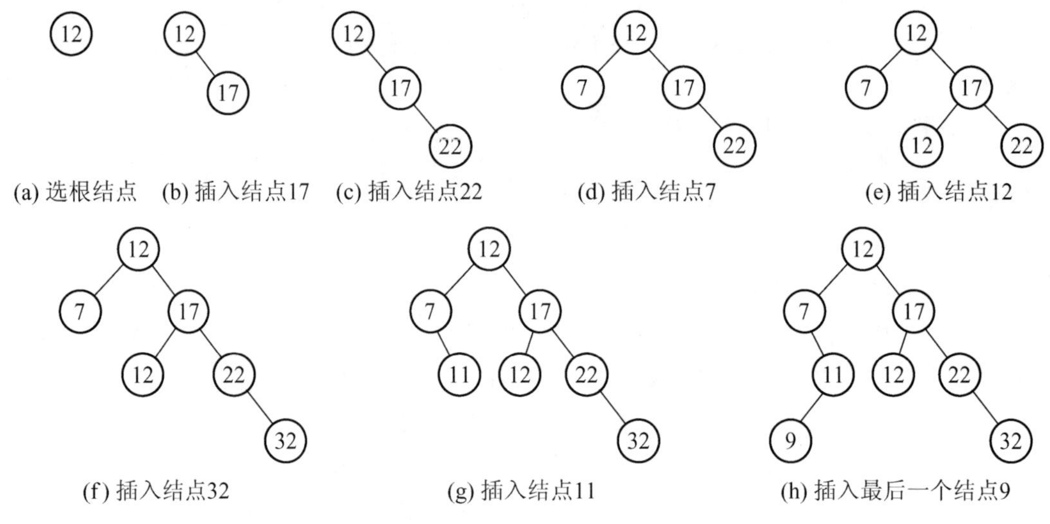

图 6.34 二叉排序树的生成过程

6.5.3 二叉排序树的插入

二叉排序树是一种动态树表。其特点是树的结构通常不是一次生成的，而是在查找过程中，当树中不存在关键字等于给定值的结点时再进行插入。新插入的结点一定是一个新添加的叶子结点，并且是查找不成功时查找路径上访问的最后一个结点的左孩子或右孩子结点。其插入代码见算法 6.12。

算法 6.12 二叉树的插入

```
int InseatBST(BiTree *T, int key)
{
        BiTree p,s;
         if (!SearchBST (*T,key,NULL,&p))
         {
              s=(BiTree)malloc(sizeof(BiNode));
              s->data=key;
              s->lchild=s->rchild=NULL;
              if(!p)
                  *T=s;                     //插入 s 为新的根结点
              else if (key<p->data)
                  p->lchild=s;
              else
                  p->rchild=s;
              return TURE;
         }
         else
              return  FALSE;         //树中已有关键字相同的结点，不再插入
}
```

其中，SearchBST( )是二叉排序树的递归查找函数，具体代码详见算法 9.4。

6.5.4 二叉排序树的删除

对于一般的二叉树来说，删去树中的一个结点是没有意义的，因为它将使以被删除的结点为根的子树变成森林，破坏了整棵树的结构，但是对于二叉排序树，删去树上的一个结点相当于删去有序序列中的一个记录，只要在删除某个结点后不改变二叉树的特性即可。在二叉排序树上删除一个结点的代码见算法 6.13。

算法 6.13 二叉排序树的删除

```
int DeleteBST(BiTree *T,int x)
{
    if(!*T)
        return FALSE;
    else
    {
        if (x==(*T)->data)          //找到关键字等于 x 的数据元素
            return Delete(T);
        else if (x<(*T)->data)
            return DeleteBST(&(*T)->lchild,x);
        else
            return DeleteBST(&(*T)->rchild,x);
    }
}
int Delete(BiTree *p)                  //从二叉排序树中删除结点 p，并重接它的左或右子树
```

```
{
    BiTree q,s;
    if((*p)->rchild==NULL) //右子树空则只需重接它的左子树(待删结点是叶子也走此分支)
    {
        q=*p; *p=(*p)->lchild; free(q);
    }
    else if((*p)->lchild==NULL)  //只需重接它的右子树
    {
        q=*p; *p=(*p)->rchild; free(q);
    }
    else                         //左、右子树均不空
    {
        q=*p; s=(*p)->lchild;
        while(s->rchild)         //找待删结点的前趋
        {
            q=s;
            s=s->rchild;
        }
        (*p)->data=s->data;      //s指向被删结点的直接前趋(将被删结点前
                                   趋的值取代被删结点的值)
        if(q!=*p)
            q->rchild=s->lchild;
        else
            q->lchild=s->lchild;
        free(s);
    }
    return TRUE;
}
```

6.6 应用实践

6.6.1 等价类问题

1. 等价类问题中的相关概念

等价关系(equivalence relation)：假定有一个具有n个元素的集合U={1, 2,⋯, n}，另有一个具有r个关系的集合R={(i_1, j_1), (i_2, j_2),⋯,(i_r, j_r)}。关系R是一个等价关系，当且仅当如下条件为真时成立：①对于所有的a，有(a, a)∈R时，即关系是自反的；②当且仅当(b, a)∈R时，(a, b)∈R，即关系是对称的；③若(a, b)∈R且(b, c)∈R，则有(a, c)∈R，即关系是传递的。

等价类：设R是集合S的等价关系，对任何x∈S，集合$[x]_R$={y| y∈S, xRy}称为由x生成的一个R等价类。R可产生集合S的唯一划分，即可以按R将S划分为若干不相交的子集S1, S2, ⋯，这些子集S_i称为S的R等价类。简言之，若(a, b)∈R，则元素a和b等价。等价类是集合中相互等价的元素的最大子集合。

等价类问题是指能够归结为按给定的等价关系划分某集合为等价类的应用问题。

2. 划分等价类的算法思想

问题的描述：假设集合 S 有 n 个元素，m 个形如(x, y)(x, y∈S)的等价偶对确定了等价关系 R，需求 S 的划分。

其算法实现步骤表述如下：

(1) 令 S 中每个元素各自形成一个只含单个元素的子集，记为 $S_1, S_2, \cdots, S_n$。

(2) 依次扫描 m 个偶对，对每个扫描的偶对(x, y)，判定 x 和 y 所属的子集。假设 $x\in S_i$，$y\in S_j$，若 $S_i\neq S_j$，则将 S_i 并入 S_j 并置 S_i 为空(或将 S_j 并入 S_i 并置 S_j 为空)。当 m 个偶对都被处理后，S_1，S_2，$\cdots$,S_n 中所有非空子集即为 S 的 R 等价类。

3. 划分等价类中的基本操作及实现

由上述算法可见，划分等价类对集合 S(其中 $S_1\cup S_2\cup\cdots\cup S_n = S$, $S_i\in S$, i=1, 2, ⋯, n)的操作主要有 3 个：

(1) void initial(MFSet &S, int m, DataType *x)：初始化操作，构造一个由 m 个子集(每个子集只含单个元素 x[i])构成的集合 S。

(2) int find_mfset(MFSet S, int i)：判定某个单元素 x[i]所在的子集 S。

(3) int merge_mfset(MFSet &S, int i, int j)：归并两个互不相交的非空集合 S_i 和 S_j，将其中一个并入另一个中。

以上 3 个操作都是对集合进行的操作。因此，首先确定集合这种数据类型的实现方法。集合的实现方法有位向量表示法、有序表表示法和树形结构表示法等。选择哪种表示法主要取决于该集合的大小及对该集合进行的操作。根据划分等价类问题中集合的特点和 find、merge 操作的特点，选择利用树形结构表示集合。

在此约定以森林 $F=(T_1, T_2, \cdots, T_n)$表示集合 S，森林中的每一棵树 T_i(i =1, 2,⋯, n)表示 S 中的一个子集 S_i ($S_i\in S$, i=1,2,⋯,n)，树中每个结点表示子集中的一个元素 x。另外，每个结点中包含一个指向其双亲的指针，并约定根结点的元素值为所在子集的名称。

基于上述约定，对于查找操作的实现，只要从该元素结点出发，顺着指向双亲的指针查找，直到找到该元素所在树的根结点为止；对于合并操作的实现，只要将一棵子集树的根指向另一棵子集树的根即可。例如，图 6.35(a)和图 6.35(b)中的两棵树分别表示子集 S_1={1,3,5,7}和 S_2={2,4,6}，可以说元素 1,3,5,7 在以 1 为根的子集中，元素 2,4,6 在以 2 为根的子集中。图 6.35(c)实现了 $S_3=S_1\cup S_2$。可见约定中的树形结构易于实现集合的查找与合并的操作。其实现代码详见算法 6.14～算法 6.16。

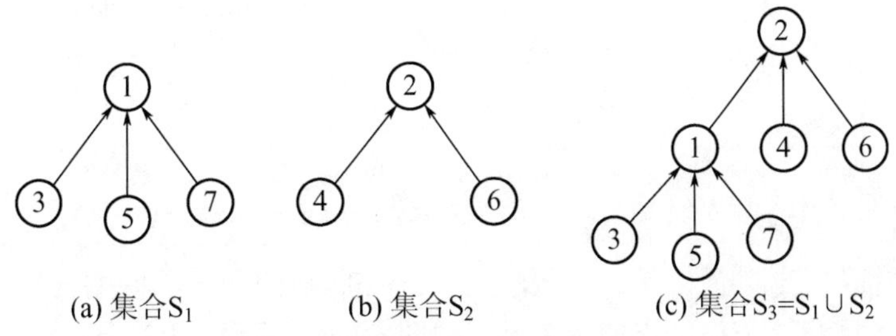

图 6.35　集合合并前后示意图

为了便于操作的实现，树形结构采用双亲表示法表示存储结构。

1) 初始化操作的实现

在初始化的过程，集合 S 中有 m 个子集，每个子集只含有一个元素，分别为 x[1], x[2], …, x[m]。

算法 6.14 初始化操作的实现

```
typedef PTree MFSet;

void initial(MFSet &S, int m, DataType *x)
{
    S.n=m;
    for(int i=1;i≤m;i++)
    {
        S.nodes[i].data=x[i];
        S.nodes[i].parent=0;
    }
```

2) 确定集合 S 中元素 x[i]所属子集的根

算法 6.15 确定集合 S 中元素 x[i]所属子集的根

```
int find_mfset(MFSet S, int i)
{
    if(i<1 || i>S.n) return -1;                    //i 不属于 S 中的任何子集
    for(j=i; S.nodes[j].parent>0; j=S.nodes[j].parent);
    return j;
}
```

3) 求并集 $S_i \cup S_j$

在求并集的过程中，S.nodes[i]和 S.nodes[j]分别为 S 的互不相交的两个子集 S_i 和 S_j 的根结点。

算法 6.16 求并集 $S_i \cup S_j$

```
int merge_mfset(MFSet &S,int i,int j)
{
    if(i<1 || i>S.n || j<1 || j>S.n) return ERROR;
    S.nodes[i].parent=j;
    return OK;
}
```

通过上面代码，我们知道，算法 find_mfset 和 merge_mfset 的时间复杂度分别为 O(d)和 O(1)。其中 d 是树的深度，其值和树的形成过程有关。

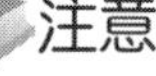注意

以上 x[i]取值为 i，为方便起见，下面直接以 i 表述相应结点。

(1) 最坏的情况。当集合 S 有 n 个子集 $S_1, S_2, \cdots, S_n$，且每个子集只有一个成员 $S_i=\{i\}$ (i=1, 2, …, n)，由 n 棵只有一个根结点的树表示。如图 6.36(a)所示。现进行 n-1 次合并操作，并假设每次都是含元素多的根结点指向含元素少的根结点，则最后得到的集合树的深度为 n，如图 6.36(b)所示。若假设每次合并后都要进行查找元素“1”的操作，则全部操作的时间复杂

度为 $O(n^2)$。改进合并/查找算法性能的办法是根据“重量规则”或“高度规则”进行合并操作。

重量规则：若树 i 结点数少于树 j 结点数，将 j 作为 i 的父结点，否则将 i 作为 j 的父结点。

高度规则：若树 i 的高度小于树 j 的高度，将 j 作为 i 的父结点，否则将 i 作为 j 的父结点。

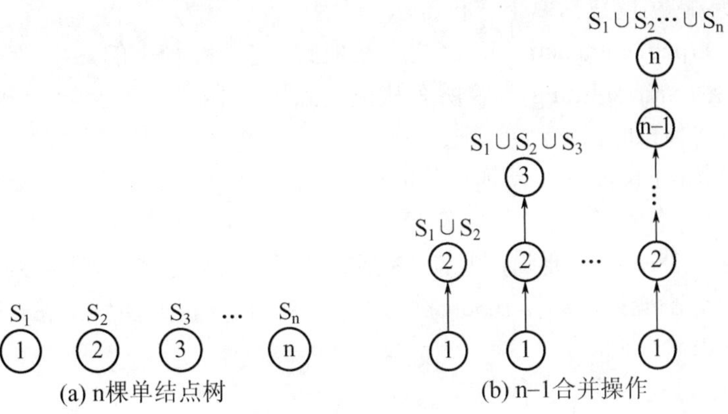

图 6.36　结点合并示意图

以按照“重量规则”对合并算法进行改进为例。为此，需要修改相应的存储结构：令根结点的 parent 域存储子集中所含元素数目的负值。合并改进算法见算法 6.17。其中 S.nodes[i]和 S.nodes[j]分别为 S 的互不相交的两个子集 S_i 和 S_j 的根结点，求并集 $S_i \cup S_j$。

算法 6.17　合并算法的改进

```
void mix_mfset(MFSet &S,int i,int j)
{
    if(i<1 || i>S.n || j<1 || j>S.n) return ERROR;
    if(S.nodes[i].parent > S.nodes[j].parent)        //Si所含元素比Sj少
    {
        S.nodes[j].parent += S.nodes[i].parent
        S.nodes[i].parent=j;
    }
    else{
        S.nodes[i].parent += S.nodes[j].parent;
        S.nodes[j].parent = i;
    }
    return OK;
}
```

图 6.36(a)所示的 n 个子集合按照“重量规则”经过 n−1 次合并后如图 6.37 所示，其每次合并后查找元素“1”的时间复杂度变为 O(n)。

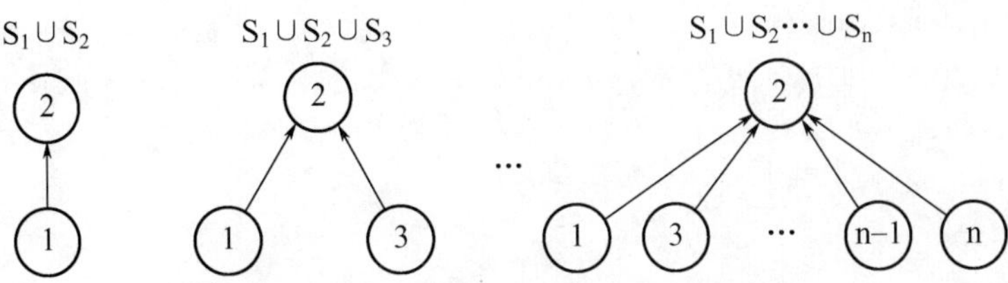

图 6.37　按重量规则进行 n−1 次合并

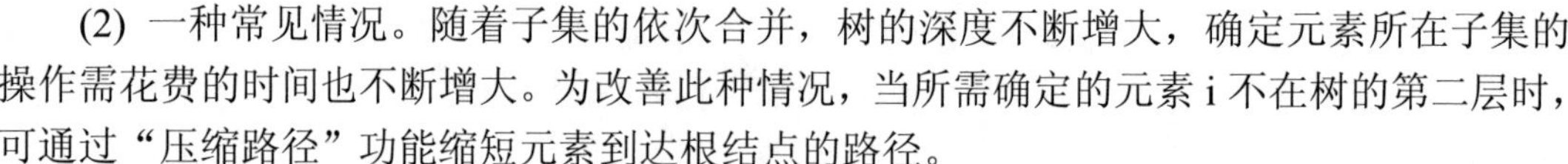

(2) 一种常见情况。随着子集的依次合并，树的深度不断增大，确定元素所在子集的操作需花费的时间也不断增大。为改善此种情况，当所需确定的元素 i 不在树的第二层时，可通过“压缩路径”功能缩短元素到达根结点的路径。

“压缩路径”的实现包括以下 3 种方法。

① 路径紧凑(path compaction)：将所有从根到元素 i 路径上的元素都变成根的孩子。

② 路径分割(path splitting)：将所有从根到元素 i 路径上的元素(除根和其子结点)的 parent 域值变为其各自的祖父结点。

③ 路径对折(path halving)：将所有从根到元素 i 路径上每隔一个结点(除根和其子结点)的 parent 域值变为其各自的祖父结点。在路径对折中，parent 域改变数仅为路径分割中的一半。

例如，在图 6.38(a)中，要确定元素 13 所在的子集，经过路径紧凑变换后如图 6.38(b)所示，经过路径分割变换后如图 6.38(c)所示，经过路径对折变换后如图 6.38(d)所示。

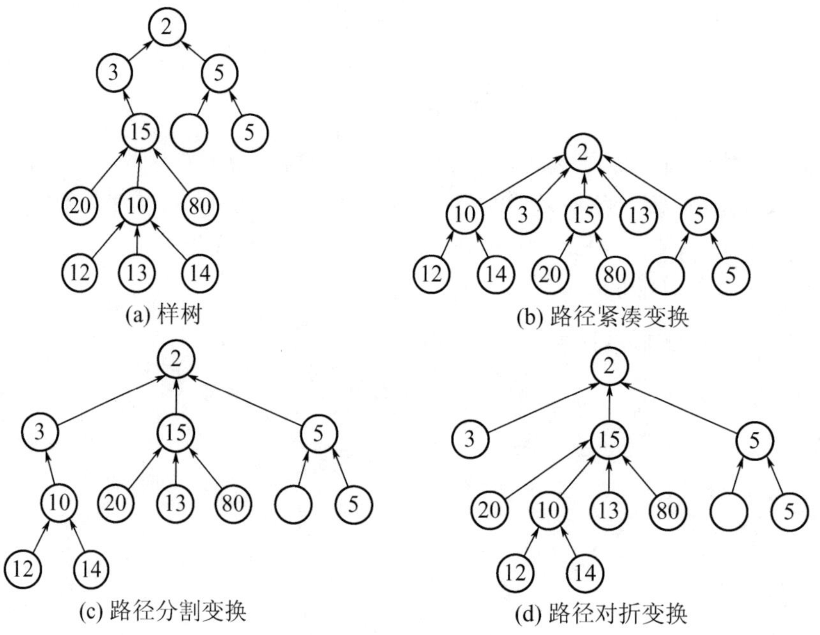

(a) 样树　(b) 路径紧凑变换　(c) 路径分割变换　(d) 路径对折变换

图 6.38　压缩路径举例

这里我们只介绍带“路径紧凑”功能的确定元素所在子集的实现，详见算法 6.18。

算法 6.18　确定元素所在子集

```
int compaction_mfset(MFSet &S,int i)
{
    //确定 i 所在子集，并将从 i 至根路径上所有结点变为根的孩子结点
    if(i<1 || i>S.n)return-1;                    //i 不是 S 中的任何子集的元素
        for(j=i;S.nodes [j] .parent>0;j=S.nodes [j] .parent);
    for(k=i;k !=j;k=t){
        t=S.nodes [k] .parent;
        S.nodes [k] .parent=j;
    }
```

```
    return j;
}
```

6.6.2　最优二叉树(哈夫曼树)

在实际应用中，常常要考虑一个问题：如何设计一棵二叉树，使得执行路径最短，即算法的效率最高。

现以铁球分类问题讨论这个问题。有一批球磨机上的铁球，需要将它分成4类：直径不大于20的属于第一类，直径大于20而不大于50的属于第二类，直径大于50而不大于100的属于第三类，其余的属于第四类；假定这批球中属于第一、第二、第三、第四类铁球的个数之比例是1∶2∶3∶4。

我们可以把这个判断过程表示为图6.39所示的两种方法。

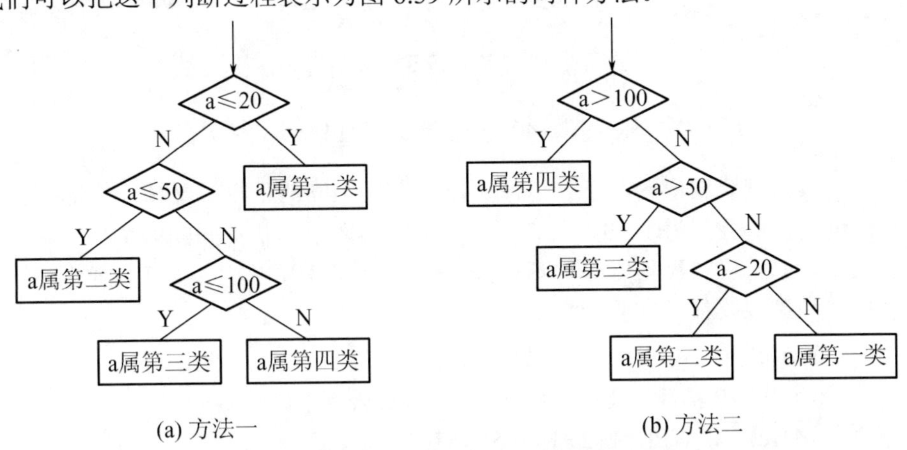

图6.39　判断二叉树示意图

那么究竟将这个判断过程表示成哪一个判断框，才能使其执行时间最短呢？让我们对上述判断框进行具体的分析。

假设有1000个铁球，则各类铁球的个数分别为100、200、300、400。对于图6.39(a)、图6.39(b)比较的次数分别见表6-1。

表6-1　两种判断二叉树方法的比较次数

图6.39(a)			图6.39(b)		
序号	比较式	比较次数	序号	比较式	比较次数
1	a≤20	1000	1	a>100	1000
2	a≤50	900	2	a>50	600
3	a≤100	700	3	a>20	300
合计		2600	合计		1900

经过上述分析可知，图6.39(b)所示的判断框的比较次数远远小于图6.39(a)所示的判断框的比较次数。为了找出比较次数最少的判断框，将涉及树的(带权)路径长度问题。

那么什么是二叉树的带权路径长度呢？

我们知道，一棵最优二叉树，也称哈夫曼(Huffman)树，是指对于一组带有确定权值的叶子结点，构造的具有最小带权路径长度的二叉树。

在前面我们介绍过路径和结点的路径长度的概念，而二叉树的路径长度则是指由根结点到所有叶子结点的路径长度之和。如果二叉树中的叶子结点都具有一定的权值，则可将这一概念加以推广。设二叉树具有 n 个带权值的叶子结点，那么从根结点到各个叶子结点的路径长度与相应结点权值的乘积之和叫作二叉树的带权路径长度，通常记作 $WPL = \sum_{k=1}^{n} W_k L_k$。其中 W_k 为第 k 个叶子结点的权值，L_k 为第 k 个叶子结点的路径长度。如图 6.40 所示的二叉树，它的带权路径长度值 WPL=2×2+4×2+5×2+3×2=28。

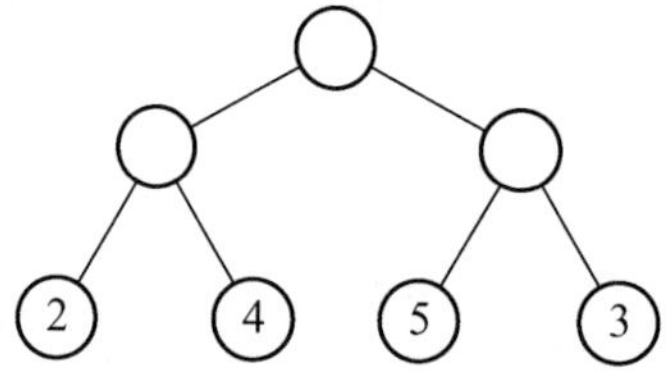

图 6.40　一个带权二叉树

给定一组具有确定权值的叶子结点，可以构造出不同的带权二叉树。例如，给出 4 个叶子结点，设其权值分别为 1、3、5、7，我们可以构造出形状不同的多个二叉树。这些形状不同的二叉树的带权路径长度将各不相同。图 6.41 给出了其中 5 个不同形状的二叉树。

这 5 棵树的带权路径长度分别如下。

(1) 在图 6.41(a)中，WPL=1×2+3×2+5×2+7×2=32。

(2) 在图 6.41(b)中，WPL=1×3+3×3+5×2+7×1=29。

(3) 在图 6.41(c)中，WPL=1×2+3×3+5×3+7×1=33。

(4) 在图 6.41(d)中，WPL=7×3+5×3+3×2+1×1=43。

(5) 在图 6.41(e)中，WPL=7×1+5×2+3×3+1×3=29。

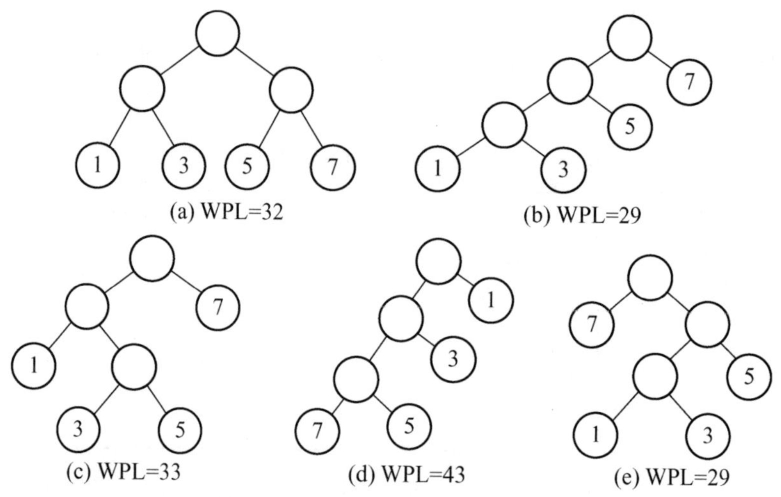

图 6.41　具有相同叶子结点不同带权路径长度的二叉树

由此可见，由相同权值的一组叶子结点所构成的二叉树有不同的形态和不同的带权路径长度，那么，如何找到带权路径长度最小的二叉树(即哈夫曼树)呢？根据哈夫曼树的定义，一棵二叉树要使其 WPL 值最小，必须使权值越大的叶子结点越靠近根结点，而权值越小的叶子结点越远离根结点。

那么，如何构造哈夫曼树呢？哈夫曼最早于 1952 年提出了一个带有一般规律的算法，俗称哈夫曼算法。具体如下：

(1) 由给定的 n 个权值$\{w_1,w_2,\cdots,w_n\}$构造 n 棵只有一个叶子结点的二叉树，从而得到一个二叉树的集合 $F=\{T_1,T_2,\cdots, T_n\}$；其中每棵二叉树 T_i 中只有一个带权为 w_i 的根结点，其左、右子树均空。

(2) 在 F 中选取根结点的权值最小和次小的两棵二叉树作为左、右子树构造一棵新的二叉树，这棵新的二叉树根结点的权值为其左、右子树根结点权值之和。

(3) 在集合 F 中删除作为左、右子树的两棵二叉树，并将新建立的二叉树加入到集合 F 中。

(4) 重复步骤(2)(3)，当 F 中只剩下一棵二叉树时，这棵二叉树便是所要建立的哈夫曼树。

图 6.42 给出了叶子结点权值集合为 W={1,3,5,7}的哈夫曼树的构造过程。可以计算出其带权路径长度为 29，由此可见，对于同一组给定叶子结点所构造的哈夫曼树，树的形状可能不同，但带权路径长度值是相同的，一定是最小的。

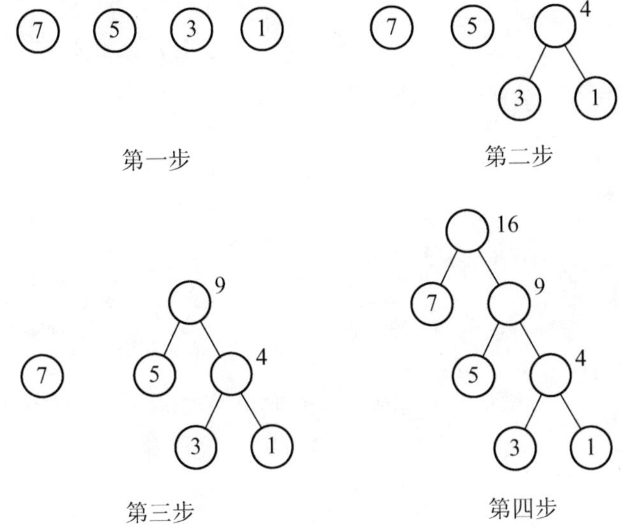

图 6.42　哈夫曼树的建立过程

1. 哈夫曼树的构造

总体来说，我们是用数组形式来设计哈夫曼树的。定义一个结构数组，存储 2n−1 个结点的值，包括权值、父结点、左结点和右结点等。数组生成树以后再进行哈夫曼编码。

定义各结点类型，其中应包含两类数据，即权重域和指针域，而指针域中应该包括指向左右孩子和指向双亲的指针，这里分别用 lchild、rdhild 和 parent 来表示。因此，可用静态三叉链表来实现，在实际构造中由于由叶子结点来构造新的根结点，其构造过程中仅与叶子结点的权重有关而与其数据域无关，所以构造过程中不用考虑其数值域，并且在链表中从叶子开始存放，然后不断地将两棵最小权值的子树合并为一棵权值为其和的较大的子树，逐步生成各自内部结点直到树根。下面给出哈夫曼树的构造算法，详见算法 6.19。

算法 6.19 哈夫曼树的构造

```
#define LEN 8
#define MAXLEAF 6                                //最大叶子结点数目
#define MAXNODE (MAXLEAF*2)-1

typedef struct                                   //哈夫曼树结点的结构
{
   int parent;
   int LChild;
   int RChild;
   DataType weight;
}HNode;

typedef HNode Huffman[MAXLEAF*2-1];

void createHuffmanTree(Huffman h,int leaves,DataType *weight) {
   int i,j;
   for(i=0;i<leaves*2-1;i++)
   {                                             //初始化哈夫曼树
      (h+i)->parent=-1;
      (h+i)->LChild=-1;
      (h+i)->RChild=-1;
      (h+i)->weight=0;
   }
   for(i=0;i<leaves;i++)
   {                                             //给叶子赋权重
      (h+i)->weight=*(weight+i);
   }
   /* 上一个循环叶子已经带权,下面这个循环用来生成新根。新根数量为 n-1 */
   for(i=0;i<leaves-1;i++)
   {
       DataType m1, m2;
       int m1_pos, m2_pos;
       m1=m2=65536;                         //m1 存放最小的权值，m2 存放次小的权值
       m1_pos=m2_pos=0;    //m1 存放最小的权值对应下标；m2 存放次小的权值对应下标
       for(j=0;j<leaves+i;j++)
       {
        if((h+j)->weight<m1&&(h+j)->parent==-1)
          {
              m2=m1;
              m1=(h+j)->weight;
              m2_pos=m1_pos;
              m1_pos=j;
          }
          else if((h+j)->weight<m2&&(h+j)->parent==-1)
          {
```

```
                m2=(h+j)->weight;
                m2_pos=j;
            }
        }
        (h+leaves+i)->parent=-1;             //生成新根，无双亲
        (h+leaves+i)->LChild=m1_pos;         //新根左孩子在数组中的下标
        (h+leaves+i)->RChild=m2_pos;         //新根右孩子在数组中的下标
        (h+m1_pos)->parent=leaves+i;         //原根的父亲位置
        (h+m2_pos)->parent=leaves+i;         //原根的父亲位置
        (h+leaves+i)->weight=m2+m1;
    }
}
```

2. 哈夫曼编码

哈夫曼编码是一种可变长编码方式，是二叉树的一种特殊转化形式。编码的原理是将使用次数多的代码转换成长度较短的代码，而使用次数少的可以使用较长的编码，并且保持编码的唯一可解性。

在数据通信中经常需要将传送的文字转换成由二进制字符 0、1 组成的二进制串，我们称之为编码。例如，假设要传送的电文为 ABACCDA，电文中只含有 A、B、C、D 这 4 种字符，若这 4 种字符采用图 6.43(a)所示的编码，则电文的代码为 000010000100100111000，长度为 21。在传送电文时，我们总是希望传送时间尽可能短，这就要求电文代码尽可能短，显然，这种编码方案产生的电文代码不够短。图 6.43(b)所示为另一种编码方案，用此编码对上述电文进行编码所建立的代码为 00010010101100，长度为 14。在这种编码方案中，4 种字符的编码均为两位，是一种等长编码。如果在编码时考虑字符出现的频率，让出现频率高的字符采用尽可能短的编码，出现频率低的字符采用稍长的编码，构造一种不等长编码，则电文的代码就可能更短。如当字符 A、B、C、D 采用图 6.43(c)所示的编码时，上述电文的代码为 011001010110，长度仅为 13。

字符	编码
A	000
B	010
C	100
D	111

(a) 方案 1

字符	编码
A	00
B	01
C	10
D	11

(b) 方案 2

字符	编码
A	0
B	110
C	10
D	11

(c) 方案 3

字符	编码
A	01
B	010
C	001
D	10

(d) 方案 4

图 6.43 字符的四种不同的编码方案

哈夫曼树可用于构造使电文的编码总长最短的编码方案。具体做法如下：设需要编码的字符集合为{d_1，d_2，…，d_n}，它们在电文中出现的次数或频率集合为{w_1，w_2，…，w_n}，以 d_1，d_2，…，d_n 作为叶子结点，w_1，w_2，…，w_n 作为它们的权值，构造一棵哈夫曼树，规定哈夫曼树中的左分支代表 0，右分支代表 1，则从根结点到每个叶子结点所经过的路径分支组成的 0 和 1 的序列便为该结点对应字符的编码，我们称为哈夫曼编码。

在哈夫曼编码树中，树的带权路径长度的含义是各个字符的码长与其出现次数的乘积之和，也就是电文的代码总长。所以采用哈夫曼树构造的编码是一种能使电文代码总长最

短的不等长编码。

在建立不等长编码时，必须使任何一个字符的编码都不是另一个字符编码的前缀(前缀编码)，这样才能保证译码的唯一性。例如，对于图 6.43(d)所示的编码方案，字符 A 的编码 01 是字符 B 的编码 010 的前缀部分，这样代码串 0101001，既是 AAC 的代码，也是 ABA 和 BDA 的代码，因此，这样的编码不能保证译码的唯一性，我们称之为具有二义性的译码。

然而，采用哈夫曼树进行编码，则不会产生上述二义性问题。因为，在哈夫曼树中，每个字符结点都是叶子结点，它们不可能在根结点到其他字符结点的路径上，所以一个字符的哈夫曼编码不可能是另一个字符的哈夫曼编码的前缀，从而保证了译码的非二义性。

为了不等长编码不是前缀编码，可用该字符集中的每个字符作为叶子结点生成一棵编码二叉树，为了获得传送电文的最短长度，可将每个字符的出现频率作为字符结点的权值赋予结点，求出此树的最小带权路径长度就等于求出了传送电文的最短长度。因此，求传送电文的最短长度问题就转化为求由字符集中的所有字符作为叶子结点，由字符的出现频率作为其权值所产生的哈夫曼树的问题。

例如，假定电文中只使用 A、B、C、D、E、F 这 6 种字符，若进行等长编码，它们分别需要 3 位二进制字符，可依次编码为 000、001、010、011、100、101。

由常识可知，电文中的每个字符的出现频率一般是不同的。假定在一份电文中，这 6 个字符的出现频率分别为 4、2、6、8、3、2，则电文被编码后的总长度 L=3×(4+2+6+8+3+2)=75。

根据前面所讨论的例子，生成的编码哈夫曼树如图 6.44 所示。其中，A、B、C、D、E、F 这 6 个字符的哈夫曼编码分别是 00、1110、01、10、110、1111。电文的最短传送长度为 L=WPL=4×2+2×4+6×2+8×2+3×3+2×4=61，显然，这要比等长编码所得到的传送总长度 75 要小得多。

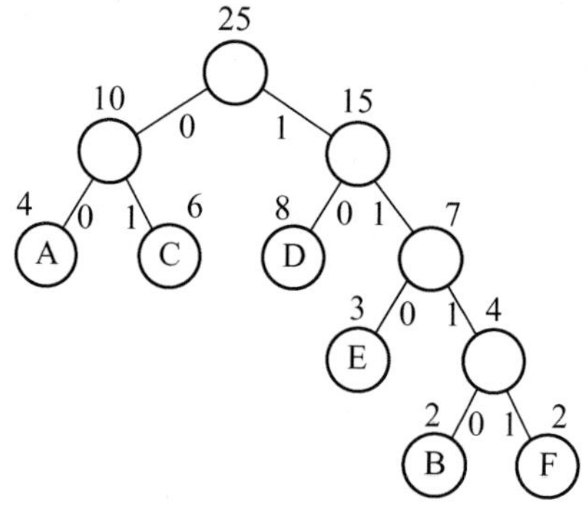

图 6.44 编码哈夫曼树

下面讨论实现哈夫曼编码的算法。实现哈夫曼编码的算法可分为两大部分：

(1) 构造哈夫曼树；

(2) 在哈夫曼树上求叶子结点的编码。

求哈夫曼编码，实质上就是在已建立的哈夫曼树中，从叶子结点开始，沿结点的双亲链域回退到根结点，每回退一步，就走过了哈夫曼树的一个分支，从而得到一位哈夫曼码值。由于一个字符的哈夫曼编码是从根结点到相应叶子结点所经过的路径上各分支所组成的 0、1 序列，所以先得到的分支代码为所求编码的低位码，后得到的分支代码为所求编码的高位码。因此，可用一维数组从后向前来存放各位编码值，并用 start 来记录编码的起始位置。我们可以设置一结构数组 HuffCode，用来存放各字符的哈夫曼编码信息。数组元素的结构如图 6.45 所示。

bit	start

图 6.45 哈夫曼编码的数组元素结构

其中，分量 bit 为一维数组，用来保存字符的哈夫曼编码；start 表示该编码在数组 bit 中的开始位置。所以，对于第 i 个字符，它的哈夫曼编码存放在 HuffCode[i].bit 中的从 HuffCode[i].start 到 n 的分量上。其具体的代码实现见算法 6.20。

算法 6.20 哈夫曼编码

```
typedef struct
{
    int start;                          //存放编码的起始位置右至左(高位至低位)
    int bit[LEN];                       //存放哈夫曼编码
}HCode;

typedef HCode HuffCode[MAXLEAF];
```

为此，其相应的哈夫曼编码实现如下：

```
void huffmancode(Huffman h,HuffCode code,int leaves)
{
    int i,j,p,c;
    HCode hf;

    for(i=0;i<leaves;i++)     //从叶子结点开始向上回溯，从而计算出哈夫曼编码
    {
        c=i;
        p=h[i].parent;
        hf.start=LEN-1;
        while(p!=-1) {
            if(h[p].LChild==c)
            {
                hf.bit[hf.start]=0;
            }
            else
            {
                hf.bit[hf.start]=1;
            }
            --hf.start;
            c=p;
            p=h[c].parent;
        }
```

```
        for(j=hf.start+1;j<LEN;j++){
            code[i].bit[j]=hf.bit[j];
        }
        code[i].start=hf.start+1;
    }
}
```

6.6.3 判定树问题

假定有 12 个外表完全相同的球，分别用 a～l 这 12 个字母表示，其中有且仅有一个球是不标准的。不标准的球的质量与真球的质量不同，可能轻，可能重。现要求以天平为工具，用最少的次数挑选出不标准的球，并判断这个球的质量比其他球是重还是轻。图 6.46 中大写字母 H 和 L 分别表示不标准球较其他球重或轻，括号中的字母表示已经判定的标准球。下面对这一判定方法加以说明，并进行分析，如图 6.46 所示。

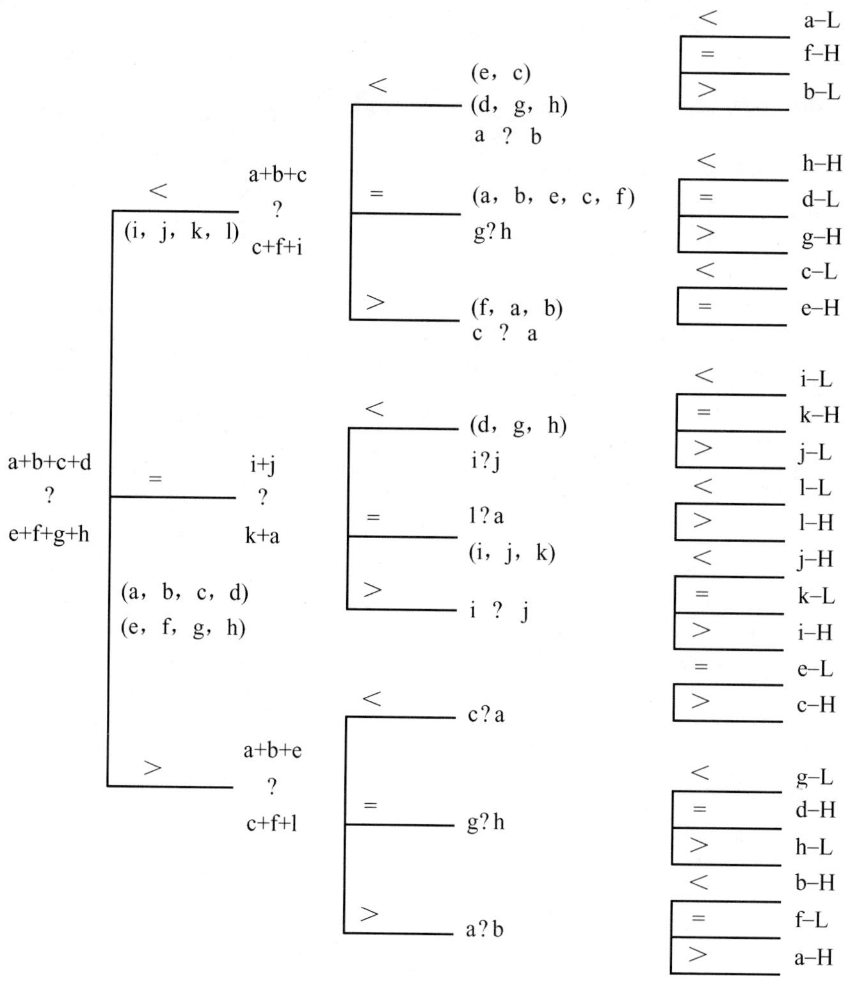

图 6.46　分析流程

从 12 个球中任取 8 个，假设是 a～h，在天平两端各放 4 个进行比较。假设 a、b、c 和 d 这 4 个球放在天平的一端，e、f、g 和 h 放在天平的另一端，可能出现的结果有以下 3

种：①$a+b+c+d > e+f+g+h$；②$a+b+c+d = e+f+g+h$；③$a+b+c+d < e+f+g+h$。

这里仅以第一种情况为例进行分析，由此情况可以知道，这 8 个球中必有一个不标准，说明 i、j、k 和 l 为标准球。这时可以将天平两端各去掉一个球，假设它们是 d 和 h，同时将天平两端的球各换一个，假设球 c 和 e 进行了互换，同时将球 g 换为标准球 l，然后进行第二次比较，那么比较的结果有以下 3 种：

(1) $a+b+e<c+f+l$，这时进一步检测 c 和 a。若 $c=a$，则因为 $b>f$，而 l 是标准球，所以可以判定球 e 轻；若 $c>a$，则 c 为重球。

(2) $a+b+e=c+f+l$，此时天平两端平衡，表明不标准的球在去掉的球 g、h 和 d 中，进一步测试 g 和 h。若 $g=h$，则 d 为较重的球；若 $g<h$，则可以判定球轻，否则 h 轻。

(3) $a+b+e>c+f+l$，显然 e 和 c 为标准球，不标准的球一定在 a、b、f 中，这时进一步检测 a 和 b。若 $a<b$，则 b 是较重的球；若 $a=b$，则 f 为较轻的球；若 $a>b$，则 a 是较重的球。

同理，其他的情况都可以如上分析。

本 章 小 结

本章讨论了树和二叉树两种数据类型的定义以及它们的实现方法。树是以分支关系定义的层次结构，结构中的数据元素之间存在着“一对多”的关系，因此，它为计算机应用中出现的具有层次关系或分支关系的数据，提供了一种自然的表示方法。例如，用树描述人类社会的族谱和各种社会组织机构。在计算机学科和应用领域中，树也得到广泛应用，例如，在编译程序中，用树来表示源程序的语法结构等。

二叉树是和树不同的另一种树形结构，它有明确的左子树和右子树，因此当用二叉树来描述层次关系时，其“左孩子”表示“下属关系”，而“右孩子”表示“同一层次的关系”。由于二叉树还是以后各章中讨论其他问题时经常用到的工具，因此二叉树的几个重要特性是我们应该熟练掌握的。例如，二叉树的第 i 层至多有 2^{i-1} 个结点；深度为 h 的二叉树至多有 2^h-1 个结点；对任何一棵二叉树 T，如果其终端结点数(即叶子结点数)为 n_0，度为 2 的结点数为 n_2，则 $n_0= n_2+1$。

树和二叉树的遍历算法是实现各种操作的基础。对非线性结构的遍历需要选择合适的搜索路径，以确保在这条路径上可以访问到结构中的所有数据元素，并使每一个数据元素只被访问一次。由于树和二叉树是层次分明的结构，因此按层次进行遍历是自然的事，它必能实现既访问到所有元素，又不会重复访问。此外，对树和二叉树还可进行先左后右的遍历。

遍历的实质是按某种规则将二叉树中的数据元素排列成一个线性序列，二叉树的线索链表便可看成二叉树的一种线性存储结构，在线索链表上可对二叉树进行线性化的遍历，即不需要递归，而是从第一个元素起，逐个访问后继元素直至后继为空止。因此线索链表是通过遍历生成的，即在遍历过程中保存结点之间的前趋和后继的关系，并为方便起见，在线索链表中添加一个头结点，并由此构成一个双向循环链表。在实际应用时也可简化为单向循环链表(即只保存后继或前趋关系)。

在本章的应用部分，介绍了最优二叉树(哈夫曼树)和最优前缀编码(哈夫曼编码)的构造方法，最优二叉树是一种“带权路径长度最短”的树，最优前缀编码是最优二叉树的一种应用。

习题与思考

6.1 单选题

1．设树 T 的度为 4，其中度为 1、2、3 和 4 的结点个数分别为 4、2、1、1，则 T 中的叶子数为(　　)。

A．6　　B．5　　C．9　　D．8

2．一棵具有 1025 个结点的二叉树的高度为(　　)。

A．12 和 1025 之间　　B．11　　C．11 和 1025 之间　　D．12

3．若高度为 H 的二叉树 F 只有度为 0 和度为 2 的结点，则 F 中所包含的结点数至少为(　　)。

A．2H−1　　B．2H+1　　C．2H　　D．H−1

4．已知某二叉树的后序遍历序列是 dabec，中序遍历序列是 debac，它的前序遍历是(　　)。

A．acbed　　B．decab　　C．deabc　　D．cedba

5．前序遍历和中序遍历结果相同的二叉树是(　　)。

A．所有结点只有右子树的二叉树　　B．所有结点只有左子树的二叉树

C．根结点无左孩子的二叉树　　D．根结点无右孩子的二叉树

6.2 填空题

1．某二叉树的前序序列和后序序列正好相反，则该二叉树一定是________的二叉树。

2．已知一算术表达式的中缀形式为 A+B*C−D/E，后缀形式为 ABC*+DE/−，其前缀形式为________。

3．引入二叉线索树的目的是________。

4．20 个结点的线索二叉树上含有的线索数为________。

5．由权值为(3，8，6，2，5)的叶子结点生成一棵哈夫曼树，其带权路径长度为________。

6.3 思考题

1．根据图 6.47 所示的一棵树回答下面问题：

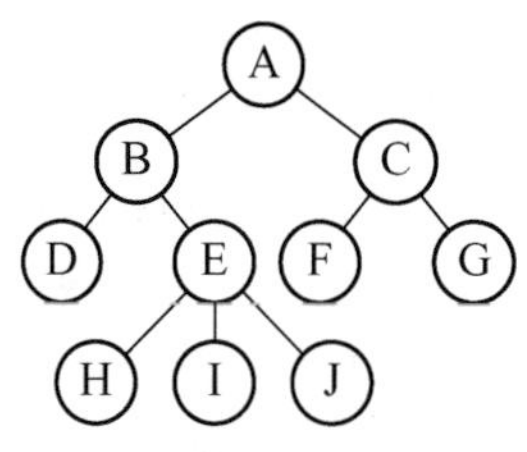

图 6.47　树

(1) 哪个是根结点？

(2) 哪些是叶子结点？

(3) 哪个是 E 的父结点？

(4) 哪些是 E 的子孙结点？

(5) 哪些是 E 的兄弟结点？哪些是 C 的兄弟结点？

(6) 结点B和结点I的层数分别是多少？

(7) 树的深度是多少？

(8) 以结点G为根的子树的深度是多少？

(9) 树的度是多少？

2．分别画出含3个结点的树与二叉树的所有不同形态。

3．高度为h的完全二叉树至少有多少个结点？最多有多少个结点？

4．采用顺序存储方法和链式存储方法分别画出图6.48所示的二叉树的存储结构。

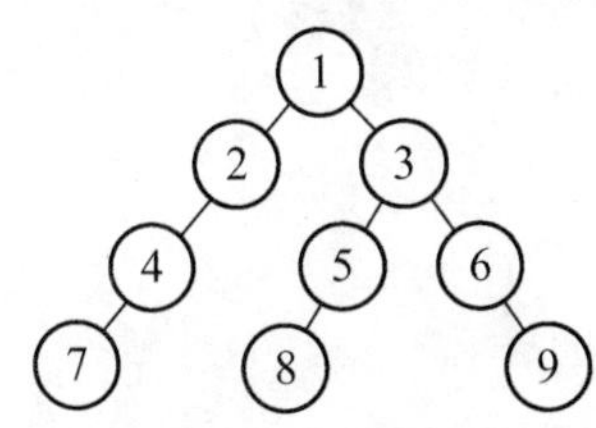

图6.48　二叉树

5．分别写出图6.48所示二叉树的前序、中序和后序遍历序列。

6．若二叉树中各结点值均不相同，根据如下条件画出此二叉树：

(1) 已知一个二叉树的中序遍历和后序遍历序列分别为GDHBAECIF和GHDBEIFCA，试画出此二叉树。

(2) 已知一个二叉树的前序遍历和中序遍历序列分别为ABCDEFGH和BDCEAFHG，试画出此二叉树。

7．输入一个正整数序列{55,34,18,88,119,11,76,9,97,99,46}，试构造一个二叉排序树。

8．有一份电文中共使用5个字符：a、b、c、d、e，它们出现的频率依次为5、2、1、6、4。试画出对应的哈夫曼树，并求出每个字符的哈夫曼编码。

9．输入关键字序列{53，25，76，20，48，14，60，84}，建立一棵二叉排序树，并指出该二叉树是否为平衡二叉树。

10．假设二叉排序树t的各元素值均不相同，设计一个算法按递增次序输出各元素值。

11．试设计一个算法，要求该算法把二叉树的叶子结点按从左到右的顺序连成一个单链表，表头指针为head。二叉树按二叉链表方式存储，链接时用叶子结点的右指针域来存放单链表指针。

12．二叉树采用二叉链表存储，编写计算整个二叉树高度的算法(二叉树的高度也称为二叉树的深度)。

13．试写一个算法，在后序线索二叉树中查找给定结点*p 在后序序列中的后继(二叉树的根结点指针并未给出)，并讨论实现算法对存储结构有何要求。

14．试编写算法，求给出二叉树上从根结点到叶子结点的一条路径长度等于树的深度减一的路径(即列出从根结点到该叶子结点的结点序列)，若这样的路径存在多条，则输出路径终点(叶子结点)在“最左”的一条。

图

学习目标

(1) 领会图的类型定义。

(2) 熟悉图的各种存储结构及其构造算法。

(3) 熟练掌握图的两种遍历及最小生成树、最短路径和拓扑排序算法。

(4) 理解各种图的应用问题算法。

知识结构图

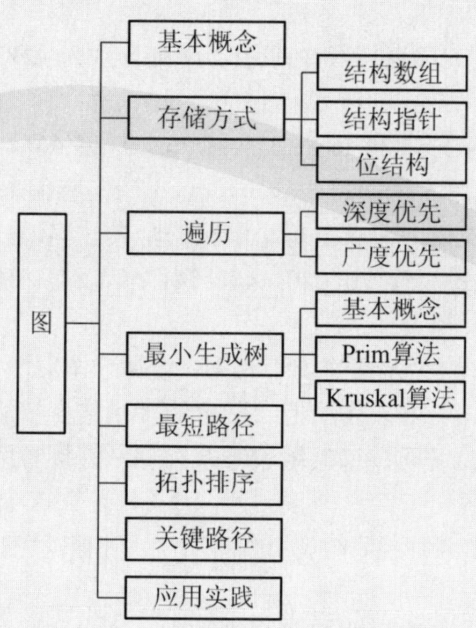

重点和难点

图的应用极为广泛，而且图的各种应用问题的算法都比较经典，因此本章重点在于理解各种图的算法及其应用场合。

学习指南

离散数学中的图论是专门研究图性质的一个数学分支，但图论注重研究图的纯数学性质，而数据结构中对图的讨论则侧重于在计算机中如何表示图，以及如何实现图的操作和应用等。图是比线性表和树更为复杂的数据结构，因此和线性表、树不同，虽然在遍历图的同时可以对顶点或弧进行各种操作，但更多图的应用问题(如求最小生成树和最短路径等)在图论的研究中都早已有了特定算法，在本章中主要介绍它们在计算机中的具体实现。这些算法乍一看都比较难，应多对照具体图例的存储结构进行学习。图遍历的两种搜索路径和树遍历的两种搜索路径极为相似，应将两者的算法对照学习以便提高学习的效益。

7.1　图的基本概念

图是一种比线性表和树更为复杂的数据结构。为了与树形结构加以区别，在图结构中常常将结点称为顶点，边是顶点的有序偶对。若两个顶点之间存在一条边，就表示这两个顶点具有相邻关系。

其由 V(G)和 E(G)这两个集合组成，记为 G=(V, E)，其中 V(G)是顶点(vertex)的非空集；E(G)是边(edge)的集合，特殊情况下 E(G)可以是空集。每个边由其所连接的两个顶点表示。

在图 7.1 所示的图结构中，一个是有向图，即每条边都有方向；另一个是无向图，即每条边都没有方向。

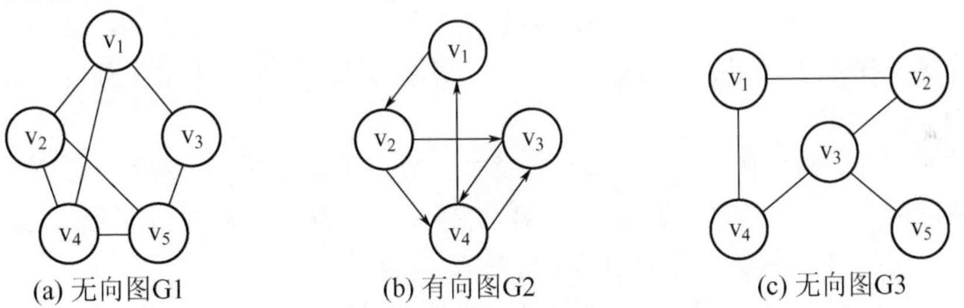

图 7.1　有向图和无向图

在一个图 G 中，如果任意两个顶点之间的连线(v_i, v_j) (称为边)是没有方向的，则称该图为无向图，如图 7.1(a)所示，V(G1)=$\{v_1,v_2,v_3,v_4,v_5\}$，而 E(G1)=$\{(v_1,v_2),(v_1,v_3), (v_1,v_4), (v_2,v_4), (v_2,v_5),(v_3,v_5), (v_4,v_5)\}$，因为 G1 的边没有方向，故$(v_1,v_2)$也可以写成$(v_2,v_1)$，$(v_2,v_5)$也可以写成$(v_5,v_2)$，等等。

在一个图 G 中，如果任意两个顶点之间的连线$<v_i, v_j>$ (称为弧)是有方向的，则称该图为有向图。如图 7.1(b)所示，V(G2)=$\{v_1,v_2,v_3,v_4\}$，而 E(G2)=$\{<v_1,v_2>, <v_2,v_3>, <v_2,v_4>, <v_3,v_4>, <v_4,v_3>, <v_4,v_1>\}$。

边集中的尖括号表示有向边，因而$<v_3,v_4>$和$<v_4,v_3>$表示两条不同方向的边。以$<v_3,v_4>$为例，v_3顶点称为此边的起点或尾，v_4顶点称为此边的终点或头。边的方向规定为从起点到终点，并用箭头表示出来。

在一个无向图中，如果任意两顶点都有一条直接边相连接，则称该图为无向完全图(图 7.2)。一个含有 n 个顶点的无向完全图中有 n(n−1)/2 条边。

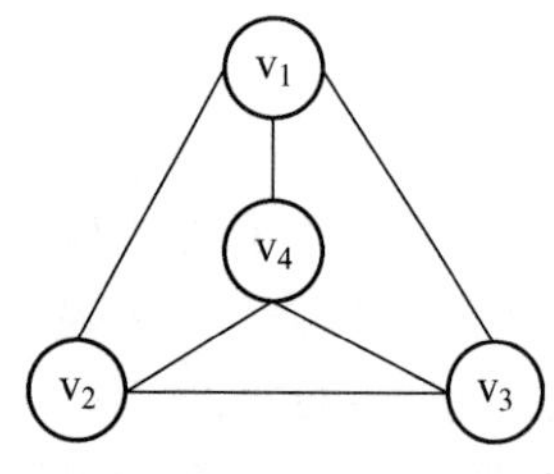

图 7.2 完全图 G4

有向图中，如果任意两顶点之间都有方向互为相反的两条弧相连接，则称该图为有向完全图。在一个含有 n 个顶点的有向完全图中有 n(n−1)条边。

若一个图接近完全图，称为稠密图(dense graph)；称边数很少的图为稀疏图(spares graph)。

顶点的度、入度、出度含义如下。

(1) 顶点的度(degree)是指依附于某顶点 v 的边数，通常记为 TD (v)。在有向图中要区别顶点的入度与出度的概念。

(2) 顶点 v 的入度是指以顶点 v 为终点(弧带箭头的一端)的弧的数目，记为 ID(v)。

(3) 顶点 v 的出度是指以顶点 v 为始点的弧的数目，记为 OD (v)。

(4) 有向图中某顶点的度为 TD (v_i)=ID (v_i)＋OD (v_i)。

在图 7.1 所示的 G1 图中，顶点 v_1 的度数为 3，顶点 v_3 的度数为 2……对于 G2，顶点 v_1 的入度为 1，出度为 1，所以该顶点的度数为 2。

与边有关的数据信息称为权(weight)。在实际应用中，权值可以有某种含义。边上带权的图称为网或网络(network)。

顶点 v_p 到顶点 v_q 之间的路径(path)是指顶点序列 $v_p,v_{i1},v_{i2},\cdots$，v_{im},v_q。其中，(v_p,v_{i1})，(v_{i1},v_{i2})，…，(v_{im},v_q)分别为图中的边。路径上边的数目称为路径长度。

回路、简单路径、简单回路含义如下。

(1) 序列中顶点不重复出现的路径称为简单路径。

(2) 路径中第一个顶点与最后一个顶点相同的路径称为回路或者环(cycle)。

(3) 除第一个顶点与最后一个顶点之外，其他顶点不重复出现的回路称为简单回路，或者简单环。

如图 7.1 所示，G1 中的(v_1,v_2,v_4)就是简单路径，而(v_1,v_2,v_4,v_1)就不是简单路径。

对于图 G=(V, E)，G'=(V', E')，若存在 V'是 V 的子集，E'是 E 的子集，则称图 G'是 G 的一个子图。图 7.3 所示为图 7.1 中 G1 的一些子图。

在无向图中，如果从一个顶点 v_i 到另一个顶点 $v_j(i\neq j)$有路径，则称顶点 v_i 和 v_j 是连通的。如果图中任意两顶点都是连通的，则称该图是连通图。无向图的极大连通子图称为连通分量。详见图 7.4 所示的无向图及其 3 个连通分量。

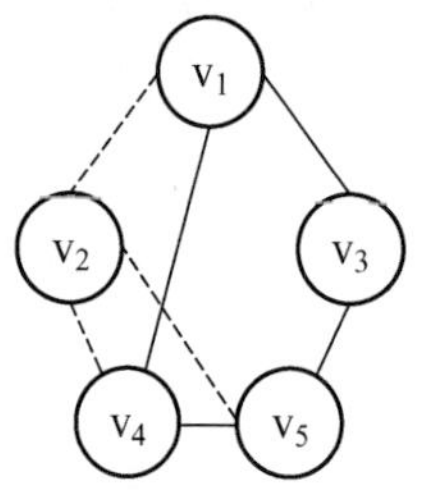

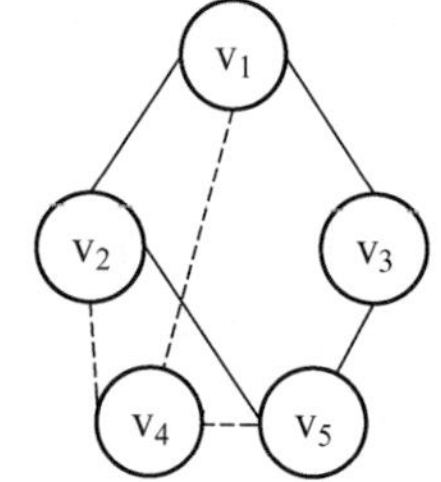

图 7.3 子图

在图 7.1(a)所示的无向图 G1 中，顶点 v_1 到顶点 v_5 是有路径的，所以是连通的。因为无向图 G1 中，任意两点均连通，所以 G1 是一个连通图。

对于有向图来说，若从顶点 v_i 到顶点 v_j 到顶点 v_i 之间都有路径，则称这两点是强连通的。若对于图中任意一对顶点 v_i 和 $v_j(i \neq j)$，均有从一个顶点 v_i 到另一个顶点 v_j 的路径，也有从 v_j 到 v_i 的路径，则称该有向图是强连通图。有向图的极大强连通子图称为强连通分量。

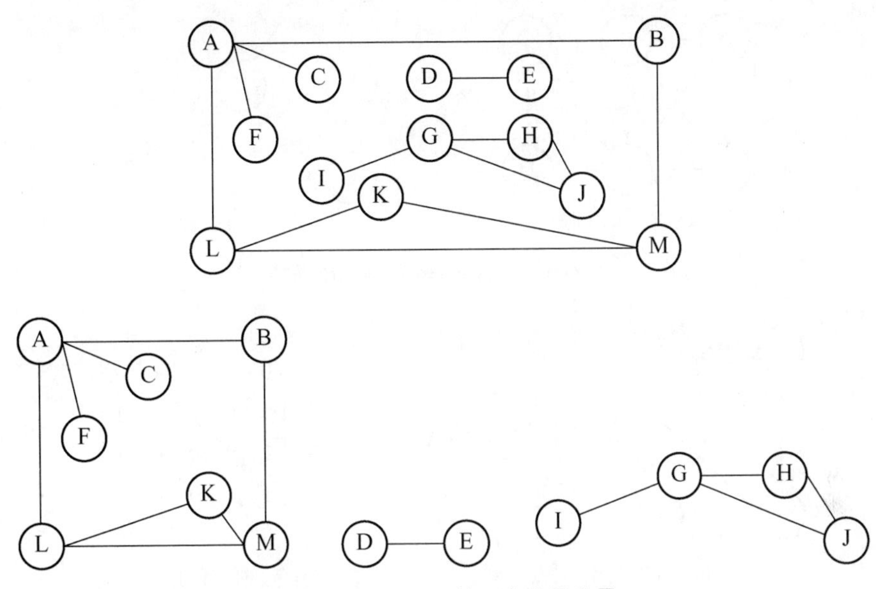

图 7.4 无向图及其 3 个连通分量

在图 7.1(b)所示的有向图 G2 中，顶点 v_1 和顶点 v_3 是强连通的。如图 7.5(a)所示，此图不是强连通图，因为 v_2 到其他顶点不存在路径。图 7.5(a)所示有向图 G5 的两个强连通分量如图 7.5(b)所示。

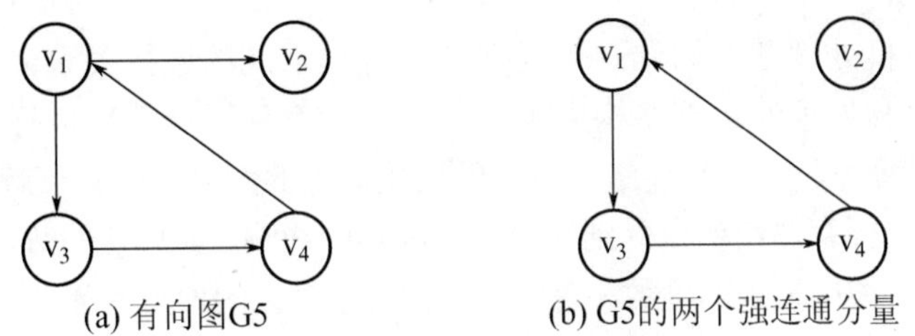

图 7.5 有向图及其连通分量

连通图 G 的生成树，是 G 的包含其全部 n 个顶点的一个极小连通子图。在生成树中添加任意一条属于原图中的边必定会产生回路，若生成树中减少任意一条边，则必然成为非连通的。

在非连通图中，由每个连通分量都可得到一个极小连通子图，即一棵生成树。这些连通分量的生成树就组成了一个非连通图的生成森林。从另外一个角度来说，如果一个有向图恰有一个顶点的入度为 0，其余顶点的入度均为 1，则是一棵有向树。一棵有向树的生成森林由若干棵有向树组成，含有图中全部顶点，但只有足以构成若干棵不相交的有向树的弧，图 7.6 所示为其一例。

在带权图(网或者网络)中，对应每条边有一个相应的数值，这个数值称为该边的权；而带权的图称为网。网可分为有向网和无向网。不同网络的权有不同的意义：电网络权可以是阻抗，运输网络中的权可以是路程长度、运费等，如图 7.7(a)所示，每条边上的数字就是该边的权。

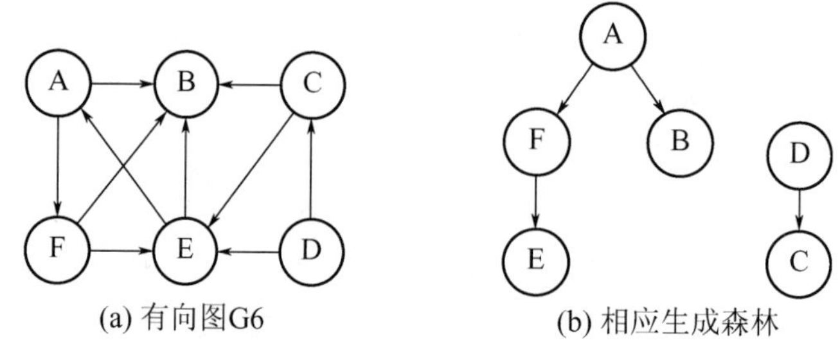

图 7.6 有向图 G6 及其生成森林

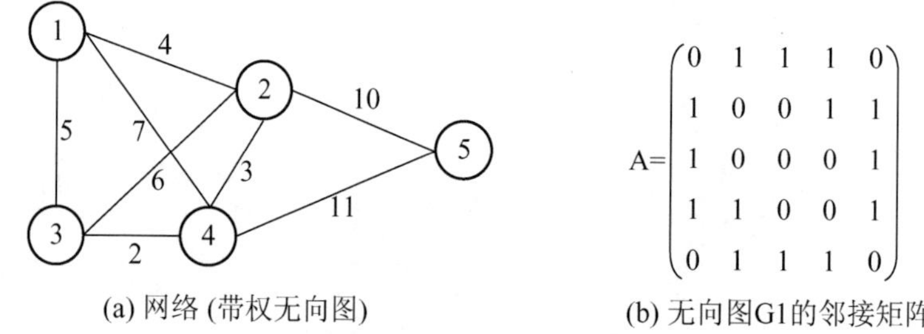

图 7.7 网络及无向图 G1 的邻接矩阵

7.2 图的存储方式

为了便于计算机处理图的问题，需要把图的各顶点间的连接关系输入计算机。只有采用计算机容易接收和处理的数据结构来表示图，才能有利于计算机进行运算。

对于具体的图而言，最好的存储结构不仅依赖数据的性质，而且依赖在这些数据上所实施的操作。恰当地选择存储结构也受到其他一些因素的影响，如顶点的数目、度的平均数、有向图还是无向图等。如果顶点的度数相差很大，按度数最大的顶点设计结点结构，会造成很多存储单元的浪费；而若按每个顶点自己的度数设计不同的顶点结构，又带来操作的不便。因此对于图来说，如何对它实现物理存储是一个难题，本节介绍以下 3 种不同的存储结构。

7.2.1 邻接矩阵

邻接矩阵是表示顶点之间相邻关系的矩阵。用二维数组 A[n][n]的矩阵存储图中顶点信息表示各顶点间的相邻关系。矩阵元素 A[i][j]的值表示顶点 v_i(行)与顶点 v_j(列)间的关系。

对于有向图的邻接矩阵来说，当$<v_i,v_j>$是该有向图中的一条弧时，A[i,j]=1，否则 A[i,j]=0。第 i 个顶点 v_i 的出度为矩阵中第 i 行中“1”的个数，入度为第 i 列中“1”的个数。有向图弧的条数等于矩阵中“1”的个数。

对于无向图的邻接矩阵来说，当(v_i, v_j)是该无向图中的一条边时，A[i, j]= A [j, i]=1，否则 A[i,j]=A[j,i]=0。第 i 个顶点的度为矩阵中第 i 行中“1”的个数或第 i 列中“1”的个数。图中边的数目等于矩阵中“1”的个数的一半，这是因为每条边在矩阵中描述了两次。

即

$$A[i,j]=\begin{cases}1,\text{当顶点}v_i\text{到顶点}v_j\text{间有连线时}\\0,\text{其他}\end{cases}$$

而对于有权值的网络图来说，有

$$A[i,j]=\begin{cases}\text{权值},\text{当顶点}v_i\text{到顶点}v_j\text{间有连线时}\\\infty,\quad\text{其他}\end{cases}$$

例如，图 7.1(a)所示无向图 G1 的邻接矩阵如图 7.7(b)所示，图 7.8(a)所示有向图的邻接矩阵如图 7.8(b)所示。

对于无向图来说，其邻接矩阵是对称的，即 $a_{ij}=a_{ji}$。图 7.7(a)的邻接矩阵如图 7.8(c)所示。

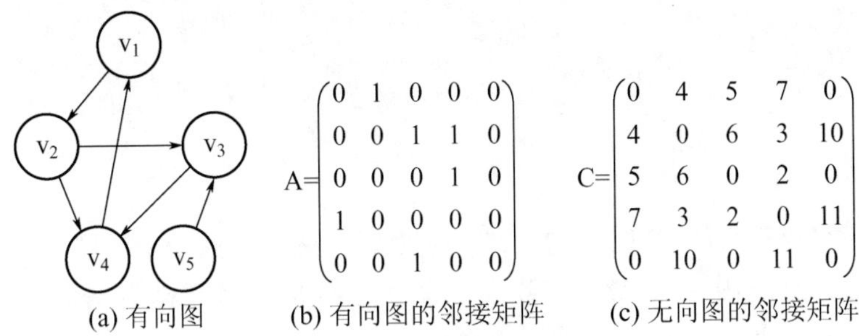

图 7.8 有向图的邻接矩阵

邻接矩阵的性质可表述如下。

(1) 图中各顶点序号确定后，图的邻接矩阵是唯一确定的。

(2) 无向图和无向网的邻接矩阵是一个对称矩阵。

(3) 无向图邻接矩阵中第 i 行(或第 i 列)的非 0 元素的个数即为第 i 个顶点的度。

(4) 有向图邻接矩阵第 i 行非 0 元素个数为第 i 个顶点的出度，第 i 列非 0 元素个数为第 i 个顶点的入度，第 i 个顶点的度为第 i 行与第 i 列非 0 元素个数之和。

(5) 无向图的边数等于邻接矩阵中非 0 元素个数之和的一半，有向图的弧数等于邻接矩阵中非 0 元素个数之和。

需要说明的是邻接矩阵表示法对于以图的顶点为主的运算比较适用。此外，除完全图外，其他图的邻接矩阵有许多零元素，特别是当 n 值较大，而边数相对完全图的边(n−1)又少得多时，则此矩阵称为“稀疏矩阵”，浪费存储空间。

在 C 语言中，实现邻接矩阵表示法的类型定义见算法 7.1。

算法 7.1 无向网图的邻接矩阵表示

```
typedef struct
{
    VertexType vexs [MAXVEX];                //顶点对齐
    int arc[MAXVEX][MAXVEX];                 //邻接矩阵，可看作边表
    int numVertexes, numEdges;               //图中当前的顶点数和边数
}MGraph;

void CreateMGraph(MGraph *G)
```

```
{
    int i,j,k,w;
    printf("输入顶点数和边数:\n");
    scanf("%d,%d",&G->numNodes,&G->numEdges);
    for(i = 0;i <G->numNodes;i++)          //读入顶点信息，建立顶点表
        scanf(&G->vexs[i]);
    for(i = 0;i <G->numNodes;i++)
        for(j = 0;j <G->numNodes;j++)
            G->arc[i][j]=INFINITY;
    for(k = 0;k <G->numEdges;k++)          //读入numEdges条边，建立邻接矩阵
    {
        printf("输入边(vi,vj)上的下标i，下标j和权w:\n");
        scanf("%d,%d,%d",&i,&j,&w);
        G->arc[i][j]=w;
        G->arc[j][i]= G->arc[i][j];
    }
}
```

7.2.2 邻接表

邻接表是图的一种链接存储结构。在邻接表表示法中，用一个顺序存储区来存储图中各顶点的数据，并对图中每个顶点 v_i 建立一个单链表(此单链表称为 v_i 的邻接表)，把顶点 v_i 的所有相邻顶点，即其后继顶点的序号连接起来。

邻接表中的每一个结点(边表结点)均包含两个域：邻接点域和指针域。其中，邻接点域用于存放与顶点 v_i 相邻接的一个顶点的序号，而指针域用于指向下一个边表结点。每个顶点 v_i 除设置存储本身数据外，还设置了一个指针域，作为邻接表的表头指针。n 个顶点用一维数组表示，如图 7.9 所示。

图 7.9　邻接矩阵表示的结点结构

在无向图的邻接表中，顶点 v_i 的每一个边表结点对应于与 v_i 相关联的一条边；而在有向图的邻接表中，v_i 的每一个边表结点对应于以 v_i 为始点的一条弧，因此，也称有向图的邻接表的边表为出边表。这样，在有向图的邻接表中求第 i 个顶点的出度很方便，即为第 i 个出边表中结点的个数，但是如果要求得到第 i 个顶点的入度则必须遍历整个表。考虑在有向图的邻接表中，将顶点 v_i 的每个边表结点对应于以 v_i 为终点的一条弧，即用边表结点的邻接点域存储邻接到 v_i 的顶点的序号，由此构成的邻接表称为有向图的逆邻接表，逆邻接表有边表称为入边表。这样在逆邻接表中求某顶点的入度与在邻接表中求顶点的出度一样方便。

对于网络，则只需要在以上边表结点的结构中增设一个权值域。

邻接表与邻接矩阵的关系可以表述如下：

(1) 对应于邻接矩阵的每一行有一个线形链接表。

(2) 链接表的表头对应着邻接矩阵该行的顶点。

(3) 链接表中的每个结点对应着邻接矩阵中该行的一个非零元素。

(4) 对于无向图，一个非零元素表示与该行顶点相邻接的另一个顶点。

(5) 对于有向图，非零元素则表示以该行顶点为起点的一条边的终点。

图 7.5(a)所示的有向图 G5 的邻接表如图 7.10(a)所示，逆邻接表如图 7.10(b)所示。而图 7.1(c)所示的无向图 G3 的邻接表如图 7.10(c)所示。

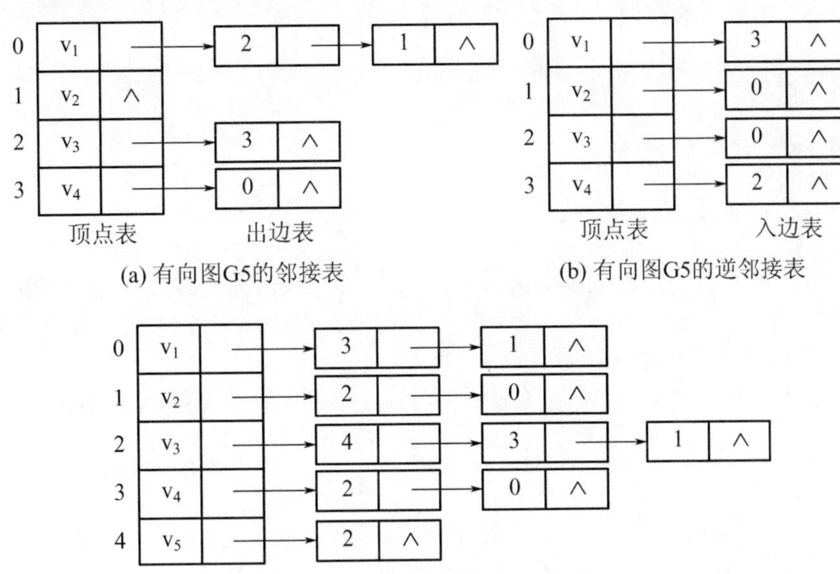

图 7.10 图的邻接表和逆邻接表

通过图 7.10 我们发现，在无向图的邻接表中，顶点 v_i 的度恰为第 i 个链表中的结点数，而在有向图中，第 i 个链表中的结点个数只是顶点 v_i 的出度，为求入度，必须遍历整个邻接表。在所有链表中其邻接点域的值为 i 的结点的个数是顶点 v_i 的入度。

在 C 语言中，实现邻接表存储结构的类型定义如下：

```
#define MAXVEX 50                        //最大顶点数，应由用户定义
typedef char VertexType;                 //顶点类型应由用户定义
typedef int EdgeType;                    //边上的权值类型应由用户定义

typedef struct EdgeNode                  //边表结点
{
    int adjvex;                          //邻接点域，存储该顶点对应的下标
    EdgeType info;                       //用于存储权值，对于非网图可以不需要
    struct EdgeNode *next;               //链域，指向下一个邻接点
}EdgeNode;
typedef struct VertexNode                //顶点表结点
{
    VertexType data;                     //顶点域，存储顶点信息
    EdgeNode *firstedge;                 //边表头指针
}VertexNode, AdjList[MAXVEX];
typedef struct
{
```

```
    AdjList adjList;
    int numNodes,numEdges;                    //图中当前顶点数和边数
}GraphAdjList;
```

建立无向图的邻接表结构的代码见算法 7.2。

算法 7.2 邻接表的存储

```
void  CreateALGraph(GraphAdjList *G)
{
    int i,j,k;
    EdgeNode *e;
    printf("输入顶点数和边数:\n");
    scanf("%d,%d",&G->numNodes,&G->numEdges);
    for(i = 0;i < G->numNodes;i++)                //读入顶点信息，建立顶点表
    {
        scanf(&G->adjList[i].data);
        G->adjList[i].firstedge=NULL;              //将边表置为空表
    }
    for(k = 0;k < G->numEdges;k++)                 //建立边表
    {
        printf("输入边(vi,vj)上的顶点序号:\n");
        scanf("%d,%d",&i,&j);                      //输入边(vi，vj)上的顶点序号

s1=(EdgeNode *)malloc(sizeof(EdgeNode));          //向内存申请空间，生成边表结点
s1->adjvex=j;                                     //邻接序号为 j
s1->next=G->adjList[i].firstedge;                 //将 e 的指针指向当前顶点上指向的结点
G->adjList[i].firstedge=s1;                       //将当前顶点的指针指向 e
s2=(EdgeNode *)malloc(sizeof(EdgeNode));          //向内存申请空间，生成边表结点
s2->adjvex=i;                                     //邻接序号为 i
s2->next=G->adjList[j].firstedge;                 //将 e 的指针指向当前顶点上指向的结点
G->adjList[j].firstedge=s2;                       //将当前顶点的指针指向 e
    }
}
```

这里的虚线部分看起来有些相似，是由于对于无向图来说，一条边都是对应两个顶点，所以在循环中，一次就针对 i 和 j 分别进行了插入；对于有向图来说，只需要两个虚线部分的一个就可以了。

7.2.3 关联矩阵

图的另一种矩阵表示法为以顶点和边的关联关系为基础建立矩阵，这个矩阵称为关联矩阵。在关联矩阵中，每行对应于图的一个结点，每列对应于图的一条弧。

对于无向图 G = (V,E)来说，其关联矩阵是一个 $|V|\times|E|$ 矩阵，使得

$$A[i,j]=\begin{cases}1, & \text{当顶点}V_i\text{与边}e_j\text{关联时}\\0, & \text{其他}\end{cases}$$

$A[i,j]$ 表示在关联矩阵中顶点 V_i 和边 e_j 之间的关系。若顶点 V_i 和边 e_j 之间是连着的，则 $A[i,j]=1$；反之，则 $A[i,j]=0$。

同理，对于有向图 G'来说，其关联矩阵可以表示为

$$A[i,j]=\begin{cases}1, & \text{若结点}v_i\text{是}e_j\text{的起点}\\-1, & \text{若结点}v_i\text{是}e_j\text{的终点}\\0, & \text{若结点}v_i\text{与}e_j\text{不关联}\end{cases}$$

如图 7.11 所示，无向图 G 的关联矩阵如图 7.11(b)所示，而有向图 G'的关联矩阵如图 7.11(d)所示。通过上面的表述，我们可以得到无向图关联矩阵的性质：

(1) 图中每一条边关联两个结点，故关联矩阵的每一列只有两个 1。

(2) 每一行元素的和数对应于结点的度数。

(3) 一行中的元素全为 0，其对应的结点为孤立点。

(4) 两个平行边对应的两列相同。

(5) 同一图当结点或边的编序不同，其对应的关联矩阵仅有行序、列序的差别。

同理，我们可以得到有向图的相应性质，请大家思考一下。

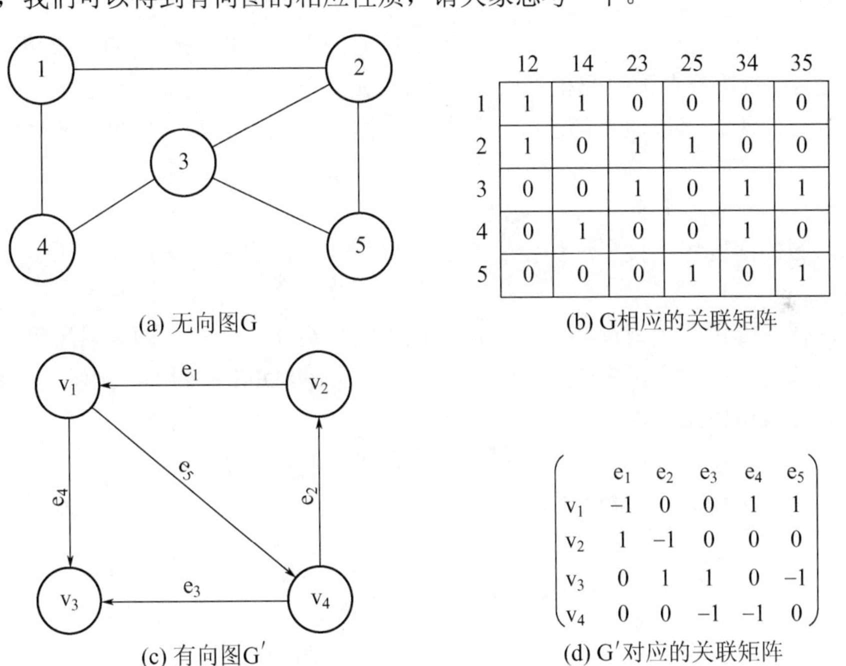

(a) 无向图G

	12	14	23	25	34	35
1	1	1	0	0	0	0
2	1	0	1	1	0	0
3	0	0	1	0	1	1
4	0	1	0	0	1	0
5	0	0	0	1	0	1

(b) G相应的关联矩阵

(c) 有向图G′

	e_1	e_2	e_3	e_4	e_5
v_1	−1	0	0	1	1
v_2	1	−1	0	0	0
v_3	0	1	1	0	−1
v_4	0	0	−1	−1	0

(d) G′对应的关联矩阵

图 7.11　图的关联矩阵表示

由于无论图含有多少个结点，其每列元素只有两个非零元素，当图的结点数非常多的时候，浪费的存储空间仍是非常巨大的。

若无向图中有 n 个顶点、e 条边，则它的邻接表需 n 个头结点和 2e 个表结点。显然，在边稀疏($e<<n(n-1)/2$)的情况下，用邻接表表示图比用邻接矩阵要节省存储空间，当和边相关的信息较多时更是如此。我们知道，在邻接表上容易找到任一顶点的第一个邻接点和下一个邻接点，但要判定任意两个顶点(v_i 和 v_j)之间是否有边或弧相连，则需要搜索第 i 个或第 j 个链表，不如邻接矩阵方便。

7.3 图的遍历

从图中某个顶点出发访问图中所有顶点，且使得每一顶点仅被访问一次，这一过程称为图的遍历。图的遍历是图的运算中最重要的运算，图的许多运算均以遍历为基础。

【参考图文】

图的遍历按搜索路径不同分为深度优先搜索(depth first search)遍历和广度优先搜索(breadth first search)遍历。

对每种搜索顺序，访问各顶点的先后次序也不是唯一的。为了避免同一顶点被多次访问，在图的遍历过程中必须记住每个被访问过的顶点，一般可设一数组，如以 visited 为标志，以标志顶点是否被访问过。若访问过某顶点，则相应的数组元素为真，否则为假。

7.3.1 深度优先搜索遍历

假定给定图G的初态是所有顶点均未曾访问过，在G中任选一个顶点v为初始出发点，则深度优先搜索可定义如下：

从指定的起点 v 出发(先访问 v，并将其标记为已访问过)，访问它的任意相邻接的顶点 w_1，再访问 w_1 的任一未访问的相邻接顶点 w_2，如此下去，直到某顶点已无被访问过的邻接顶点或者它的所有邻接顶点都已经被访问过，回溯到它的前趋。如果这个访问和回溯过程返回遍历开始的顶点，就结束遍历过程。如果图中仍存在一些未访问过的结点，就另选一个未访问过的结点重新开始深度优先搜索遍历。

可见，图的深度优先搜索遍历是一个递归过程，其特点是尽可能先对纵深方向的顶点进行访问。

对图进行深度优先搜索遍历时，按访问顶点的先后次序所得到的顶点序列，称为该图的深度优先搜索遍历序列，简称为 DFS 序列。一个图的 DFS 序列不一定唯一，这与算法、图的存储结构及初始出发点有关。

如果我们用的是邻接矩阵，深度优先搜索遍历算法可表示如下：

算法 7.3 邻接矩阵的深度优先搜索遍历

```
typedef struct
{
    VertexType vexs[MAXVEX];                //顶点表
    EdgeType arc[MAXVEX][MAXVEX];           //邻接矩阵，可看作边表
    int numVertexes, numEdges;              //图中当前的顶点数和边数
}MGraph;

Boolean visited[MAXVEX];                    //访问标志的数组

void DFS(MGraph G, int i)                   //邻接矩阵的深度优先递归算法
{
    int j;
    visited[i] = i;
    printf("%c ", G.vexs[i]);               //输出顶点
```

```
    for(j = 0; j < G.numVertexes; j++)
        if(G.arc[i][j] == 1 && !visited[j])
            DFS(G, j);                          //对未访问的邻接顶点递归调用
}
```

对于无向图 7.12，利用算法 7.3，为每个顶点赋了一个数值 visited [v]，顶点标在括号内。在完成所有必需的初始化后调用 DFS(A)。

(1) 第一次用顶点 A 来调用 DFS( )；visited[A]赋值为 1。A 有 4 个邻接顶点，选择顶点 E 进行下一次调用。为这个顶点赋值 2，也就是 visited[E]=2。

(2) 顶点 E 有两个未访问的相邻顶点，先用第一个顶点 F 调用 DFS( )。DFS(F)调用产生了赋值语句 num(f)=3。

(3) 顶点 F 只有一个未访问的相邻顶点 I。因此，第四个调用 DFS(I)产生赋值语句 visited[I]=4。顶点 I 的相邻顶点都已经访问过了。因此，返回调用 DFS(F)后又返回到 DFS(E)，这里只要知道 visited[I]不为 0 就表示顶点 I 已经访问过了。

余下的执行步骤可以参阅图 7.12(b)。

这个算法保证生成一个树(或是一个森林，森林是树的集合)，它包含或覆盖了原图的所有顶点。

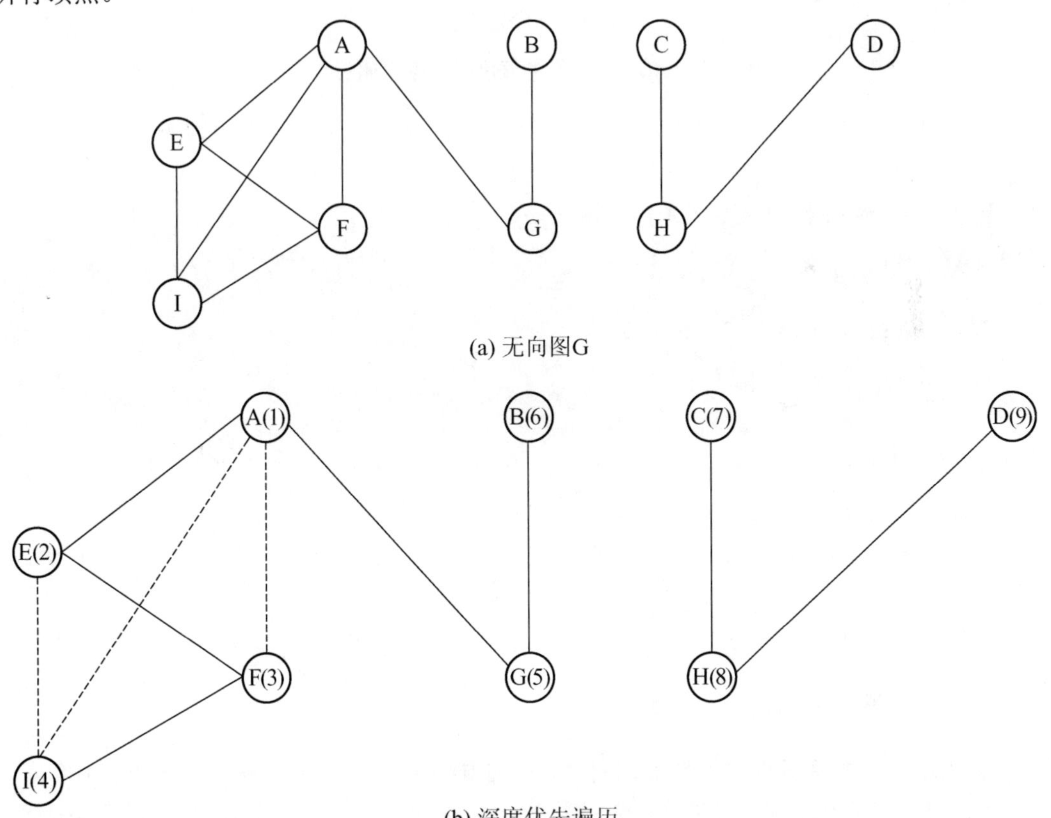

图 7.12　无向图的深度优先搜索遍历

图 7.13 说明了算法 7.3 在有向图中的执行过程。

深度优先算法的复杂度是 $O(|V|+|E|)$，因为：

(1) 为每个顶点 v 初始化 visited[v]需要 $|v|$ 步。

(2) 为每个顶点 v 调用 DFS(v)共 n 次，其中 n 是 v 的边数。因此，调用次数是 $|E|$ 。

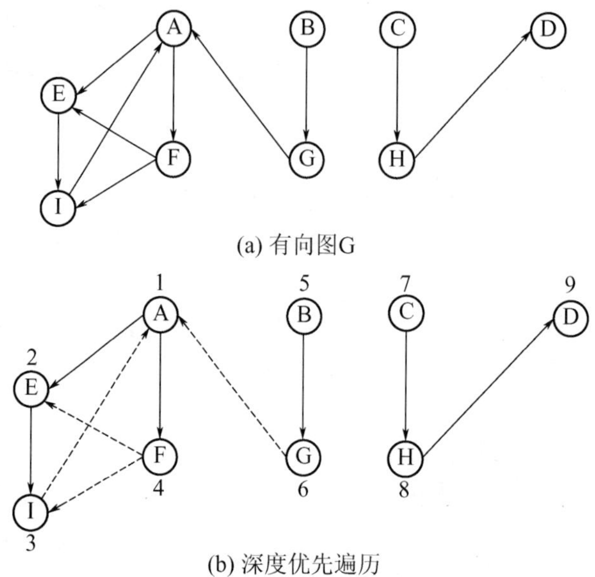

(a) 有向图G

(b) 深度优先遍历

图 7.13　有向图的深度优先搜索遍历

如果图结构是邻接表，其实现的代码几乎相同，只是在递归函数中因为将数组换成了链表有些不同。代码见算法 7.4。

算法 7.4　邻接表的深度优先搜索遍历

```
void DFS(GraphAdjList GL, int i)                //邻接表的深度优先搜索遍历算法
{
    EdgeNode *p;
    visited[i] = TRUE;
    printf("%c ",GL->adjList[i].data);
    p = GL->adjList[i].firstedge;
    while(p)
    {
        if(!visited[p->adjvex])
            DFS(GL, p->adjvex);                 //对未访问的邻接顶点递归调用
        p = p->next;
    }
}
```

7.3.2　广度优先搜索遍历

设图 G 的初态是所有顶点均未访问过，在 G 中任选一顶点 v 为初始出发点，则广度优先搜索遍历的基本思想是：从指定的起点 v 出发，访问与它相邻的所有顶点 w_1、w_2…然后再依次访问 w_1、w_2…邻接的尚未被访问的所有顶点，再从这些顶点出发访问与它们相邻接的尚未被访问的顶点，直到所有顶点均被访问过为止。如果图中仍存在一些未访问过的结点，就另选一个未访问过的结点重新开始广度优先搜索遍历。

可见，图的广度优先搜索遍历不是一个递归过程，其特点是尽可能先对横向的顶点进行访问。

对图进行广度优先搜索遍历时，按访问顶点的先后次序所得到的顶点序列，称为该图的广度优先搜索遍历序列，简称为 BFS 序列。一个图的 BFS 序列不一定唯一，这与算法、图的存储结构及初始出发点有关。如果我们说深度优先搜索遍历类似树的前序遍历，那么图的广度优先搜索遍历就类似于树的层次遍历。

图 7.14 和图 7.15 分别显示了处理一个无向图和一个有向图的例子。

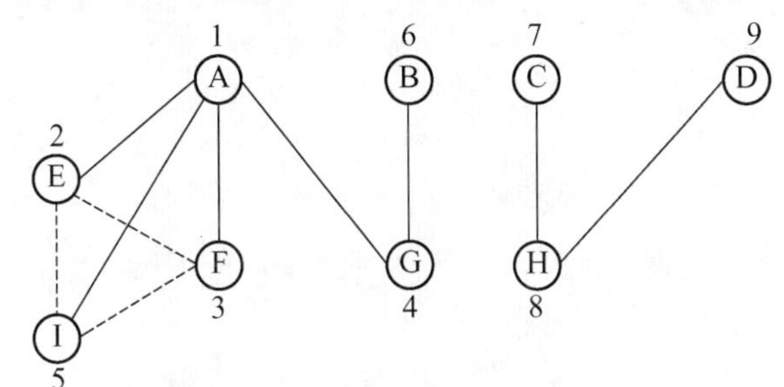

图 7.14　无向图的广度优先搜索遍历

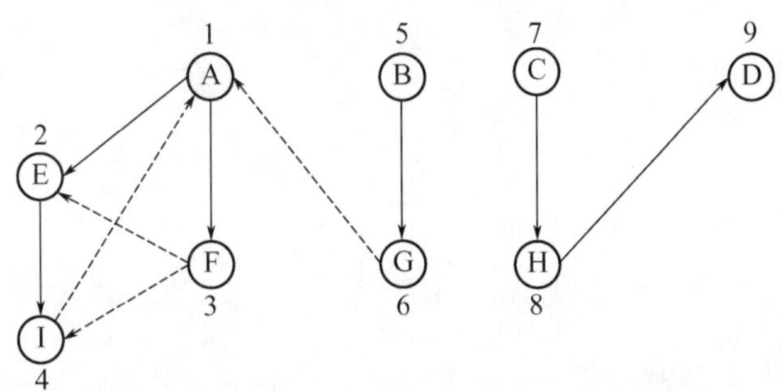

图 7.15　有向图的广度优先搜索遍历

邻接矩阵结构的广度优先搜索遍历算法(以队列作为基本数据结构)见算法 7.5。

算法 7.5　邻接矩阵的广度优先搜索遍历

```
void BFSTraverse(MGraph G)
{
    int i, j;
    Queue Q;
    for(i = 0; i < G.numVertexes; i++)
        visited[i] = FALSE;
   InitQueue(&Q);
   for(i = 0; i < G.numVertexes; i++)              //对每一个顶点做循环
   {
       if (!visited[i])
       {
           visited[i]=TRUE;
           printf("%c ", G.vexs[i]);
           EnQueue(&Q,i);                          //将此顶点入队列
           while(!QueueEmpty(Q))
           {
```

```
                DeQueue(&Q,&i);
                for(j=0;j<G.numVertexes;j++)
                {
                    if(G.arc[i][j] == 1 && !visited[j])
                    {
                        visited[j]=TRUE;          //将找到的此顶点标记为已访问
                        printf("%c ", G.vexs[j]);
                        EnQueue(&Q,j);
                    }
                }
            }
        }
    }
}
```

对于邻接表的广度优先搜索遍历，代码与邻接矩阵的差异不大，代码见算法 7.6。

算法 7.6 邻接表的广度优先搜索遍历

```
void BFSTraverse(GraphAdjList GL)
{
    int i;
    EdgeNode *p;
    Queue Q;
    for(i = 0; i < GL->numVertexes; i++)
        visited[i] = FALSE;
    InitQueue(&Q);
    for(i = 0; i < GL->numVertexes; i++)
    {
        if (!visited[i])
        {
            visited[i]=TRUE;
            printf("%c ",GL->adjList[i].data);
            EnQueue(&Q,i);
            while(!QueueEmpty(Q))
            {
                DeQueue(&Q,&i);
                p = GL->adjList[i].firstedge;   //找到当前顶点的边表链表头指针
                while(p)
                {
                    if(!visited[p->adjvex])       //若此顶点未被访问
                    {   visited[p->adjvex]=TRUE;
                        printf("%c ",GL->adjList[p->adjvex].data);
                        EnQueue(&Q,p->adjvex);
                    }
                    p = p->next;
                }
            }
        }
    }
}
```

广度优先搜索遍历在处理其他顶点之前先标记顶点 v 的所有相邻顶点，而 DFS( )只选择 v 的一个相邻顶点，即先不去处理 v 的其他相邻顶点，而是去找所选的这个相邻顶点的相邻顶点。这样，深度优先搜索遍历更适合目标比较明确，以找到目标为主要目的情况；而广度优先搜索遍历更适合在不断扩大遍历范围时找到相对最优解的情况。

7.4　最小生成树

图论中，通常将树定义为一个无回路连通图。对于无回路连通图，只要选定某个顶点作为根，以此顶点为树根对每条边定向，就能得到通常的树。

7.4.1　生成树的概念

一个连通图 G 的子图如果是一棵包含 G 的所有顶点的树，则该子图称为 G 的生成树。n 个顶点的连通图 G 的任何生成树一定是包含 n 个顶点和 n−1 条边的连通子图(称为 G 的极小连通子图)，反之亦然。

因为树被视作一个无回路的连通图，一个包含 n 个顶点的连通图至少含 n−1 条边(否则不连通)，另外，要使得图中无回路则至多包含 n−1 条边。

从以上表述中，我们可以得到生成树(图 7.16)的如下特点：

(1) 如果在生成树中去掉任何一条边，此子图就会变成非连通图。

(2) 任意两个顶点之间有且仅有一条路径，如再增加一条边，就会出现一条回路。

(3) 由遍历连通图 G 时所经过的边和顶点构成的子图是 G 的生成树。

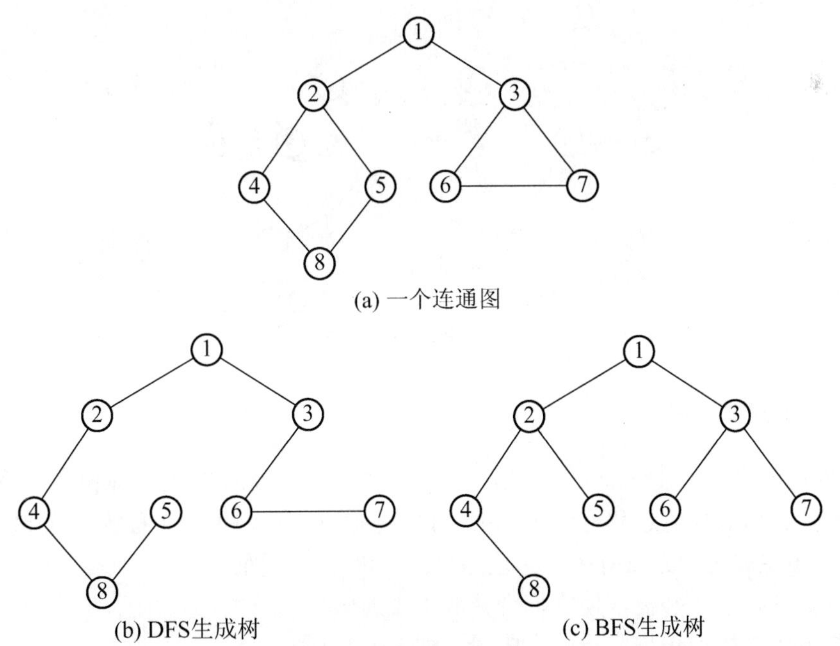

图 7.16　生成树示例

图 G 是一个具有 n 个顶点的连通图，则从 G 的任一顶点出发，作一次深度优先搜索遍历或者广度优先搜索遍历，就可将 G 中的所有 n 个顶点都访问到。显而易见，在这两种遍历算法中，从一个已经访问过的顶点遍历到一个未曾访问过的邻接点，必定要经过 G 中的一条边；而这两种算法对图中的 n 个顶点都仅访问过一次。因此，除初始出发点外，对其余 n−1 个顶点的访问一共要经过 G 中的 n−1 条边，这 n−1 条边将 G 中的 n 个顶点连接成 G 的极小连通子图，从而得到 G 的一棵生成树。

由深度优先搜索遍历得到的生成树称为深度优先生成树，简称为 DFS 生成树；由广度优先搜索遍历得到的生成树称为广度优先生成树，简称 BFS 生成树。

由于从图的遍历可求得生成树，如果将生成树定义为：如果从图的某个顶点出发，可以系统地遍历图中的所有顶点，则遍历时所经过的边和图的所有顶点所构成的子图，称为图的生成树。这样，如果 G 是强连通的有向图，则从其中任何一顶点 v 出发，均可遍历 G 中所有顶点，从而得到一棵以 v 为根的生成树。如果 G 是有根的有向图，设根为顶点 1，则从根 1 出发也可完成对 G 的遍历，从而得到 G 的以顶点 1 为根的生成树。图 7.17 所示是以顶点 1 为根的有向图及其 DFS 生成树和 BFS 生成树。

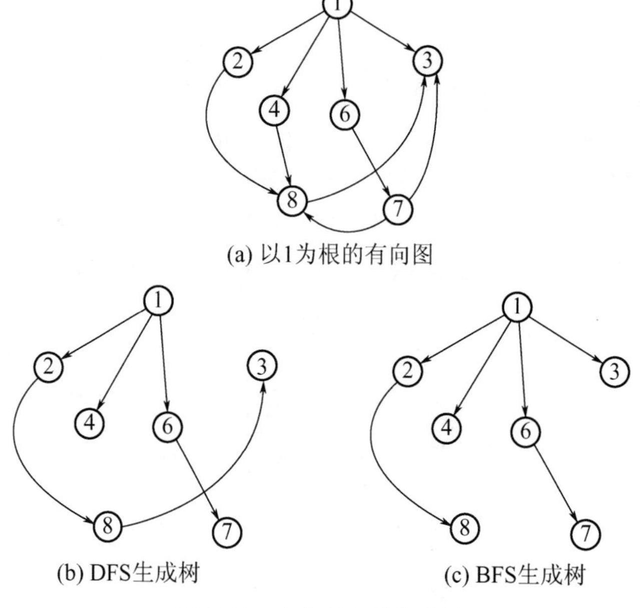

图 7.17　有向图及其生成树

7.4.2　最小生成树的概念

对于连通网络(图 7.18)，G=(V, E)，其边是带权的，因而 G 的生成树的各边也是带权的。生成树的各边的权值总和称为生成树的权，并把权最小的生成树称为 G 的最小生成树。

构成最小生成树的方法有多种。这些算法可以分成下面几类。

(1) 创建并扩展一些树，使它们合并成更大的树。

(2) 扩展一个树的集构成一棵生成树，如 Kruskal 算法。

(3) 创建并扩展一棵树，为它添加新的树枝，如 Prim 算法。

(4) 创建并扩展一棵树，为它添加新的树枝，也可能从中删除一些树枝。

无论哪一类型的算法均用到了最小生成树如下所述的性质。

设 G=(V, E)是一个连通网络，U 是顶点集 V 的一个真子集。如果(u，v)是 G 中所有的一个端点在 U(即 $u \in U$)里、另一个端点不在 U(即 $v \in V - U$)里的边中，具有最小权值的一条边，则一定存在 G 的一棵最小生成树包括此边(u，v)(图 7.19)。这个性质称为 MST 性质。

MST 性质用反证法证明如下：

假设 G 的任何一棵最小生成树中都不包含边(u, v)。设 T 是 G 的一棵最小生成树，T 不包含边(u, v)。由于 T 是树，是连通的，因此有一条从 u 到 v 的路径；而且该路径上必有一条连接两个顶点集 U 和 V−U 的边(u', v')，其中 $u' \in U$，$v' \in V - U$，否则 u 和 v 不连通。当把边(u, v)加入树 T 时，得到一个包含有边(u, v)的回路，如图 7.19 所示。删除边(u', v')，上述回路即被删除，由此得到另一棵生成树 T'。T'和 T 区别仅在于用边 (u, v)取代了 T 中的边(u', v')。因为 (u, v)的权小于或者等于(u', v')的权，所以 T'的权小于或者等于 T 的权。因此，T'也是 G 的最小生成树，它包含边(u, v)，与假设矛盾。

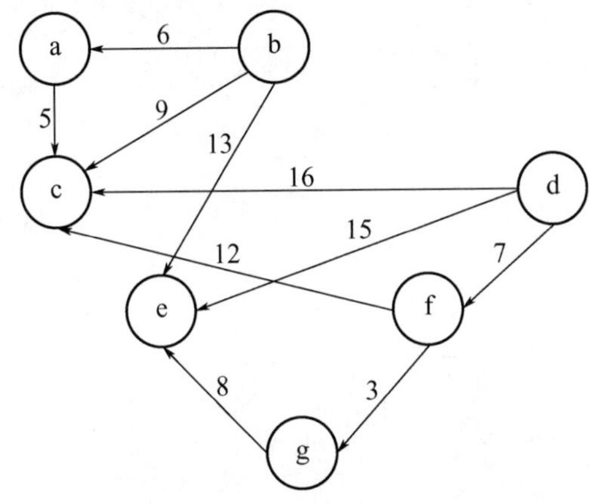

图 7.18 连通网络

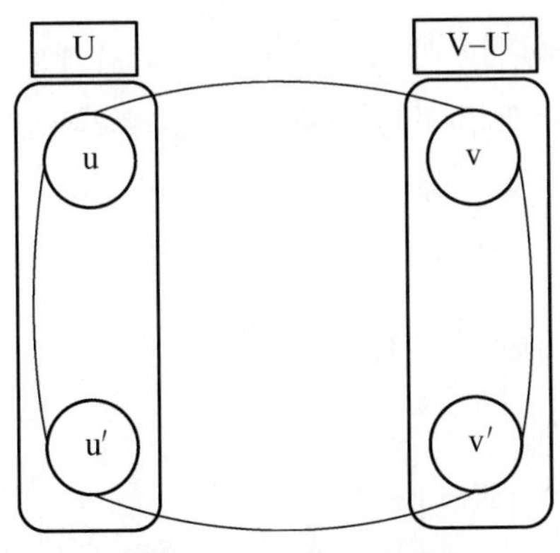

图 7.19 包含(u,v)的回路

7.4.3 普里姆(Prim)算法

设 G(V，E)为一个连通网，顶点集 V=(v$_1$，v$_2$，⋯，v$_n$}。设 T(U，TE)是所要求的 G 的一棵最小生成树，其中 U 是 T 的顶点集，TE 是 T 的边集，并且将 G 中边上的权看作长度。

普里姆(Prim)算法的基本思想：首先任选 V 中一个顶点(不妨为 v_1)，构成入选顶点集 U={v_1}，此时入选边集 TE 为空集，V 中剩余顶点构成待选顶点集 V−U；在所有关联于入选顶点集和待选顶点集的边中选取权值最小的一条边(v_i, v_j)加入入选边集(这里 v_i 为入选顶点，v_j 为待选顶点)，同时将 v_j 加入入选顶点集；重复以上过程，直至入选顶点集 U 包含所有顶点(U=V)，入选边集包含 n−1 条边，MST 性质保证上述过程求得的 T(U，TE)是 G 的一棵最小生成树。

显然普里姆算法的关键是如何找到连接 U 和 V−U 的最短边来扩充生成树 T。一个简单的方法就是在实施算法之前，将所有的边进行排序。准备加入生成树的边不仅不会在树中产生环路，而且也和树中已有的一个顶点关联。图 7.20 所示为用普里姆算法找到的一棵最小生成树的过程。

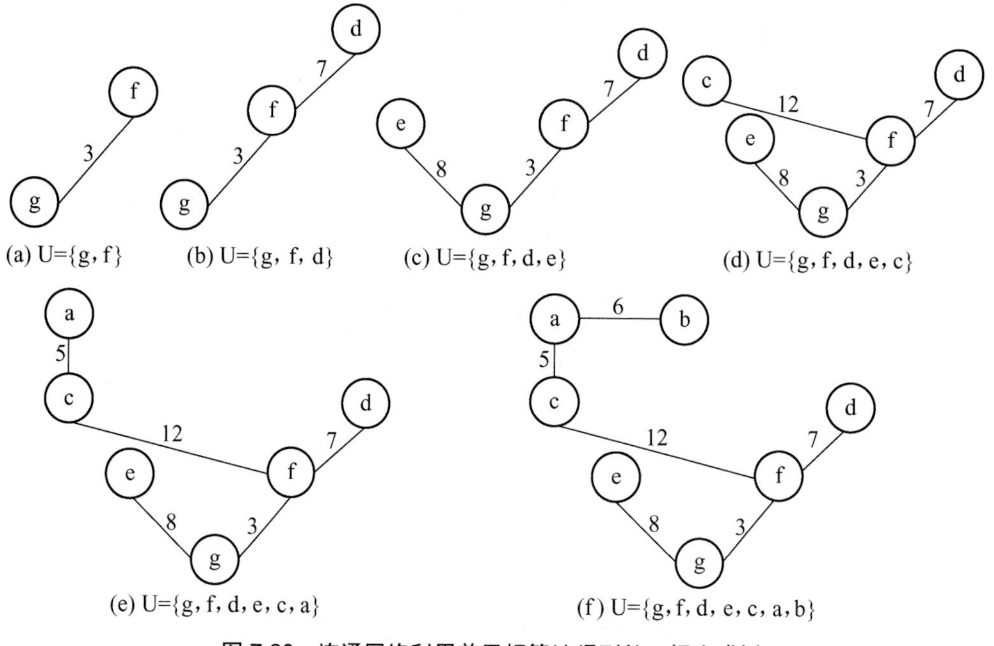

图 7.20　连通网络利用普里姆算法得到的一棵生成树

普里姆算法的代码描述见算法 7.7。

算法 7.7　普里姆算法生成最小生成树

```
void MiniSpanTree_Prim(MGraph G)
{
    int min, i, j, k;
    int adjvex[MAXVEX];                        //保存相关顶点下标
    int lowcost[MAXVEX];                       //保存相关顶点间边的权值
    lowcost[0] = 0;
    adjvex[0] = 0;
    for(i = 1; i < G.numVertexes; i++)         //循环除下标 0 外的全部顶点
    {
        lowcost[i] = G.arc[0][i];              //将 v0 顶点与之有边的权值存入数组
        adjvex[i] = 0;
```

```
    }
    for(i = 1; i < G.numVertexes; i++)
    {
        min = INFINITY;                          //初始化最小权值为∞
        j = 1;k = 0;
        while(j < G.numVertexes)         //循环全部顶点
        {
            if(lowcost[j]!=0 && lowcost[j] < min)
            {
                min = lowcost[j];
                k = j;
            }
            j++;
        }
        printf("(%d, %d)\n", adjvex[k], k);
        lowcost[k] = 0;
        for(j = 1; j < G.numVertexes; j++)
        {
            if(lowcost[j]!=0 && G.arc[k][j] < lowcost[j])
            {
                lowcost[j] = G.arc[k][j];
                adjvex[j] = k;
            }
        }
    }
}
```

7.4.4 克鲁斯卡尔(Kruskal)算法

克鲁斯卡尔(Kruskal)算法的基本思想是以边为主导地位，始终选择当前可用的最小权值的边，具体如下：

(1) 设 G=(V, E) 是连通网络，令最小生成树的初始状态为只有 n 个顶点而无边的非连通图 T=(V, ϕ)，T 中的每个顶点自成一个连通分量。

(2) 按照长度递增的顺序依次选择 E 中的边(u, v)，如果该边端点 u、v 分别是当前 T 的两个连通分量 T_1、T_2 中的顶点，则将该边加入到 T 中，T_1 和 T_2 也由此边连接成一个连通分量；如果 u、v 是当前同一个连通分量中的顶点，则舍去此边，这是因为每个连通分量都是一棵树，此边添加到树中将形成回路。

(3) 以此类推，直到 T 中所有顶点都在同一连通分量上为止，从而得到 G 的一棵最小生成树 T。

同样，在这个算法中，所有的边都是根据权排序的，然后检测这个排序序列中的每条边，如果在构造时，加入它不会产生环路就将它添加到树中。

克鲁斯卡尔算法代码描述见算法 7.8。

算法 7.8 克鲁斯卡尔算法

```
void Swapn(Edge *edges,int i,int j)//交换权值以及头和尾
{
```

```
    int temp;
    temp = edges[i].begin;
    edges[i].begin = edges[j].begin;
    edges[j].begin = temp;
    temp = edges[i].end;
    edges[i].end = edges[j].end;
    edges[j].end = temp;
    temp = edges[i].weight;
    edges[i].weight = edges[j].weight;
    edges[j].weight = temp;
}

void sort(Edge edges[],MGraph *G)          //对权值进行排序
{
    int i, j;
    for ( i = 0; i < G->numEdges; i++)
    {
        for ( j = i + 1; j < G->numEdges; j++)
        {
            if (edges[i].weight > edges[j].weight)
            {
                Swapn(edges, i, j);
            }
        }
    }
    printf("权排序之后的为:\n");
    for (i = 0; i < G->numEdges; i++)
    {
        printf("(%d, %d) %d\n", edges[i].begin, edges[i].end, edges[i].weight);
    }
}

int Find(int *parent, int f)                //查找连线顶点的尾部下标
{
    while ( parent[f] > 0)
    {
        f = parent[f];
    }
    return f;
}
void MiniSpanTree_Kruskal(MGraph G)         //生成最小生成树
{
    int i,j,n,m;
```

```
    int k=0;
    int parent[MAXVEX];                         //定义一数组用来判断边与边是否形成环路

    Edge edges[MAXEDGE]; //定义边集数组，edge的结构为begin、end、weight，均为整型

    for(i=0;i<G.numVertexes-1; i++)          //用来构建边集数组并排序
    {
        for(j=i+1;j<G.numVertexes;j++)
        {
            if (G.arc[i][j]<INFINITY)
            {
                edges[k].begin=i;
                edges[k].end=j;
                edges[k].weight=G.arc[i][j];
                k++;
            }
        }
    }
    sort(edges, &G);
    for (i = 0;i<G.numVertexes; i++)
        parent[i] = 0;                          //初始化数组值为0
    printf("打印最小生成树：\n");
    for(i=0;i<G.numEdges;i++)                   //循环每一条边
    {
        n=Find(parent,edges[i].begin);
        m=Find(parent,edges[i].end);
        if(n!=m)             //假如n与m不等，说明此边没有与现有的生成树形成环路
        {
            parent[n]=m;     //将此边的结尾顶点放入下标为起点的parent中
            printf("(%d,%d)%d\n", edges[i].begin, edges[i].end, edges[i].weight);
        }
    }
}
```

图7.21所示为用克鲁斯卡尔算法找到的一棵最小生成树的过程。

克鲁斯卡尔算法和普里姆算法产生的生成树是相同的，不同之处在于边加入树的顺序不同，而且普里姆算法总是保持构造中的树是一片的，因此在普里姆算法应用的整个阶段中它都是一棵树。克鲁斯卡尔算法在执行过程中不能保持是一棵树，可能至多是树的集合，但是每条边在克鲁斯卡尔算法中只需要考虑一次，因为如果它在一步当中产生环路，则在以后的步骤中更会产生环路，因此就不用重复考虑了。从这里可以看出克鲁斯卡尔算法更快。总的来说，普里姆算法适合稠密图，克鲁斯卡算法适合稀疏图。

最小生成树是无向网的一个典型应用。下面分别介绍最短路径和拓扑排序，它们是有向网和有向图的应用。

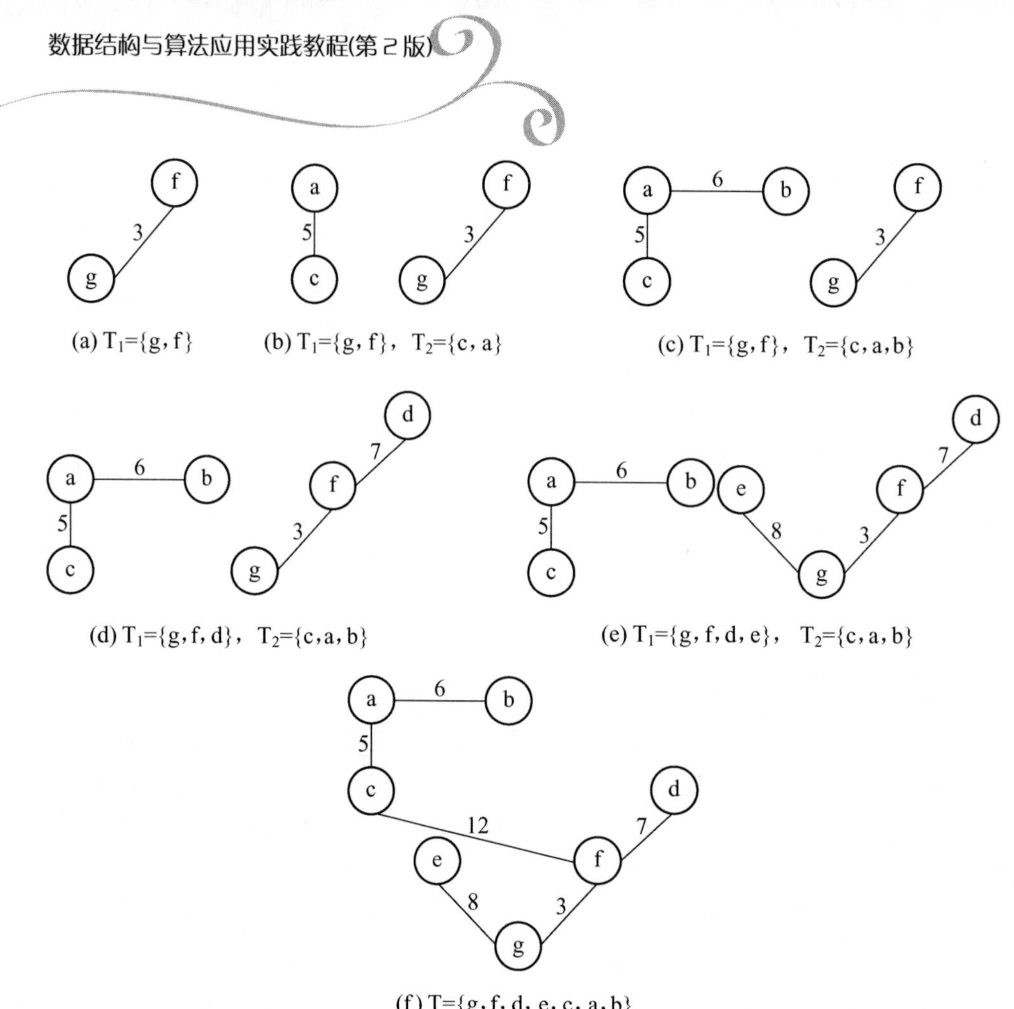

图 7.21 连通网络利用克鲁斯卡尔算法得到的一棵生成树

7.5 最短路径

带权图中求最短路径问题，即求两个顶点间长度最短的路径，对现实生活中，如交通网络问题的解决具有重要的意义。这里的路径长度不是指路径上边数的总和，而是指路径上各边的权值总和，这里的权值可以代表距离、运费等具有实际含义的有效数值。

设 A 城到 B 城有一条公路，两座城市的海拔不同，A 城高于 B 城；这样如果考虑到上、下坡的车速问题，则边(A, B)和边(B, A)上表示行驶时间的权值也不同，因此边(A, B)和边(B, A)应该是两条不同的边。这里约定：路径的开始顶点称为源点，路径的最后一个顶点称为终点。设顶点集为 V={1, 2, …, n}，并假定所有边上的权值均为表示长度的非负实数。

7.5.1 单源最短路径问题

该问题是指对于给定的有向网络 G=(V, E)及单个源点 v，求从 v 到 G 的其余各顶点的最短路径。

假设图 7.22 所示的有向网表示 5 个城市之间的航线图，顶点代表城市，弧上的权值代表运输费用，现在要求从某一个城市到其他各城市的最小运输费用。这实际上就是求有向网的最短路径问题，即单源最短路径问题。

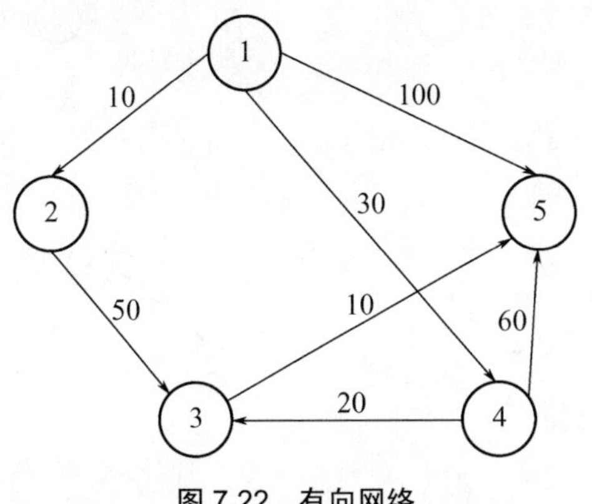

图 7.22　有向网络

在图 7.22 中，设顶点 1 为源点，1 到 2 的路径只有 1 条：1→2(10)，括号中给出的是该路径上的权值之和，称作路径长度；

1 到 3 的路径有 2 条：1→2→3(60)，1→4→3(50)；

1 到 4 的路径有 1 条：1→4(30)；

1 到 5 的路径有 4 条：1→5(100)，1→4→5(90)，1→2→3→5(70)，1→4→3→5(60)。

选出 1 到其余各顶点的最短路径，并按路径长度递增顺序排列如下：1→2(10)，1→4(30)，1→4→3(50)，1→4→3→5(60)。

由此可以发现一个规律：按路径长度递增顺序生成从源点到其余各顶点的最短路径时，当前正生成的最短路径上除终点以外，其余顶点的最短路径均已生成。

迪卡斯特拉(Dijkstra)算法正是在上述规律基础上得到的。其基本思想是：设置两个顶点集 S 和 T，S 中存放已确定最短路径的顶点，T 中存放待确定最短路径的顶点。初始时，S 中仅有一个源点，T 中包含除源点外的顶点，此时各顶点的当前最短路径长度为源点到该顶点的弧上的权值。接着选取 T 中当前最短路径长度最小的一个顶点 v 加入 S，然后修改 T 中剩余顶点的当前最短路径长度，修改的原则是：当 v 的最短路径长度与 v 到 T 中的顶点之间的权值之和小于该顶点的当前最短路径长度时，用前者替换后者。重复上述过程，直至 S 中包含所有的顶点。

图 7.23 所示给出了图 7.22 中有向网络从顶点 1 到其他各顶点最短路径的过程，图中用实线圈表示已确定最短路径的顶点，实线箭头表示已确定距离的最短路径上的弧，顶点旁括号中的数字表示该顶点的当前最短路径长度。

迪卡斯特拉算法举例：

如图 7.24 所示，求从顶点 0 到其余各顶点的最短路径。

(1) 将有向网络用邻接矩阵表示，即用权值代替邻接矩阵中原来的 1，无权值的边可用∞来表示，如图 7.25 所示。

(2) 算法中需要一个顶点集合 S，初始时其中只有一个源点，以后陆续将已求得的最短路径的顶点加入到该集合中，当全部顶点进入集合后算法结束。可用一维数组代替集合，集合外顶点 v_i 对应数组 S[i]值为 0，集合内顶点 v_i 对应数组 S[i]值为 1。

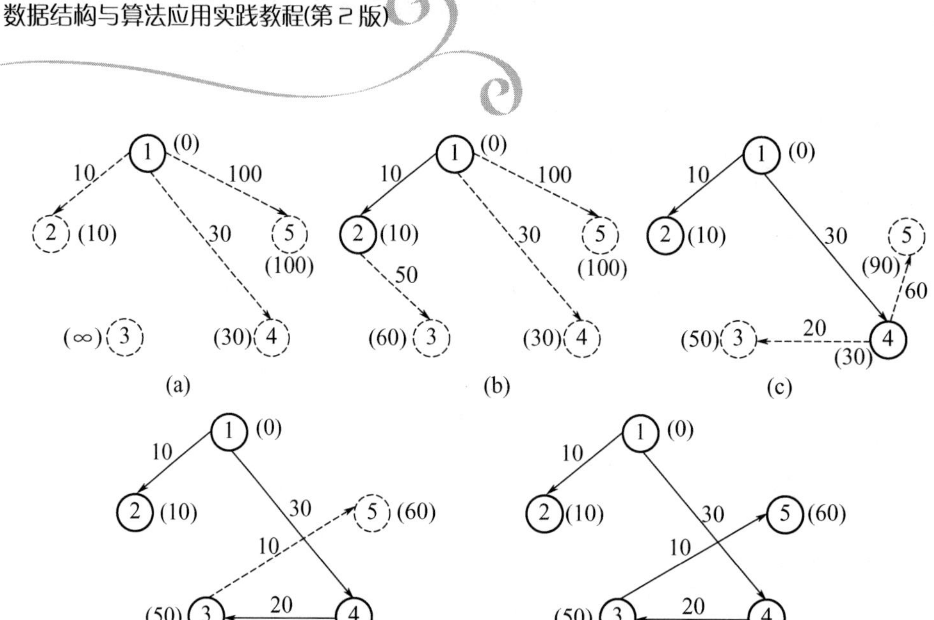

图 7.23 采用迪卡斯特拉算法最短路径

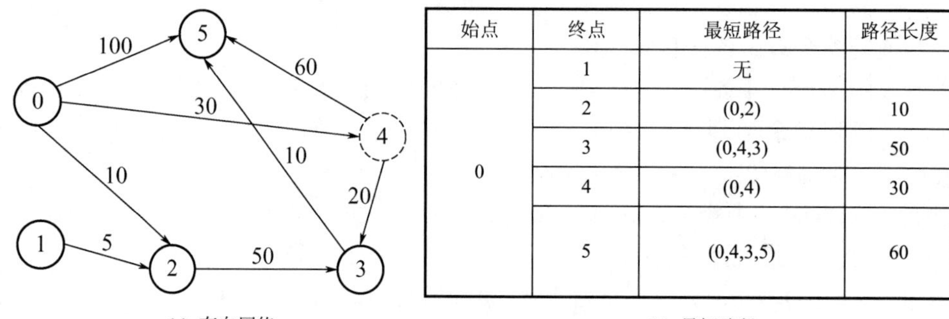

始点	终点	最短路径	路径长度
0	1	无	
	2	(0,2)	10
	3	(0,4,3)	50
	4	(0,4)	30
	5	(0,4,3,5)	60

(b) 最短路径

图 7.24 迪卡斯特拉算法举例

$$
\begin{pmatrix}
\infty & \infty & 10 & \infty & 30 & 100 \\
\infty & \infty & 5 & \infty & \infty & \infty \\
\infty & \infty & \infty & 50 & \infty & \infty \\
\infty & \infty & \infty & \infty & \infty & 10 \\
\infty & \infty & \infty & 20 & \infty & 60 \\
\infty & \infty & \infty & \infty & \infty & \infty
\end{pmatrix}
$$

图 7.25 有向网络的邻接矩阵

(3) 设数组 dist 存放最短路径，每当一个顶点进入集合 S 时就要修改此数组中的最短路径(这些都是中间结果)，当最后一个顶点进入集合 S，再修改完 dist 中的值，即得到某点到各点的最短路径。

迪卡斯特拉算法过程如图 7.26 所示。

根据前述，迪卡斯特拉算法的代码描述见算法 7.9，首先求有向网 G 的 v_0 顶点到其余顶点 v 的最短路径 P[v]及其带权长度 D[v]。其中，P[v]的值为前趋顶点下标，D[v]表示 v_0 到 v 的最短路径长度和。

	0	1	2	3	4	5
S	1	0	0	0	0	0
dist	0	∞	10	∞	30	100

	0	1	2	3	4	5
S	1	0	1	0	0	0
dist	0	∞	10	60	30	100

	0	1	2	3	4	5
S	1	0	1	0	1	0
dist	0	∞	10	50	30	90

	0	1	2	3	4	5
S	1	0	1	1	1	0
dist	0	∞	10	50	30	60

	0	1	2	3	4	5
S	1	0	1	1	1	1
dist	0	∞	10	50	30	60

图 7.26 迪卡斯特拉算法过程

算法 7.9 迪卡斯特拉算法

```
void ShortestPath_Dijkstra(MGraph G, int v0, Patharc *P, ShortPathTable *D)
{
    int v,w,k,min;
    int final[MAXVEX];              //final[w]=1 表示求得顶点 v0 至 vw 的最短路径
    for(v=0; v<G.numVertexes; v++)              //初始化数据
    {
        final[v] = 0;
        (*D)[v] = G.arc[v0][v];
        (*P)[v] = 0;
    }

    (*D)[v0] = 0;
    final[v0] = 1;
    for(v=1; v<G.numVertexes; v++)   //开始主循环，每次求得 v0 到某个 v 顶点的最短路径
    {
        min=INFINITY;                    //当前所知离 v0 顶点的最近距离
        for(w=0; w<G.numVertexes; w++)          //寻找离 v0 最近的顶点
        {
            if(!final[w] && (*D)[w]<min)
```

```
            {
                k=w;
                min = (*D)[w];                //w 顶点离 v0 顶点更近
            }
        }
        final[k] = 1;
        for(w=0; w<G.numVertexes; w++)   //修正当前最短路径及距离
        {
            /* 如果经过 v 顶点的路径比现在这条路径的长度短的话*/
            if(!final[w] && (min+G.arc[k][w]<(*D)[w]))
            {
                (*D)[w] = min + G.arc[k][w];
                (*P)[w]=k;
            }
        }
    }
}
```

7.5.2 每一对顶点之间的最短距离

顶点对之间的最短路径是指对于给定的有向网 G=(V, E)，要对 G 中任意一对顶点有序对(v_i, v_j)($v_i \neq v_j$)，找出 v_i 到 v_j 的最短距离和 v_j 到 v_i 的最短距离。

解决此问题的一个有效方法是：轮流以每一个顶点为源点，重复执行迪卡斯特拉算法 n 次，即可求得每一对顶点之间的最短路径，总的时间复杂度为 $O(n^3)$。

弗洛伊德(Floyd)提出了另外一个求图中任意两顶点之间最短路径的算法，虽然其时间复杂度也是 $O(n^3)$，但其算法的形式更简单，易于理解和编程。

1. 弗洛伊德算法基本思想

弗洛伊德算法使用图的邻接矩阵 arc[n][n]来存储带权有向图。算法的基本思想是：设置一个 n×n 的矩阵 A^k，其中除对角线的元素都等于 0 外，其他元素 A^k[i][j]表示顶点 i 到顶点 j 的路径长度，k 表示运算步骤。开始时，以任意两个顶点之间的有向边的权值作为路径长度，没有有向边时，路径长度为∞，当 k=0 时，A^0[i][j]=arc[i][j]，以后逐步尝试在原路径中加入其他顶点作为中间顶点，如果增加中间顶点后，得到的路径比原来的路径长度减少了，则以此新路径代替原路径，修改矩阵元素。具体做法如下：

第一步，让所有边上加入中间顶点 1，取 A^0[i][j]与 A^0[i][1]+A^0[1][j]中较小的值作为 A^1[i][j]的值，完成后得到 A^1。

第二步，让所有边上加入中间顶点 2，取 A^1[i][j]与 A^1[i][2]+A^1[2][j]中较小的值，完成后得到 A^2。

如此进行下去，当第 n 步完成后，得到 A^n，A^n 即我们所求结果，A^n[i][j]表示顶点 i 到顶点 j 的最短距离。

因此，弗洛伊德算法可以描述如下：

```
A^0[i][j]=arc[i][j];                    //arc 为图的邻接矩阵
A^k[i][j]=min{A^(k-1)[i][j], A^(k-1)[i][k]+A^(k-1)[k][j]}
```

其中，k=1，2，…，n。

进一步地，我们定义一个 n 阶方阵序列：

$$D^{-1}，D^{0}，\cdots，D^{n-1}$$

其中，$D^{-1}[i][j]=arc[i][j]$；$D^{k}[i][j]=\min\{D^{k-1}[i][j], D^{k-1}[i][k]+D^{k-1}[k][j]\}$，k=0，1，…，n−1。那么，$D^{0}[i][j]$是从顶点 i 到 j，中间顶点是 V_0 的最短路径的长度；$D^{k}[i][j]$是从顶点 i 到 j，中间顶点的序号不大于 k 的最短路径长度；$D^{n-1}[i][j]$是从顶点 i 到 j 的最短路径长度。

为了理解弗洛伊德算法，我们先来看看图 7.27 所示的网图，这是一个最简单的 3 个顶点连通网图。

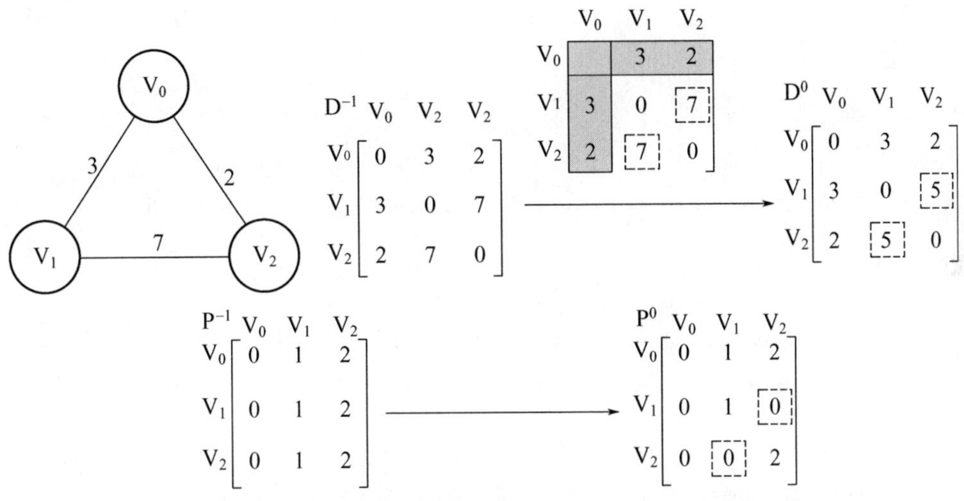

图 7.27　3 顶点连通网图的弗洛伊德算法示意图

我们先定义两个二维数组 $D^{-1}[3][3]$和 $P^{-1}[3][3]$，D^{-1} 代表顶点到顶点的最短路径权值和的矩阵。P^{-1} 代表对应顶点的最小路径的前趋矩阵。在未分析任何顶点之前，D^{-1} 就是初始的图的邻接矩阵。P^{-1} 初始化为图 7.27 中所示的矩阵。

首先，我们来分析所有的顶点经过 v_0 后到达另一顶点的最短路径。因为只有 3 个顶点，因此只需要查看 v_1−>v_0−>v_2，得到 $D^{-1}[1][0]+D^{-1}[0][2]=3+2=5$。$D^{-1}[1][2]$表示 v_1−>v_2 的权值为 7，我们发现 $D^{-1}[1][2]>D^{-1}[1][0]+D^{-1}[0][2]$，所以我们就让 $D^{-1}[1][2]=D^{-1}[1][0]+D^{-1}[0][2]=5$，同样有 $D^{-1}[2][1]=5$，于是就有了 D^{0} 的矩阵，于是 P^{-1} 矩阵对应的 $P^{-1}[1][2]$ 和 $P^{-1}[2][1]$也修改为当前中转的顶点 v_0 的下标 0，于是就有了 P^{0}。

接下来，在 D^{0} 和 P^{0} 的基础上继续处理所有顶点经过 v_1、v_2 后到达另一顶点的最短路径，得到 D^{1} 和 P^{1}、D^{2} 和 P^{2}，完成所有顶点到所有顶点的最短路径计算工作。

2. *弗洛伊德算法的实现*

为了进一步说明弗洛伊德算法，下面以复杂网图为例来讲解弗洛伊德算法。

首先我们针对图 7.28(a)准备两个矩阵 D^{-1} 和 P^{-1}，D^{-1} 就是网图的邻接矩阵，P^{-1} 初设为 $P^{-1}[i][j]=j$ 这样的矩阵，主要用来存储路径。

其相关代码见算法 7.10，该算法最后得到网图 G 中所有顶点到所有顶点的最短路径。P[v][w]是任意顶点 v 到其余顶点 w 的最短路径；D[v][w]是任意顶点 v 到其余顶点 w 的最短带权路径长度。如果经过下标为 k 的顶点路径比原两点间路径更短，将当前两点间权值设为更小的一个。

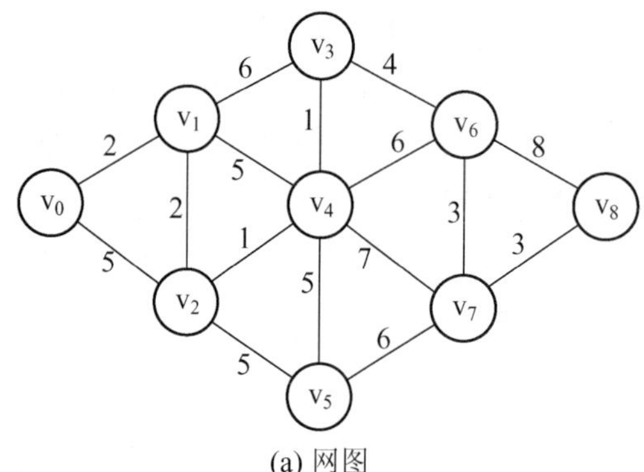

(a) 网图

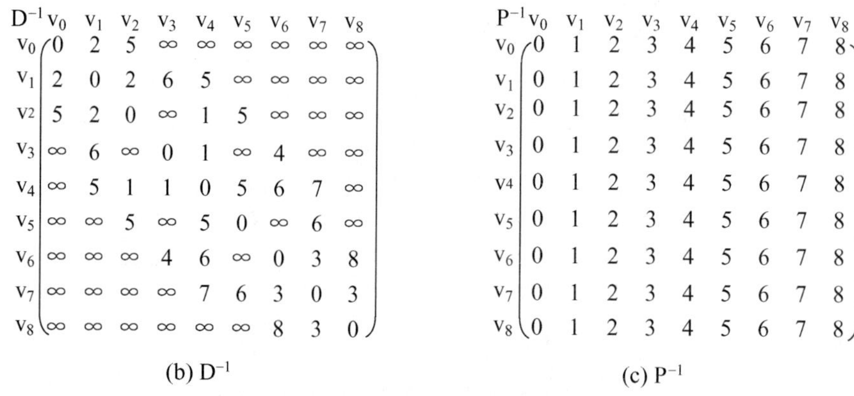

D^{-1}	v_0	v_1	v_2	v_3	v_4	v_5	v_6	v_7	v_8
v_0	0	2	5	∞	∞	∞	∞	∞	∞
v_1	2	0	2	6	5	∞	∞	∞	∞
v_2	5	2	0	∞	1	5	∞	∞	∞
v_3	∞	6	∞	0	1	∞	4	∞	∞
v_4	∞	5	1	1	0	5	6	7	∞
v_5	∞	∞	5	∞	5	0	∞	6	∞
v_6	∞	∞	∞	4	6	∞	0	3	8
v_7	∞	∞	∞	∞	7	6	3	0	3
v_8	∞	∞	∞	∞	∞	∞	8	3	0

(b) D^{-1}

P^{-1}	v_0	v_1	v_2	v_3	v_4	v_5	v_6	v_7	v_8
v_0	0	1	2	3	4	5	6	7	8
v_1	0	1	2	3	4	5	6	7	8
v_2	0	1	2	3	4	5	6	7	8
v_3	0	1	2	3	4	5	6	7	8
v_4	0	1	2	3	4	5	6	7	8
v_5	0	1	2	3	4	5	6	7	8
v_6	0	1	2	3	4	5	6	7	8
v_7	0	1	2	3	4	5	6	7	8
v_8	0	1	2	3	4	5	6	7	8

(c) P^{-1}

图 7.28　复杂连通网图及其弗洛伊德算法的初始矩阵

算法 7.10　弗洛伊德算法

```
typedef int Patharc[MAXVEX][MAXVEX];
typedef int ShortPathTable[MAXVEX][MAXVEX];

void ShortestPath_Floyd(MGraph G, Patharc *P, ShortPathTable *D)
{
    int v,w,k;
    for(v=0; v<G.numVertexes; ++v)
    {
        for(w=0; w<G.numVertexes; ++w)
        {
            (*D)[v][w]=G.arc[v][w];
            (*P)[v][w]=w;
        }
    }
    for(k=0; k<G.numVertexes; ++k)
    {
        for(v=0; v<G.numVertexes; ++v)
        {
            for(w=0; w<G.numVertexes; ++w)
```

```
                {
                    if ((*D)[v][w]>(*D)[v][k]+(*D)[k][w])
                    {
                        (*D)[v][w]=(*D)[v][k]+(*D)[k][w];
                        (*P)[v][w]=(*P)[v][k];
                    }
                }
            }
        }
}
```

为了使大家对上述算法有更好的理解，现分析如下：

(1) 第 7～14 行初始化 D 和 P 为图 7.28 所示的两个矩阵。

(2) 第 15～28 行是算法的主循环，一共 3 层嵌套，k 代表中转顶点的下标。v 代表起始顶点，w 代表结束顶点。

(3) 当 k=0 时，也就是所有的顶点都经过 v_0(v=0)中转，计算是否有最短路径的变化，结果如图 7.29 所示。

(4) 当 k=1 时，也就是所有的顶点都经过 v_1 中转。此时，当 v=0 时，$D^0[0][2]=5$，现在由于 $D^0[0][1]+D^0[1][2]=4$，因此 $D^1[0][2]=4$，同理可得 $D^1[0][3]=8$，$D^1[0][4]=7$，当 v=2 时，$D^1[2][3]=8$，v 为其他值时没有改变。由于这些最小权值的修正，所以在路径矩阵 P 上，也要作处理，将它们都改为当前的 $P^0[v][k]$值，结果如图 7.30 所示。

D^0	v_0	v_1	v_2	v_3	v_4	v_5	v_6	v_7	v_8
v_0		2	5	∞	∞	∞	∞	∞	∞
v_1	2	0	2	6	5	∞	∞	∞	∞
v_2	5	2	0	∞	1	5	∞	∞	∞
v_3	∞	6	∞	0	1	∞	4	∞	∞
v_4	∞	5	1	1	0	5	6	7	∞
v_5	∞	∞	5	∞	5	0	∞	6	∞
v_6	∞	∞	∞	4	6	∞	0	3	8
v_7	∞	∞	∞	∞	7	6	3	0	3
v^8	∞	∞	∞	∞	∞	∞	8	3	0

P^0	v_0	v_1	v_2	v_3	v_4	v_5	v_6	v_7	v_8
v_0		1	2	3	4	5	6	7	8
v_1	0	1	2	3	4	5	6	7	8
v_2	0	1	2	3	4	5	6	7	8
v_3	0	1	2	3	4	5	6	7	8
v_4	0	1	2	3	4	5	6	7	8
v_5	0	1	2	3	4	5	6	7	8
v_6	0	1	2	3	4	5	6	7	8
v_7	0	1	2	3	4	5	6	7	8
v_8	0	1	2	3	4	5	6	7	8

图 7.29 第一次迭代后的 D、P 矩阵

D^1	v_0	v_1	v_2	v_3	v_4	v_5	v_6	v_7	v_8
v0	0	2	4	8	7	∞	∞	∞	∞
v_1	2		2	6	5	∞	∞	∞	∞
v_2	4	2	0	8	1	5	∞	∞	∞
v_3	8	6	8	0	1	∞	4	∞	∞
v_4	7	5	1	1	0	5	6	7	∞
v_5	∞	∞	5	∞	5	0	∞	6	∞
v_6	∞	∞	∞	4	6	∞	0	3	8
v_7	∞	∞	∞	∞	7	6	3	0	3
v_8	∞	∞	∞	∞	∞	∞	8	3	0

P^1	v_0	v_1	v_2	v_3	v_4	v_5	v_6	v_7	v_8
v_0	0	1	1	1	1	5	6	7	8
v_1	0		2	3	4	5	6	7	8
v_2	1	1	2	1	4	5	6	7	8
v_3	1	1	1	3	4	5	6	7	8
v_4	1	1	2	3	4	5	6	7	8
v_5	0	1	2	3	4	5	6	7	8
v_6	0	1	2	3	4	5	6	7	8
v_7	0	1	2	3	4	5	6	7	8
v_8	0	1	2	3	4	5	6	7	8

图 7.30 第二次迭代后的 D、P 矩阵

(5) 接下来就是 k=2，一直到 8 结束，表示针对每个顶点作中转得到的计算结果，其中 D^0 以 D^{-1} 为基础，D^1 以 D^0 为基础……D^8 以 D^7 为基础，路径矩阵 P 也是如此。最终当 k=8 时，两矩阵数据如图 7.31 所示。

D^8	v_0	v_1	v_2	v_3	v_4	v_5	v_6	v_7	v_8
v_0	0	2	4	6	5	9	10	12	15
v_1	2	0	2	4	3	7	8	10	13
v_2	4	2	0	2	1	5	6	8	11
v_3	6	4	2	0	1	6	4	7	10
v_4	5	3	1	1	0	5	5	7	10
v_5	9	7	5	6	5	0	9	6	9
v_6	10	8	6	4	5	9	0	3	6
v_7	12	10	8	7	7	6	3	0	3
v_8	15	13	11	10	10	9	6	3	0

(a)

P^8	v_0	v_1	v_2	v_3	v_4	v_5	v_6	v_7	v_8
v_0	0	1	1	1	1	1	1	1	1
v_1	0	1	2	2	2	2	2	2	2
v_2	1	1	2	4	4	5	4	4	4
v_3	4	4	4	3	4	4	6	6	6
v_4	2	2	2	3	4	5	3	7	7
v_5	2	2	2	4	4	5	7	7	7
v_6	3	3	3	3	3	7	6	7	7
v_7	4	4	4	6	4	5	6	7	8
v_8	7	7	7	7	7	7	7	7	

(b)

图 7.31 D、P 矩阵最终迭代结果

至此，最短路径就算完成了。而且这里所有顶点到所有顶点的最短路径权值和都可以计算出。

那么如何由 P 这个路径数组得出具体的最短路径呢？以 v_0 到 v_8 为例，从图 7.31(b)第 v_8 列，$P^8[0][8]=1$，得到要经过顶点 v_1，然后将 1 取代 0，得到 $P^8[1][8]=2$，说明要经过 v_2，然后将 2 取代 1，得到 $P^8[2][8]=4$，说明要经过 v_4，然后将 4 取代 2，得到 $P^8[4][8]=7$，说明要经过 v_7，再得到 $P^8[7][8]=8$，这样很容易就推导出最终的最短路径值为 v_0->v_1->v_2-> v_4->v_7->v_8。

弗洛伊德算法的代码就是一个二重循环初始化加一个三重循环权值修正，就完成了所有顶点到所有顶点的最短路径计算。如果要求所有顶点到所有顶点的最短路径问题，弗洛伊德算法应该是不错的选择。

注意

虽然对求最短路径的两个算法举例都是无向图，但它们对有向图依然有效，因为两者的差异仅仅是邻接矩阵是否对称而已。

7.6 拓 扑 排 序

前面介绍了有环的图应用，现在我们来谈谈无环(无回路)的图应用。在现实世界中，需要执行一系列任务。一些任务关系到先执行哪一个，而另一些任务的执行顺序就无关紧要。例如，对于房地产项目，可以用一个有向图来描绘其实施过程。显然这个房地产项目可以由若干个子工程或子系统构成，如果把子工程或子系统称为活动(activity)，这些活动之间就存在先后次序关系，即某项活动的实施必须以另一项活动的完成为前提。

我们可以用一个有向图的顶点代表一项活动，用有向图的弧代表活动之间的先后次序关系，即弧代表先决条件，当一项活动 i 是另一项活动 j 的先决条件时，有向图中存在边<i, j>。

用顶点表示活动，用弧表示活动之间的先后次序关系的有向图，称为顶点活动图(Activity On Vertex network)，简称为AOV网。可见AOV网的特点是在网中一定不能有有向回路。检测网中是否存在环，则采用拓扑排序的方法。

【参考图文】

7.6.1 拓扑排序的概念

对于一个AOV网，通常需要把它的所有顶点排成一个满足下述关系的线性序列 V_1，V_2，…，V_n。如果AOV网中从顶点 V_i 到顶点 V_j 有一条路径，则在该线性序列中顶点 V_i 必在顶点 V_j 之前。满足这种线性关系的序列称为拓扑序列。

对AOV网构造拓扑序列的操作称为拓扑排序，即将AOV网中各个顶点排列成一个有序序列，使得所有前趋和后继关系都能得到满足，而那些没有次序关系的顶点，在拓扑排序的序列中可以插到任意位置。拓扑排序是对非线形结构的有向图进行线形化的重要手段。

并非任何AOV网的顶点都可以排成拓扑序列。如果网中存在有向回路，则找不到该网的拓扑序列。一般情况下，AOV网不应该存在有向回路，因为如果存在回路就意味着某项活动的开工是以自己工作的完成为先决条件的，这种死锁的现象会导致项目不可行。

对AOV网进行拓扑排序的基本思路是从AOV网中选择一个入度为0的顶点输出，然后删除该顶点，并删除以此顶点为尾的弧，继续重复此步骤，直到输出全部顶点或者AOV网中不存在入度为0的顶点为止。

我们可以举一个例子来说明拓扑排序。对有向图G进行拓扑排序，写出有向图的一个拓扑序列，过程如图7.32(b)～图7.32(f)所示。

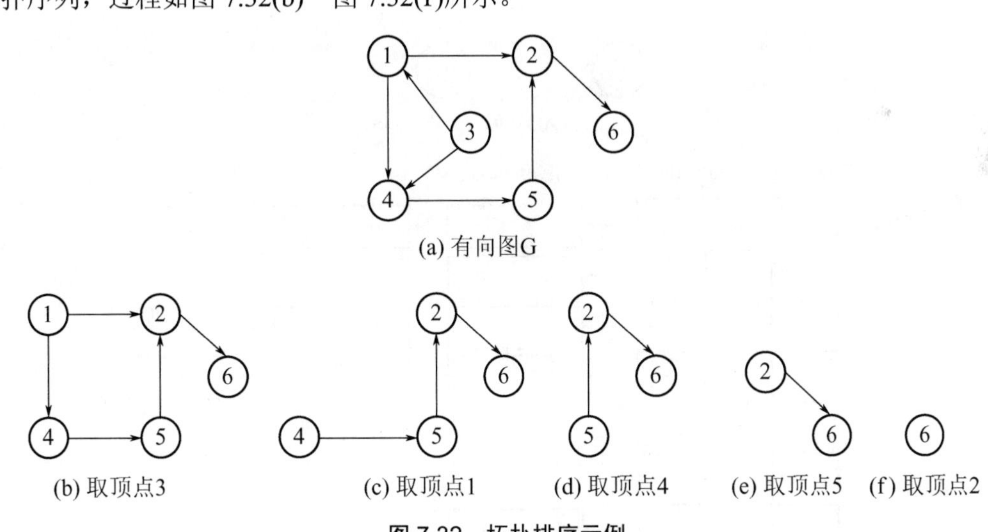

(a) 有向图G

(b) 取顶点3　(c) 取顶点1　(d) 取顶点4　(e) 取顶点5　(f) 取顶点2

图7.32 拓扑排序示例

(1) 在图7.32(a)所示的有向图中选取入度为0的顶点3，删除3及其相关联的两条弧，如图7.32(b)所示。

(2) 在图7.32(b)中选取入度为0的顶点1，删除1及其相关联的两条弧，如图7.32(c)所示。

(3) 在图7.32(c)中选取入度为0的顶点4，删除4及其相关联的一条弧，如图7.32(d)所示。

(4) 在图 7.32(d)中选取入度为 0 的顶点 5，删除 5 及其相关联的两条弧，如图 7.32(e)所示。

(5) 在图 7.32(e)中选取入度为 0 的顶点 2，删除 2 及其相关联的一条弧，如图 7.32(f)所示。

(6) 最后选取顶点 6，得到有向图的一个拓扑序列：3，1，4，5，2，6。

7.6.2 拓扑排序的算法

为了实现拓扑排序，我们首先需要给出 AOV 网的数据结构。前面求最小生成树和最短路径时，我们用的都是邻接矩阵，但由于在拓扑排序的过程中，需要删除顶点，显然用邻接表会更加方便些。考虑到排序过程中始终要查找入度为 0 的顶点，我们在原来的顶点表结点结构中增加了一个入度域 inDegree。结构如图 7.33 所示，其中 headEdge 是边表头指针，data 是顶点域中存储的顶点信息。

inDegree	data	headEdge

图 7.33 顶点表结点结构

因此，对于图 7.34(a)所示的 AOV 网，我们可以得到图 7.34(b)所示的对应邻接表。

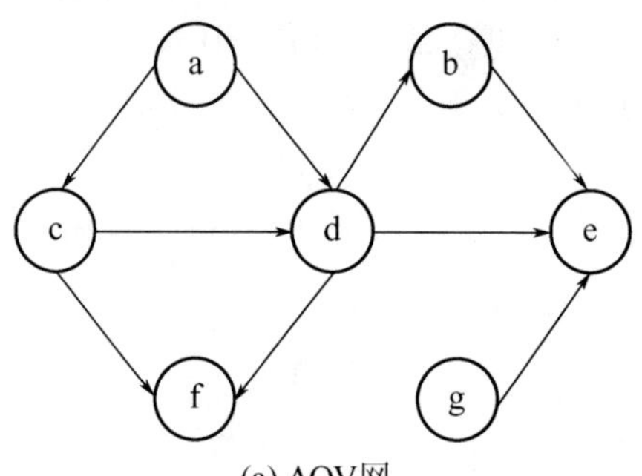

(a) AOV网

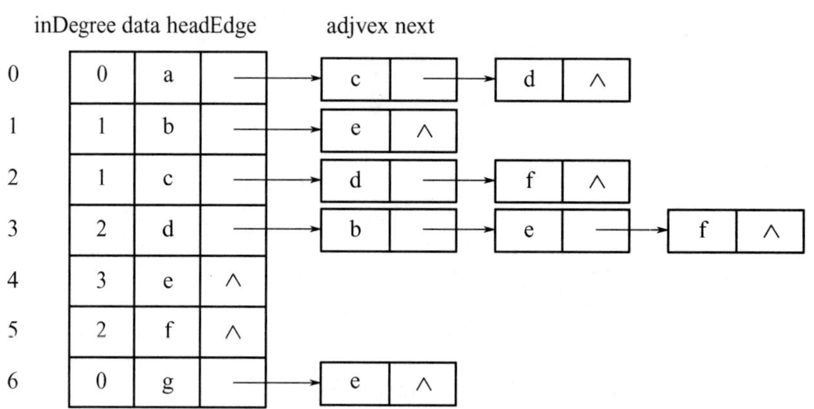

(b) 对应AOV网的邻接表

图 7.34 AOV 网及其邻接表

在拓扑排序算法中，涉及的结构代码如下：

```
typedef struct EdgeNode                        //边表结点
{
    int adjvex;                                //邻接点域，存储该顶点对应的下标
```

```
    int weight;                              //用于存储权值，对于非网图可以不需要
    struct EdgeNode *next;                   //链域，指向下一个邻接点
}EdgeNode;

typedef struct VertexNode                    //顶点表结点
{
    int inDegree;                            //顶点入度
    int data;                                //顶点域，存储顶点信息
    EdgeNode *headEge;                       //边表头指针
}VertexNode, AdjList[MAXVEX];


typedef struct
{
    AdjList adjList;
    int numVertexes,numEdges;                //图中当前顶点数和边数
}graphAdjList,*GraphAdjList;
```

其算法描述见算法 7.11。其中，若 GL 无回路，则输出拓扑排序序列并返回，若有回路则返回。在算法中，我们使用了栈 stack[ ]，用来存储处理过程中入度为 0 的顶点。其目的是避免每个查找时都要去遍历顶点表找有没有入度顶点为 0 的顶点。

算法 7.11 拓扑排序的算法

```
int TopologicalSort(GraphAdjList GL)
{
    EdgeNode *e;
    int i,k,gettop;
    int top=0;                                //栈指针下标
    int count=0;                              //统计输出顶点的个数
    int *stack;                               //存储入度为 0 的顶点
    stack=(int *)malloc(GL->numVertexes * sizeof(int) );

    for(i = 0; i<GL->numVertexes; i++)
        if(0 == GL->adjList[i].in)            //将入度为 0 的顶点入栈
            stack[++top]=i;
    while(top!=0)
    {
        gettop=stack[top--];                  //出栈
        printf("%d -> ",GL->adjList[gettop].data);
        count++;                              //统计输出顶点数
        for(e = GL->adjList[gettop]. headEge; e; e = e->next)
        {
            k=e->adjvex;
            if( !(--GL->adjList[k].inDegree))
                                  //将 k 号顶点邻接点的入度减 1，若为 0，则入栈
                stack[++top]=k;
        }
```

```
        }
        printf("\n");
        if(count < GL->numVertexes)                    //若count数小于顶点数，存在环
            return ERROR;
        else
            return OK;
    }
```

注意

任何无回路的 AOV 网，其顶点都可以排成一个拓扑序列，并且拓扑序列不一定是唯一的。

7.7 关键路径

若以弧表示活动，且弧上的权值表示进行该项活动所需时间，而以顶点表示“事件”，称这种有向图为活动在弧上的网络，简称活动边网络，简称为 AOE 网(Activity On Edge network)。所谓事件是一个关于某(几)项活动开始或完成的断言：指向它的弧表示的活动已经完成，而从它出发的弧表示的活动开始进行。因此，整个有向网也表示了活动之间的优先制约关系，显然，这样的有向网中也是不允许存在有向环的，除此之外，工程的负责人还关心的是整个工程完成的最短时间及哪些子工程将是影响整个工程如期完成的关键所在。

图 7.35 所示为表示一项假想工程的 AOE 网络，其中 a_i 表示第 i(i=1,2,⋯,11)项活动，括号内的数字表示完成该项活动所需时间(天数)。a 表示整个工程开始的事件，k 表示整个工程结束的事件，e 则表示活动 a_1 继而 a_4 和活动 a_2 继而 a_5 完成，同时活动 a_7 和 a_8 开始进行的事件。显然表示工程开始事件的顶点的入度为零(称作源点)，表示工程结束事件的顶点的出度为零(称作汇点)，一个工程的AOE网应是只有一个单源点和单汇点的有向无环图。AOE 网将告诉人们该项工程从开始到完成需要 18 天，其中 a_1、a_4、a_8 和 a_{11} 这 4 项子工程必须按时开始并计划完成，否则将延误整个工程的工期，即整个工程不能在 18 天内完成。称 a_1、a_4、a_8 和 a_{11} 为此 AOE 网的关键活动，称由它们构成的路径{a_1,a_4,a_8,a_{11}}为关键路径。

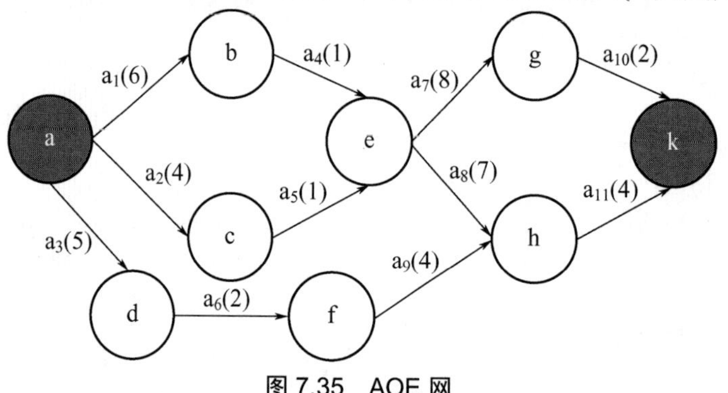

图 7.35　AOE 网

在 AOE 网络中，一条路径上各弧权值之和称为该路径的带权路径长度。由于 AOE 网中某些活动可以并行进行，则完成整个工程的最短时间为从源点到汇点最长的带权路径长

度的值，这条路径便称为关键路径，构成关键路径的弧即关键活动。

相应的关键路径的代码见算法 7.12，其中 ete 和 lte 分别是活动最早发生时间变量和最迟发生时间变量，GL 为有向网，输出 G 的各项关键活动。

算法 7.12　关键路径

```
void CriticalPath(GraphAdjList GL)
{
    EdgeNode *e;
    int i,gettop,k,j;
    int ete,lte;
    TopologicalSort(GL);
    ltv=(int *)malloc(GL->numVertexes*sizeof(int));  //事件最早发生时间数组*
    for(i=0; i<GL->numVertexes; i++)
        ltv[i]=etv[GL->numVertexes-1];

    printf("etv:\t");
    for(i=0; i<GL->numVertexes; i++)
        printf("%d -> ",etv[i]);
    printf("\n");

    while(top2!=0)                           //出栈是求 ltv
    {
        gettop=stack2[top2--];
        for(e = GL->adjList[gettop].firstedge; e; e = e->next)
                                             //求各顶点事件的最迟发生时间 ltv 值
        {
            k=e->adjvex;
            if(ltv[k] - e->weight < ltv[gettop])
                ltv[gettop] = ltv[k] - e->weight;
        }
    }

    printf("ltv:\t");
    for(i=0; i<GL->numVertexes; i++)
        printf("%d -> ",ltv[i]);
    printf("\n");

    for(j=0; j<GL->numVertexes; j++)
    {
        for(e = GL->adjList[j].firstedge; e; e = e->next)
        {
            k=e->adjvex;
            ete = etv[j];
            lte = ltv[k] - e->weight;
            if(ete == lte)                   //两者相等即在关键路径上
                printf("<v%d - v%d> length: %d \n",GL->adjList[j].data,GL->
                adjList[k].data,e->weight);
        }
    }
}
```

7.8 应用实践

7.8.1 单源点最短路径问题

设图用邻接表表示，写出求从指定顶点到其余各顶点的最短路径的迪卡斯特拉算法。要求：对所用的辅助数据结构，用邻接表结构给以必要的说明；写出算法描述。

解：这是一个求单源点最短路径问题。存储结构用邻接表表示，这里先给出所用的邻接表中的边结点的定义：

```
struct node
{
    int adjvex,weight;
    struct node *next;
}p;

void  Shortest_Dijkstra(AdjList cost ,vertype v0)
//在带权邻接表 cost 中，用迪卡斯特拉算法求从顶点 v0 到其他顶点的最短路径
{
    int dist[],s[];       //dist 数组存放最短路径，s 数组存顶点是否找到最短路径的信息
    for (i=1;i<=n;i++)
    {
        dist[i]=INFINITY;
        s[i]=0;
    }                     //初始化，INFINITY 是机器中最大的数
    s[v0]-1;
    p=g[v0].firstarc;
    while(p)              //顶点的最短路径赋初值
    {
        dist[p->adjvex]=p->weight;
        p=p->next;
    }
    for (i=1;i<n;i++)     //在尚未确定最短路径的顶点集中选有最短路径的顶点 u
    {
        mindis=INFINITY;     //INFINITY 是机器中最大的数，代表无穷大
        for (j=1;j<=n;j++)
        if (s[j]==0 && dist[j]<mindis)
        {
            u=j;
            mindis=dist[j];
        }//if
    s[u]=1;                  //顶点 u 已找到最短路径
    p=g[u].firstarc;
    while(p)                 //修改从 v0 到其他顶点的最短路径
    {
```

```
            j=p->adjvex;
            if (s[j]==0 && dist[j]>dist[u]+p->weight)
            dist[j]=dist[u]+p->weight;
            p=p->next;
        }
    }// for (i=1;i<n;i++)
}//Shortest_Dijkstra
```

7.8.2 自由树的直径问题

自由树(即无环连通图)T=(V,E)的直径是树中所有点对间最短路径长度的最大值，即 T 的直径定义为 MAX D(u,v)，这里 D(u,v) (u,v∈V)表示顶点 u 到顶点 v 的最短路径长度(路径长度为路径中所包含的边数)。写一算法求 T 的直径，并分析算法的时间复杂度。

解：对于无环连通图，顶点间均有路径，树的直径是生成树上距根结点最远的两个叶子间的距离，利用深度优先搜索遍历可求出图的直径。

```
int dfs(Graph g ,vertype parent ,vertype child ,int len)
//深度优先搜索遍历，返回从根到结点child所在的子树的叶子结点的最大距离
{
    current_len=len;
    maxlen=len;
    v=GraphFirstAdj(g ,child);
    while (v!=0)                        //邻接点存在
        if (v!=parent)
        {
            len=len+length(g ,child ,c);
            dfs(g,child ,v ,len);
            if (len>maxlen)
                maxlen=len;
            v=GraphNextAdj(g ,child ,v);
            len=current_len;
            } //if
    len=maxlen;
    return(len);
}//结束dfs
int  Find_Diamenter (Graph g)
//求无向连通图的直径，图的顶点信息为图的编号
{
    maxlen1=0;
    maxlen2=0;                          //存放目前找到的根到叶子结点路径的最大值和次大值
    len=0;                              //深度优先生成树根到某叶子结点间的距离
    w=GraphFirstAdj(g,1);               //顶点1为生成树的根
    while (w!=0)                        //邻接点存在
    {
        len=length(g ,1 ,w);
        if (len>maxlen1)
        {
```

```
                maxlen2=maxlen1;
                maxlen1=len;
            }
            else if (len>maxlen2)
                maxlen2=len;
            w=GraphNextAdj(g ,1 ,w); //找顶点 1 的下一邻接点
        }//while
        printf( "无向连通图 g 的最大直径是%d\n" ,maxlen1+maxlen2);
        return(maxlen1+maxlen2);
    }//结束 find_diamenter
```

算法主要过程是对图进行深度优先搜索遍历。若以邻接表为存储结构，则时间复杂度为 O(n+e)。

7.8.3 医院选址问题

给定 n 个村庄之间的交通图，若村庄 i 和 j 之间有道路，则将顶点 i 和 j 用边连接，边上的 W_{ij} 表示这条道路的长度，现在要从 n 个村庄中选择一个村庄建一所医院，问这所医院应建在哪个村庄，才能使离医院最远的村庄到医院的路程最短?试设计一个解答上述问题的算法，并应用该算法解答图 7.36 所示的实例。

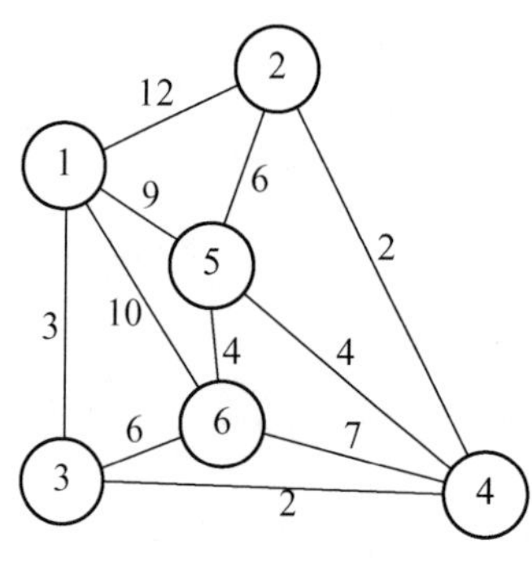

图 7.36 交通图

解：医院选址问题可用求每对顶点间最短路径的弗洛伊德算法求解。求出每一顶点(村庄)到其他顶点(村庄)的最短路径。在每个顶点到其他顶点的最短路径中，选出最长的一条。因为有 n 个顶点，所以有 n 条，在这 n 条最长路径中找出最短的一条，它的出发点(村庄)就是医院应建立的村庄。

```
    void  Hospital(AdjMatrix w,int n)
    /*在以邻接带权矩阵表示的 n 个村庄中，求医院建在何处，使离医院最远的村庄到医院的路径最短*/
    {
        for (k=1;k<=n;k++)              //求任意两顶点间的最短路径
            for (i=1;i<=n;i++)
                for (j=1;j<=n;j++)
                    if (w[i][k]+w[k][j]<w[i][j])
                        w[i][j]=w[i][k]+w[k][j];
        m=MAXINT;                       //设定 m 为机器内最大整数
        for (i=1;i<=n;i++)              //求最长路径中最短的一条
```

```
    {
        s=0;
        for (j=1;j<=n;j++)          //求从某村庄 i(1<=i<=n)到其他村庄的最长路径
        if (w[i][j]>s)
            s=w[i][j];
        if (s<=m)
        {
            m=s;
            k=i;
        }                           //在最长路径中，取最短的一条。m 记最长路径，k 记
                                      出发顶点的下标
        Printf("医院应建在%d 村庄,到医院距离为%d\n",i,m);
    }
}//算法结束
```

对以上实例模拟的过程略。运用该算法，最终确定该医院应建在第三个村庄中，离医院最远的村庄到医院的距离是 6。

本 章 小 结

图是一种比线性表和树更复杂的数据结构。在线性表中，数据元素之间仅有线性关系，每个数据元素只有一个直接前趋和一个直接后继。在树形结构中，数据元素之间存在着明显的层次关系，并且每层的元素可能和下一层的多个元素(即其孩子结点)相邻，但只能和上一层的一个元素(即其双亲结点)相关。而在图形结构中，结点之间的关系可以是任意的，图中任意两个元素之间都可能相邻。

和树类似，图的遍历是图的一种主要操作，可以通过遍历判别图中任意两个顶点之间是否存在路径，判别给定图是否为连通图并可求得非连通图的各个连通分量。但对于网(带权图)来说，其最小生成树或最短路径都取决于弧或边上的权值，则需要有特定的算法求解。

习题与思考

7.1 单选题

1．设无向图的顶点个数为 n，则该图最多有(　　)条边。

A．n−1　　B．n(n−1)/2　　C．n(n+1)/2　　D．0

2．n 个结点的完全有向图含有边的数目(　　)。

A．nn　　B．n(n+1)　　C．n/2　　D．n(n−1)

3．具有 N 个顶点、E 条边的无向图采用邻接矩阵存储，则零元素的个数为(　　)。

A．2E　　B．E　　C．N^2-2E　　D．N^2-E

4．在图采用邻接表存储时，求最小生成树的普里姆算法的时间复杂度为(　　)。

A．O(n)　　B．O(n+e)　　C．$O(n^2)$　　D．$O(n^3)$

5．已知有向图 G=(V,E)，其中 $V=\{V_1,V_2,V_3,V_4,V_5,V_6,V_7\}$，$E=\{<V_1,V_2>,<V_1,V_3>,<V_1,V_4>,<V_2,V_5>,<V_3,V_5>,<V_3,V_6>,<V_4,V_6>,<V_5,V_7>,<V_6,V_7>\}$，G 的拓扑序列是(　　)。

A. $V_1,V_3,V_4,V_6,V_2,V_5,V_7$　　B. $V_1,V_3,V_2,V_6,V_4,V_5,V_7$

C. $V_1,V_3,V_4,V_5,V_2,V_6,V_7$　　D. $V_1,V_2,V_5,V_3,V_4,V_6,V_7$

7.2 填空题

1. 具有 n 个顶点的无向连通图 G 中至少有______条边。

2. 如果含 n 个顶点的图 G 形成一个环，则 G 有______棵生成树。

3. 为了实现图的广度优先搜索遍历，除了一个标志数组标志已访问的图的结点外，还需_______存放被访问的结点以实现遍历。

4. 普里姆算法适用于求________的网的最小生成树，克鲁斯卡尔算法适用于求________的网的最小生成树。

5. 判断一个有向图是否存在回路除了可以利用拓扑排序方法外，还可以用_______。

7.3 思考题

1. 图的逻辑结构特点是什么？什么是无向图和有向图？什么是子图？什么是网络？

2. 什么是顶点的度？什么是路径？什么是连通图和非连通图？什么是非连通图的连通分量？

3. 用邻接矩阵表示图时，矩阵元素的个数与顶点个数是否相关？与边的条数是否相关？

4. 有 n 个顶点的无向连通图至少有多少条边？有 n 个顶点的有向强连通图至少有多少条边？

5. 分别给出图 7.37 所示交通图 G 的深度优先搜索遍历和广度优先搜索遍历得到的顶点访问序列。

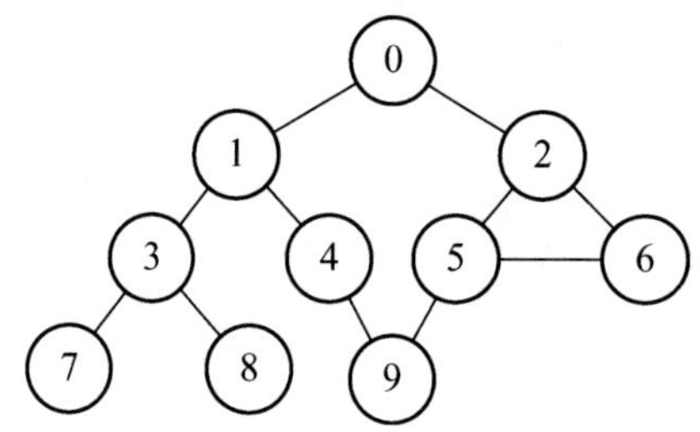

图 7.37　交通图 G

6. 写出图 7.38 所示有向图的拓扑排序序列。

7. 如图 7.39 所示，试给出无向图 G 对应的邻接矩阵，并写出广度优先搜索遍历算法。

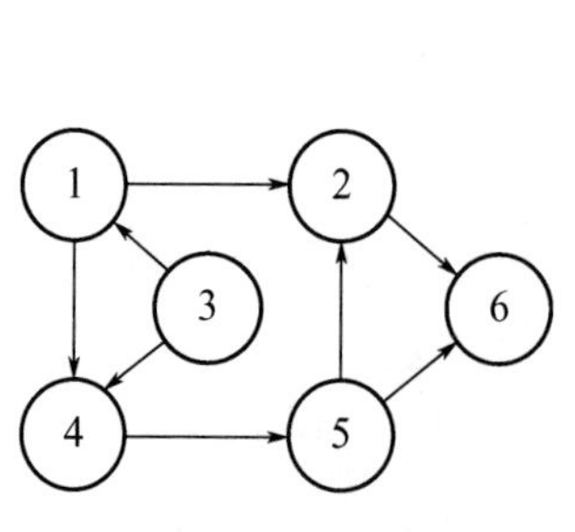

图 7.38　有向图 G

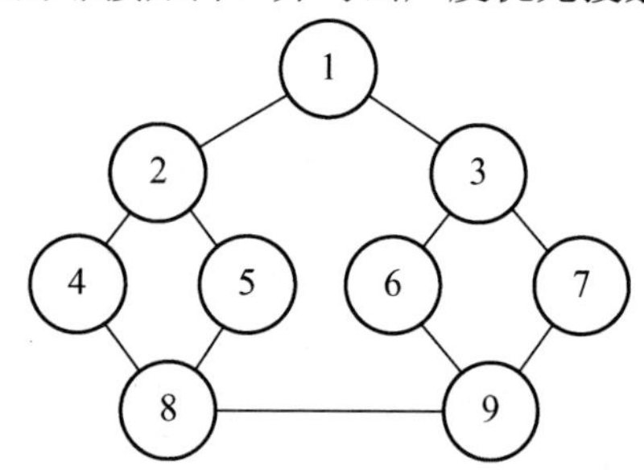

图 7.39　无向图 G

8. 已知图 7.40 所示的有向图，给出该图的如下信息：

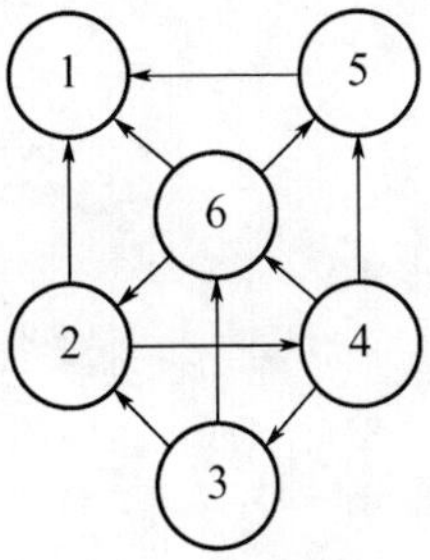

(1) 每个顶点的入度、出度；

(2) 邻接矩阵；

(3) 邻接表；

(4) 逆邻接表；

(5) 强连通分量。

图 7.40 有向图 G

9．试回答下列关于图的一些问题：

(1) 如果 G1 是一个具有 n 个顶点的连通无向图，那么 G1 最多有多少条边？G1 最少有多少条边？

(2) 如果 G2 是一个具有 n 个顶点的强连通有向图，那么 G2 最多有多少条边？G2 最少有多少条边？

(3) 如果 G3 是一个具有 n 个顶点的弱连通有向图，那么 G3 最多有多少条边？G3 最少有多少条边？

(4) 对于一个有向图，不用拓扑排序，如何判断图中是否存在环？

10．设 G=(V,E)以邻接表存储，如图 7.41 所示，试画出图的深度优先生成树和广度优先生成树。

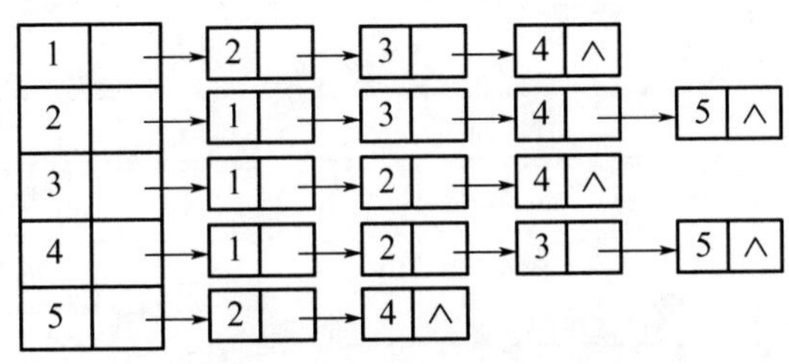

图 7.41 有向图 G 的邻接表

11．设无向图 G 有 n 个顶点、m 条边，试编写用邻接表存储该图的算法 (设顶点值用 1～n 或 0～n-1 编号)。

12．给出以十字链表作为存储结构，建立图的算法，输入(i,j,v)，其中 i、j 为顶点号，v 为权值。

13．设有向 G 图有 n 个点(用 1,2,…,n 表示)、e 条边，写一算法根据其邻接表生成其反向邻接表，要求算法复杂性为 O(n+e)。

14．假设有向图以邻接表存储，试编写算法删除弧$<V_i, V_j>$的算法。

15．设无向图 G 已用邻接表结构存储，顶点表为 GL[n] (n 为图中顶点数)，试用广度优先搜索遍历方法，写出求图 G 中各连通分量的 C 语言描述算法：BFSCOM(GL)。(注：算法中可调用队列操作的基本算法。)

16．写出图的深度优先搜索遍历算法的非递归算法。

17．令 G=(V，E)为一个有向无环图，编写一个给图 G 中每一个顶点赋以一个整数序号的算法，并满足以下条件：若从顶点 i 至顶点 j 有一条弧，则应使 $i<j$。

排　序

学习目标

(1) 理解排序的定义和各种排序方法的特点，并能加以灵活应用。

(2) 掌握各种排序方法的时间复杂度及分析方法。

(3) 理解排序方法“稳定”或“不稳定”的含义及应用场合。

知识结构图

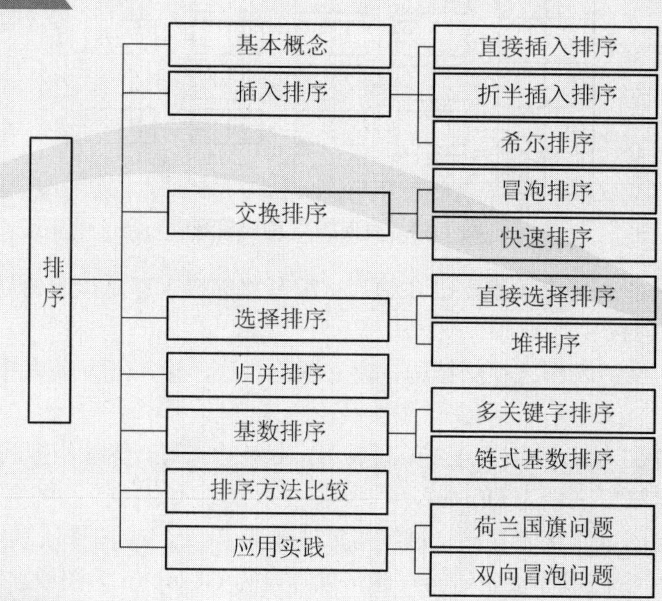

重点和难点

希尔排序、快速排序、堆排序和归并排序等高效方法是本章的学习重点和难点。

学习指南

本章学习的要点主要是了解各种排序方法实现时所依据的原则及它们的主要操作(“关键字间的比较”和“记录的移动”)的时间分析。学习中应注意掌握各种排序方法实现的要点，切实掌握各种排序过程的排序特点所在。

8.1 基本概念

关键字(key words)是数据元素中的某个数据项。如果某个数据项可以唯一地确定一个数据元素，就将其称为主关键字；否则，称为次关键字。

排序(sorting)即把一组记录或数据元素的无序序列按照某个关键字值(关键字)递增或递减的次序重新排列的过程。

假设含有 n 个记录的序列为$\{R_1, R_2,\cdots, R_n\}$，其相应的关键字序列为$\{K_1, K_2,\cdots, K_n\}$。需确定 1, 2,⋯, n 的一种排序 $p_1, p_2,\cdots, p_n$，使其相应的关键字满足如下关系：

$$K_{p1} \leqslant K_{p2} \leqslant \cdots \leqslant K_{pn} \tag{8.1}$$

即使得$\{R_1, R_2,\cdots, R_n\}$的序列成为一个按关键字有序的序列：

$$\{R_{p1}, R_{p2}, \cdots, R_{pn}\} \tag{8.2}$$

这个将原有表中任意顺序的记录变成一个按关键字有序排列的过程称为排序。

待排序记录序列可以用顺序存储结构或链式存储结构表示。在本章的讨论中(除基数排序外)，若无特别说明，均假定待排序的记录序列采用顺序存储结构来存储，即用一维数组实现，并假定按关键字非递减方式排序。为简单起见，假设关键字类型为整型。此结构也将用于之后我们要讲的所有排序算法。其定义如下：

```
#define MAXSIZE 10000    //用于要排序数组个数最大值
typedef int KeyType;     //假定关键字类型为整数

typedef struct
{   int r[MAXSIZE+1];    //用于存储待排序的数据元素(记录)，r[0]用作哨兵或临时变量
    int length;          //用于记录顺序表的长度
}SqList;
```

另外，由于排序最常用的操作是数组两元素的交换，我们将它写成函数，在之后的讲解中会大量地使用。

```
void swap(SqList *L,int i,int j)
{
    int temp=L->r[i];
    L->r[i]=L->r[j];
    L->r[j]=temp;
}
```

排序又称分类，是数据处理领域中一种很常用的运算，主要目的是实现快速查找。基本的排序方法主要有 5 种：插入排序、交换排序、选择排序、归并排序、基数排序。

排序算法的稳定性是指如果在待排序的记录序列中有多个数据元素的关键字值相同，经过排序后，这些数据元素的相对次序保持不变，则称这种排序算法是稳定的，否则称之为不稳定的。

根据在排序过程中待排序的所有数据元素是否全部被放置在内存中，可将排序方法分为内部排序和外部排序两大类。内部排序是指在排序的整个过程中，待排序的所有数据元

素全部被放置在内存中；外部排序是指由于待排序的数据元素个数太多，不能同时放置在内存，而需要将一部分数据元素放置在内存，另一部分数据元素放置在外设上，整个排序过程需要在内外存之间多次交换数据才能得到排序的结果。本章只讨论常用的内部排序方法。

在排序过程中，基本动作执行一次，我们称一趟。评价排序算法的效率同样要考虑时间复杂度和空间复杂度，即在数据量规模一定的条件下，算法执行所消耗的平均时间和执行算法所需要的辅助存储空间。对于排序操作，时间主要消耗在关键字之间的比较和数据元素的移动上，因此，我们可以认为高效率的排序算法应该是尽可能少的比较次数和尽可能少的数据元素移动次数。辅助存储空间是指在数据量规模一定的条件下，除了存放待排序数据元素占用的存储空间之外，执行算法所需要的其他存储空间。理想的空间效率是算法执行期间所需要的辅助空间与待排序的数据量无关。

8.2 插入排序

8.2.1 直接插入排序

【参考图文】

直接插入排序(Straight Insertion Sort)是一种最简单的排序方法。它的基本操作是依次将一个记录插入到已排好序的有序表中，从而得到一个新的、记录数增1的有序表。其具体的排序过程可以描述如下：首先将待排序记录序列中的第一个记录作为一个有序表，将记录序列中的第二个记录插入到上述有序表中形成由两个记录组成的有序表，再将记录序列中的第三个记录插入到这个有序段中，形成由三个记录组成的有序表……以此类推，每一趟都是将一个记录插入到前面的有序表中，假设当前欲处理第i个记录，则应该将这个记录插入到由前i-1个记录组成的有序表中，从而形成一个由i个记录组成的按关键字值排列的有序序列，直到所有记录都插入到有序表中。一共需要经过n-1趟就可以将初始序列的n个记录重新排列成按关键字值大小排列的有序序列。

例如，已知待排序的一组记录的初始序列如下所示：

$$\{23, 4, 15, 8, 19, 24, 15\} \tag{8.3}$$

假设在排序过程中，前4个记录已按关键字递增的次序重新排列，构成一个含4个记录的有序序列：

$$\{4, 8, 15, 23\} \tag{8.4}$$

现要将原序列中的第5个(即关键字19)记录插入上述序列，以得到一个新的含5个记录的有序序列，则首先要在式(8.4)的序列中查找以确定19所应插入的位置，然后进行插入。假设从23起向左进行顺序查找，由于15<19<23，则19应插入在15和23之间，从而得到下列新的有序序列：

$$\{4, 8, 15, 19, 23\} \tag{8.5}$$

称从序列(8.4)到序列(8.5)的过程为一趟直接插入排序。整个直接插入排序的过程如图8.1所示。对应的直接插入排序代码见算法8.1。

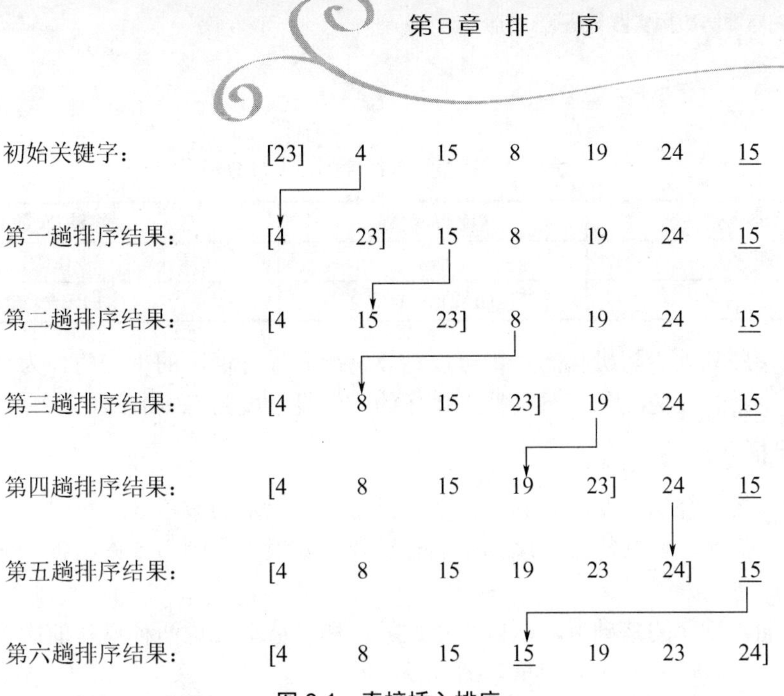

图 8.1　直接插入排序

算法 8.1　直接插入排序

```
void InsertSort(SqList *L)
{
    int i,j;
    for(i=2;i<=L->length;i++)
    {
        if (L->r[i]<L->r[i-1])
        {
            L->r[0]=L->r[i];                       //设置哨兵
            for(j=i-1;L->r[j]>L->r[0];j--)
                L->r[j+1]=L->r[j];
            L->r[j+1]=L->r[0];
        }
    }
}
```

通过以上代码我们发现，直接插入排序算法简单，且容易实现，只需要一个记录大小的辅助空间用于存放待插入的记录(在 C 语言中，我们利用了数组中的 0 单元)和两个整型变量。当待排序记录较少时，排序速度较快。但是，当待排序的记录数量较大时，大量的比较和移动操作将使直接插入排序算法的效率降低；然而，当待排序的数据元素基本有序时，直接插入排序过程中的移动次数大大减少，从而效率会有所提高。插入排序是一种稳定的排序方法。

从上述排序过程可见，排序中的两个基本操作是 (关键字间的)比较和(记录的)移动。因此排序的时间性能取决于排序过程中这两个操作的次数。从直接插入排序的算法可见，这两个操作的次数取决于待排记录序列的状态，当待排记录处于“正序”(即记录按关键字从小到大的顺序排列)的情况时，所需进行的关键字比较和记录移动的次数最少。反之，当待排记录处于“逆序”(即记录按关键字从大到小的顺序排列)的情况时，所需进行的关键字比较和记录移动的次数最多，见表 8-1。

表 8-1　直接插入排序的复杂度分析

待排记录序列状态	"比较"次数	"移动"次数
正序	n−1	0
逆序	(n+2)(n+1)/2	(n+4)(n−1)/2

待排记录序列处于随机状态，则可以最坏情况和最好情况的平均值作为插入排序的时间性能的量度。一般情况下，直接插入排序的时间复杂度为 $O(n^2)$。

8.2.2　折半插入排序

直接插入排序算法简便，且容易实现。当待排序记录的数量 n 很小时，这是一种很好的排序方法。但是，通常待排序序列中的记录数量 n 很大，则不宜采用直接插入排序。由此需要讨论改进的办法。

在直接插入排序的基础上，从减少“比较”和“移动”这两种操作的次数着手，我们接下来讨论一种改进的方法，即折半插入排序。

由于折半插入排序的基本操作是在一个有序表中进行查找和插入，且这个“查找”操作是利用“折半查找”来实现，由此进行的插入排序称为折半插入排序(Binary Insertion Sort)。

相应的代码见算法 8.2，在 r[low…high]中折半查找有序插入的位置。

算法 8.2　折半插入排序

```
void BInsertSort (SqList &L)
{
    int low,high;
    int m;
    for(int i=2;i<=L.length;++i)
    {
        L.r[0] = L.r[i];
        low=1;high=i-1;
        while(low<=high)
        {
            m=(low+high)/2;
            if(L.r[0]<L.r[m])high=m-1;          //插入低半区
            else low=m+1;                       //插入高半区
        }
        for ( int j=i-1;j>=low;--j)L.r[j+1]=L.r[j];
        L.r[high+1]=L.r[0];
    }
}
```

通过以上代码我们发现，确定插入位置所进行的折半查找，定位一个关键字的位置需要比较次数至多为 $\lceil \log_2(n+1) \rceil$ 次，所以比较次数时间复杂度为 $O(n\log_2 n)$，而移动记录的次数和直接插入排序相同，因此，时间复杂度仍为 $O(n^2)$。

8.2.3　希尔排序

希尔排序(Shell Sort)又称为“缩小增量排序”(Diminishing Increment Sort)，是 D.L.Shell 于 1959 年提出来的一种排序算法。其基本思想是将待排序的记录划分成几组，从而减少参与直接插入排序的数据量，当经过几次分组排序后，记录的排列已经基本有序，这个时候再对所有的记录实施直接插入排序。

具体步骤可以描述如下：假设待排序的记录为 n 个，先取整数 d<n。例如，取 d= n/2 (n/2 表示不大于 n/2 的最大整数)，将所有距离为 d 的记录构成一组，从而将整个待排序记录序列分割成为 d 个子序列，如图 8.2 所示。对每个分组分别进行直接插入排序，然后缩小间隔 d。例如，取 d= d/2 ，重复上述的分组，再对每个分组分别进行直接插入排序，使整个排序序列基本有序，所谓的基本有序，就是小的关键字基本在前面，大的基本在后面，不大不小的基本在中间。直到最后取 d=1，即将所有记录放在一组进行一次直接插入排序，最终将所有记录重新排列成按关键字有序的序列。

假设待排序表关键字序列为 58,46,72,95,84,25,37,58,63,12，步长因子分别取 5,3,1，则排序过程，如图 8.2 所示。

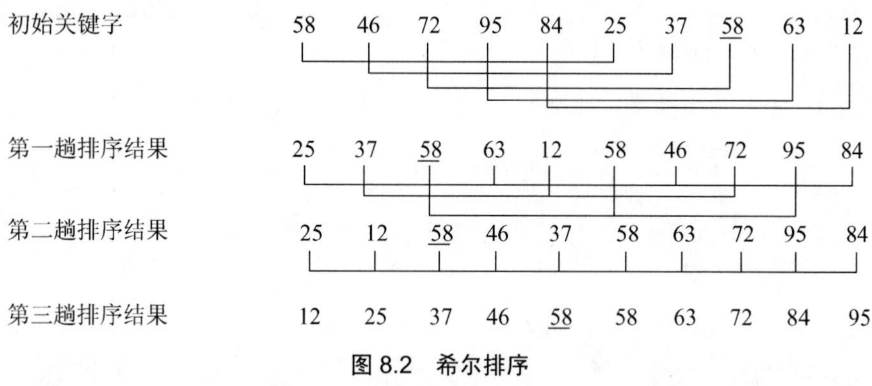

图 8.2 希尔排序

对于希尔排序算法，我们分为不设监视哨和设监视哨两种情况来阐述。具体描述如下：

1. 不设监视哨的算法描述

其相应的代码见算法 8.3，将 R[d+1…n]分别插入各组当前的有序区，而 R[0]只是暂存单元，不是哨兵。

算法 8.3 不设监视哨的希尔排序

```
void ShellPass(SqList *L,int d)
{                                          //希尔排序中的一趟排序，d 为当前增量
    int j;
    for(int i=d+1;i<=L->length;i++)
        if(L->r[i]<L->r[i-d]){
            L->r[0]=L->r[i];
            j=i-d;
            do {                           //查找 R[i]的插入位置
                L->r[j+d]=L->r[j];
                j=j-d;                     //查找前一记录
            }while(j>0&&L->r[0]<L->r[j]);
            L->r[j+d]=L->r[0];
        }//endif
}//ShellPass
```

```
void  ShellSortNoGuard(SqList *L)
{
    int increment=L->length;
    do{
        increment=increment/3+1;
        ShellPass(L,increment);
    }while (increment>1);
}
```

注意

当增量 d=1 时，ShellPass 和 InsertSort 基本一致，只是由于没有哨兵而在内循环中增加了一个循环判定条件“j>0”，以防下标越界。

2. 设监视哨的算法描述

算法 8.4 设监视哨的希尔排序

```
void ShellSort(SqList *L)
{
    int i,j,k=0;
    int increment=L->length;
    do{
        increment=increment/3+1;
        for(i=increment+1;i<=L->length;i++)
        {
            if (L->r[i]<L->r[i-increment])
            {
                L->r[0]=L->r[i];
                for(j=i-increment;j>0 && L->r[0]<L->r[j];j-=increment)
                    L->r[j+increment]=L->r[j];  //记录后移，查找插入位置
                L->r[j+increment]=L->r[0];
            }
        }
        printf("第%d趟排序结果: ",++k);
        print(*L);
    }while(increment>1);
}
```

注意

(1) 实际上，一切为简化边界条件而引入的附加结点(元素)均可称为哨兵。例如，单链表中的头结点实际上是一个哨兵。

(2) 引入哨兵后使得测试查找循环条件的时间约减少了一半，所以对于记录数较大的文件，节约的时间就相当可观。对于类似于排序这样使用频率非常高的算法，要尽可能地减少其运行时间。所以不能把上述算法中的哨兵视为雕虫小技，而应该深刻理解并掌握这种技巧。

希尔排序适用于待排序的记录数目较大时，在此情况下，希尔排序方法一般要比直接插入排序方法快。希尔排序的分析是一个很复杂的问题，因为它的时间是所取“增量”序列的函数，这涉及一些数学上尚未解决的难题。因此，到目前为止尚未有人求得一种最好的增量序列，但大量的研究已得出一些局部的结论。希尔排序的时间复杂度和所取增量序列相关，例如，已有学者证明，当增量序列为2^{t-k-1}(k=0,1, …, t-1)时，希尔排序的时间复杂度为$O(n^{3/2})$。增量序列可以有各种取法，但需注意：应使增量序列中的值没有除1之外的公因子，并且最后一个增量值必须等于1。

8.3 交换排序

交换排序的基本思想是两两比较待排序记录的关键字，发现两个记录的次序相反时即进行交换，直到没有反序的记录为止。应用交换排序基本思想的主要排序方法有冒泡排序和快速排序。

8.3.1 冒泡排序

【参考图文】

冒泡排序(bubble sort)是一种交换排序，它的基本思想是两两比较相邻记录的关键字，如果反序则交换，直到没有反序的记录为止。冒泡的实现在细节上可以有很多种变化，我们将分别就3种不同的冒泡排序实现代码来讲解冒泡排序的思想。这里，我们先来看看比较容易理解的一段代码，详见算法8.5。

算法8.5 最简单的交换排序

```
void BubbleSortA(SqList *L)
{
    int i,j;
    for(i=1;i<L->length;i++)
    {
        for(j=i+1;j<=L->length;j++)
        {
            if(L->r[i]>L->r[j])
            {
                swap(L,i,j);              //交换i与j的值
            }
        }
    }
}
```

这段代码严格意义上说不算是标准的冒泡排序算法，因为它不满足“两两比较相邻记录”的冒泡排序思想，它应该是最简单的交换排序而已。它的思路就是让每一个关键字都和它后面的每一个关键字比较，如果大则交换，这样第一位置的关键字在一次循环后一定变成最小值。如图8.3所示，假设我们待排序的关键字序列是{11,3,7,10,5,9,6,8,4}，当i=1时，如图8.3(a)所示，11与3交换后，在第一位置的3与后面的关键字比较都小。因此3是最小值，放置首位。当i=2时，如图8.3(b)所示，第二位置先后由11换成7，换成5，换成4，最终将4放置在第二位置。后面的数字变换类似，不再介绍。

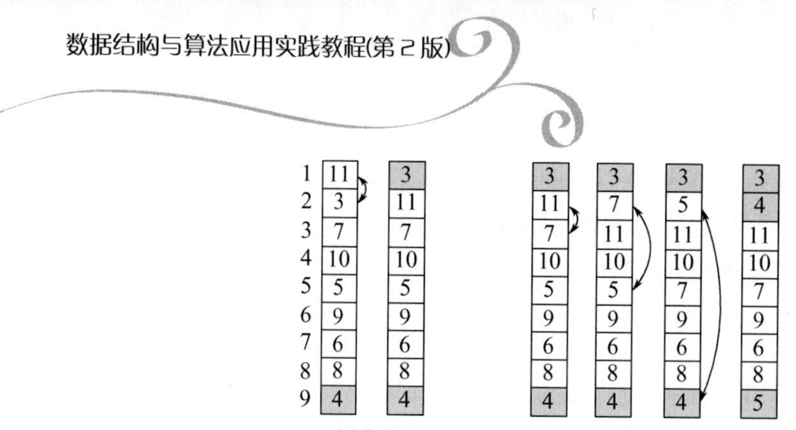

图 8.3 冒泡排序

观察后发现这种排序是有缺陷的，在排好 1 和 2 的位置后，对其余关键字的排序没有什么帮助(数字 5 反而还被换到了最后一位)。也就是说，这个算法的效率是非常低的。

下面是经典的冒泡算法，其中 j 是从后往前循环。

算法 8.6 冒泡排序

```
void BubbleSortB(SqList *L)
{
    int i,j;
    for(i=1;i<L->length;i++)
    {
        for(j=L->length-1;j>=i;j--)
        {
            if(L->r[j]>L->r[j+1])
            {
                swap(L,j,j+1);
            }
        }
    }
}
```

依然假设我们待排序的关键字序列是{11,3,7,10,5,9,6,8,4}，当 i=1 时，变量 j 由 8 反向循环到 1，逐个比较，将较小值交换到前面，直到最后找到最小值放置在第一位置。如图 8.4 所示，当 i=1、j=8 时，我们发现 8>4，因此交换了它们的位置，j=7 时，6>4，所以交换……直到 j=2 时，因为 3<4，所以不再交换。j=1 时，11>3，交换，最终得到最小值 3，

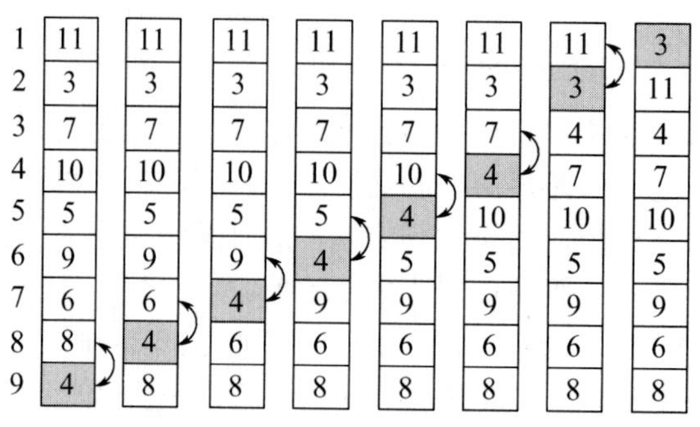

图 8.4 当 i=1 时的排序过程

并放置在第一位置。事实上，在不断循环的过程中，除了将关键字3放到第一位置外，我们还将关键字4从第九位置提到第三位置，显然这一算法比前面的算法有进步，在上万条数据的排序过程中，这种差异会体现出来。图8.4中较小的数字如同气泡般慢慢浮到上面。因此，将此算法命名为冒泡算法。

当i=2时，变量j由8反向循环到2，逐个比较，在将关键字4交换到第二位置的同时，也将关键字6和5有所提升，如图8.5所示。

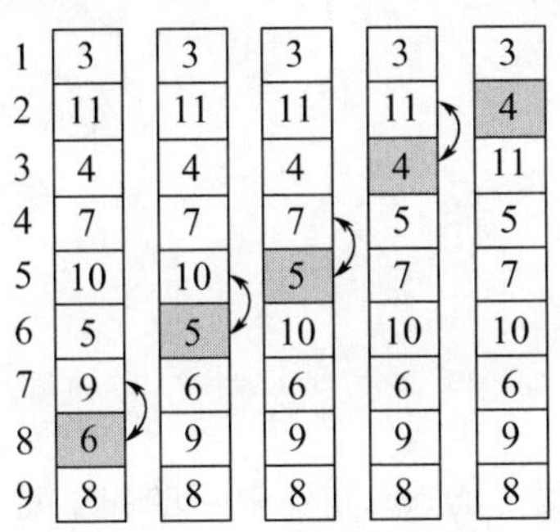

图8.5 当i=2时的排序过程

后面的数字变换很简单，这里不再赘述。

这样的冒泡程序是否还可以优化呢？答案是肯定的。试想一下，如果我们待排序的序列是{4,3,5,6,7,8,9,10,11}，也就是说，除了第一位置和第二位置的关键字需要交换外，别的位置的关键字都已经是正常的顺序。当i=1时，交换4和3，此时序列已经有序，如图8.6(a)所示，但是算法仍然将i=2～9及每个循环中的j循环都执行了一遍，尽管并没有交换数据，但是之后的大量比较操作还是大大地多余了，如图8.6(b)所示。

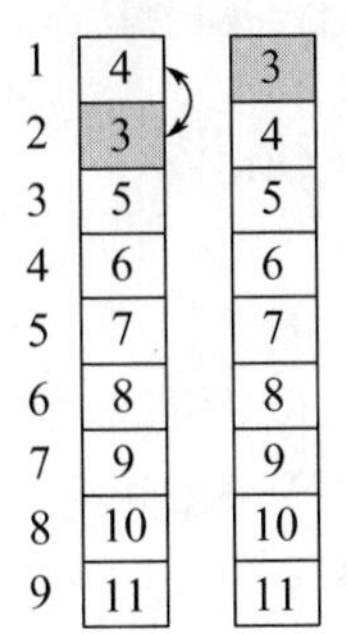

(a) 当i=1的交换结果

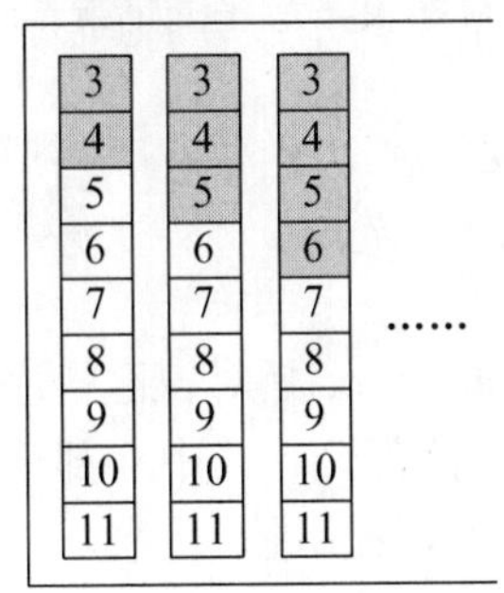

(b) 多余的循环判断

图8.6 经典冒泡排序存在的问题

当i=2时，我们已经对11与10，10与9，…，5与4作了比较，没有任何数据交换，这就说明此序列已经有序，不需要再继续后面的循环判断工作了。为此，我们对代码进行改进，增加一个标记变量flag来实现这一算法的改进。首先将flag赋初值为FALSE，在执行过程中，若flag为TRUE说明有过数据交换，否则停止循环。

算法8.7 优化后的冒泡排序

```
void BubbleSortC(SqList *L)
{
```

```
    int i,j;
    int flag=TRUE;
    for(i=1;i<L->length && flag;i++)
    {
        flag=FALSE;
        for(j=L->length-1;j>=i;j--)
        {
            if(L->r[j]>L->r[j+1])
            {
                swap(L,j,j+1);              //交换 j 与 j+1 的值
                flag=TRUE;                  //有数据交换，循环继续
            }
        }
    }
}
```

代码改动的关键就是在 i 变量的 for 循环中，增加了对 flag 是否为 TRUE 的判断。经过这样的改进，冒泡排序在性能上就有了一些提升，可以避免已经有序的情况下的无意义循环判断。

冒泡排序比较简单，当初始序列基本有序时，冒泡排序有较高的效率，反之效率较低；其次冒泡排序只需要一个记录的辅助空间，用来作为记录交换的中间暂存单元。冒泡排序是一种稳定的排序方法。

冒泡排序时间复杂度的分析：在最好的情况下，即要排序的表本身就是有序的，那么根据最后改进的代码，可以推断出进行了 n-1 次的比较，没有数据交换，时间复杂度为 O(n)。在最坏的情况下，即待排序表是逆序的情况，此时需要比较 $\sum_{i=2}^{n}(i-1)=1+2+3+\cdots+(n-1)=\frac{n(n-1)}{2}$ 次，并作等数量级的记录移动。因此，总的时间复杂度为 $O(n^2)$。

8.3.2 快速排序

快速排序(Quick Sort)是对冒泡排序的一种改进。其基本思想是，通过一趟排序将待排记录分割成独立的两部分，其中一部分记录的关键字均比另一部分记录的关键字小，则可分别对这两部分记录继续进行排序，以实现整个序列有序。

一趟快速排序的具体做法是附设两个指针 low 和 high，它们的初值分别为 low 和 high，设枢轴记录的关键字为 pivotkey，则首先从 high 所指位置起向前搜索找到第一个关键字小于 pivotkey 的记录，和枢轴记录互相交换，然后从 low 所指位置起向后搜索，找到第一个关键字大于 pivotkey 的记录，和枢轴记录互相互换，重复这两步直至 low=high 为止。

对关键字值为(45，33，68，95，78，13，26，<u>45</u>)的记录序列进行一趟快速排序的过程如图 8.7 所示。

一趟快速排序之后，再分别对左、右两个区域进行快速排序，以此类推，直到每个分区域都只有一个记录为止。其具体实现见算法 8.8，其中用子表的第一个记录作为枢轴记录，从表的两端交替地向中间扫描。

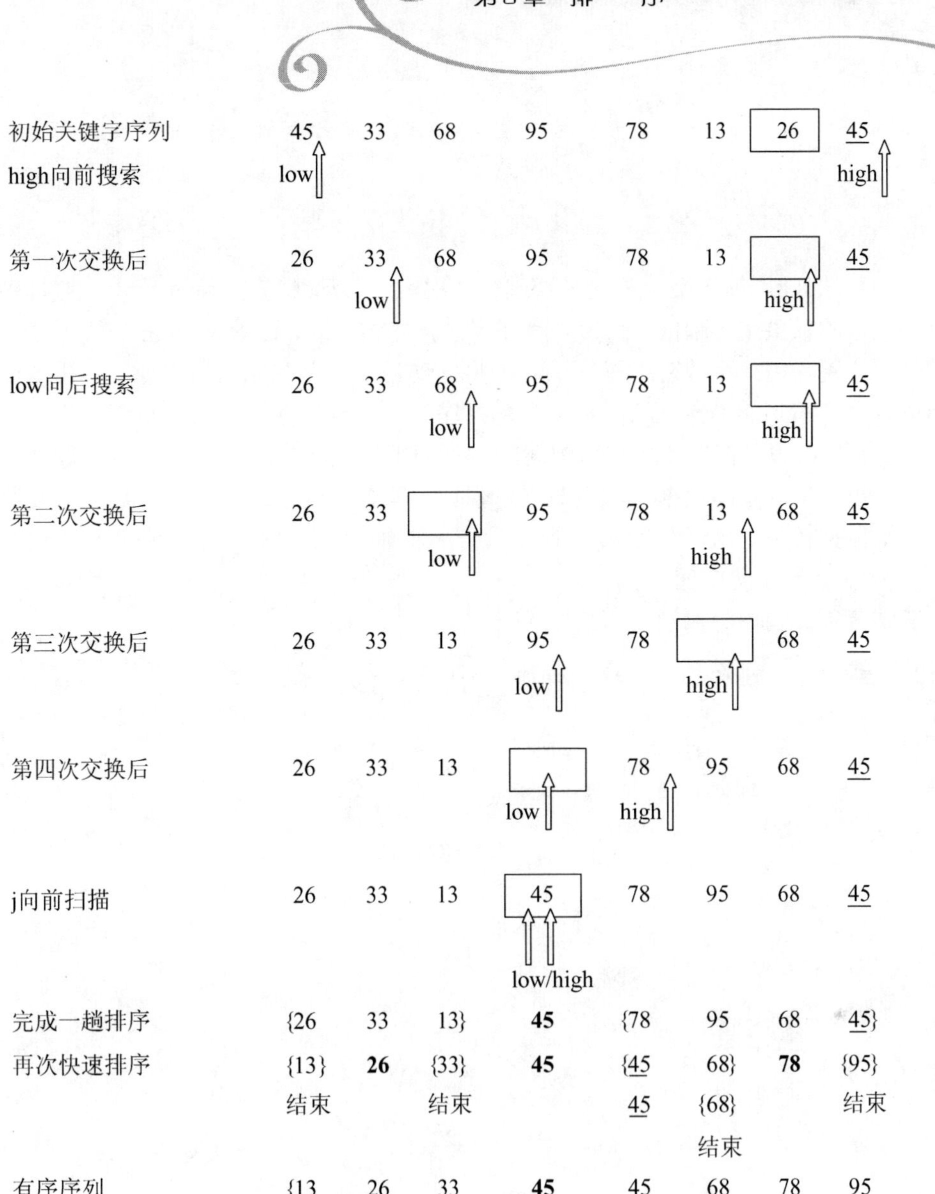

图 8.7 快速排序过程示意图

算法 8.8 快速排序

```
int Partition(SqList *L,int low,int high)
{
    int pivotkey;
    pivotkey=L->r[low];
    while(low<high)
    {
         while(low<high&&L->r[high]>=pivotkey)
            high--;
         swap(L,low,high);                    //将比枢轴记录小的记录交换到低端
         while(low<high&&L->r[low]<=pivotkey)
            low++;
```

```
        swap(L,low,high);                    //将比枢轴记录大的记录交换到高端
    }
    return low;
}
```

对于算法 8.8，每交换一对记录需进行 3 次记录移动(赋值)。而实际上，在排序过程中对枢轴记录的赋值是多余的，因为只有在一趟排序结束时，即 low=high 的位置才是枢轴记录的最后位置。由此可改写上述算法，先将枢轴记录暂存在 r[0]的位置上，排序过程中只作 r[low]或 r[high]的单向移动，直至一趟排序结束后再将枢轴记录移至正确位置上。其具体实现见算法 8.9，首先计算数组中间的元素的下标，交换左端数据与右端数据，保证左端数据较小；交换中间数据与右端数据，保证中间数据较小；交换中间数据与左端数据，保证左端数据较小。用子表的第一个记录作为枢轴记录，将枢轴关键字备份到 L->r[0]，从表的两端交替地向中间扫描。

算法 8.9　快速排序优化算法

```
int Partition1(SqList *L,int low,int high)
{
    int pivotkey;
    int m = low + (high - low)/2;
    if (L->r[low]>L->r[high])
        swap(L,low,high);
    if (L->r[m]>L->r[high])
        swap(L,high,m);
    if (L->r[m]>L->r[low])
        swap(L,m,low);
        pivotkey=L->r[low];
    L->r[0]=pivotkey;                              //设置枢轴
    while(low<high)
    {
         while(low<high&&L->r[high]>=pivotkey)
            high--;
         L->r[low]=L->r[high];
         while(low<high&&L->r[low]<=pivotkey)
            low++;
         L->r[high]=L->r[low];
    }
    L->r[low]=L->r[0];
    return low;
}
```

整个快速排序的过程可递归进行。若待排序列中只有一个记录，显然已经有序，否则进行一趟快速排序后再分别对分割所得的两个子序列进行快速排序。递归形式的快速排序见算法 8.10，首先将 L->r[low…high]一分为二，算出枢轴值 pivot，然后分别对低子表、高子表进行递归排序。

算法 8.10 快速排序的递归表示

```
void QSort(SqList *L,int low,int high)
{
    int pivot;
    if(low<high)
    {
        pivot=Partition(L,low,high);
        QSort(L,low,pivot-1);
        QSort(L,pivot+1,high);
    }
}

void QuickSort(SqList *L)
{
    QSort(L,1,L->length);
}
```

总的来说，快速排序实质上是对冒泡排序的一种改进，它的效率与冒泡排序相比有很大提高。冒泡排序是对相邻两个记录进行关键字比较和互换的，这样每次交换记录后，只能改变一对逆序记录，而快速排序则从待排序记录的两端开始进行比较和交换，并逐渐向中间靠拢，每经过一次交换，有可能改变几对逆序记录，从而加快了排序速度。到目前为止，快速排序是平均速度最快的一种排序方法，但当原始记录排列基本有序或基本逆序时，每一趟的基准记录有可能只将其余记录分成一部分，这样就降低了时间效率。所以快速排序适用于原始记录排列杂乱无章的情况。快速排序是一种不稳定的排序，在递归调用时需要占据一定的存储空间，用以保存每一层递归调用时的必要信息。

8.4 选择排序

选择排序(Selection Sort)的基本思想是每一趟在 n−i+1(i=1, 2,⋯, n−1)个记录中选择关键字最小的记录作为有序序列中的第 i 个记录。其中最简单且为读者最熟悉的是简单选择排序。常用的选择排序方法有直接选择排序和堆排序。

8.4.1 直接选择排序

一趟简单排序的操作为通过 n−1 次关键字的比较，从 n−i+1 个记录中选取关键字最小的记录作为有序序列中的第 i 个记录，并和第 i(1≤i≤n)个记录交换。

一个有 n 个记录的待排序列，可经过 n−1 趟直接选择排序得到有序结果。

1. *初始状态*

设无序区为 R[1...n]，有序区为空。

2. *第 1 趟排序*

在无序区 R[1...n]中选出关键字最小的记录 R[k]，将它与无序区的第 1 个记录 R[1]交

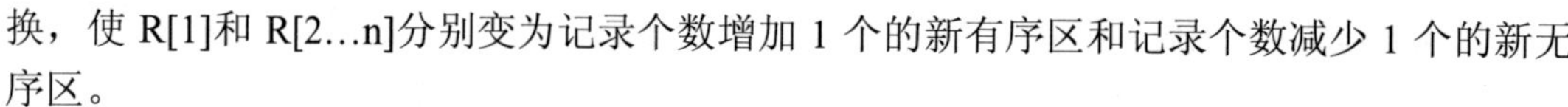

换，使 R[1]和 R[2…n]分别变为记录个数增加 1 个的新有序区和记录个数减少 1 个的新无序区。

3. 第 i 趟排序

第 i 趟排序开始时，当前有序区和无序区分别为 R[1…i−1]和 R[i...n](1≤i≤n−1)。该趟排序从当前无序区中选出关键字最小的记录 R[k]，将它与无序区的第 1 个记录 R[i]交换，使 R[1...i]和 R[i+1...n]分别变为记录个数增加 1 个的新有序区和记录个数减少 1 个的新无序区。

这样，n 个记录的文件可经过 n−1 趟直接选择排序得到有序结果。简单选择排序代码见算法 8.11，将当前下标定义为最小值下标，如果有小于当前最小值的关键字，将此关键字的下标赋值给 min，若 min 不等于 i，说明找到最小值，进行交换。

算法 8.11 简单选择排序

```
void SelectSort(SqList *L)
{
    int i,j,min;
    for(i=1;i<L->length;i++)
    {
        min = i;
        for (j = i+1;j<=L->length;j++)                    //循环之后的数据
        {
            if (L->r[min]>L->r[j])
             min = j;
        }
        if(i!=min)
            swap(L,i,min);
    }
}
```

显然，在直接选择排序过程中所需进行记录移动的操作次数较少，其最小值为“0”，最大值为 3(n−1)。然而，无论记录的初始排列次序如何，所需进行的关键字间的比较次数相同，均为 n(n−1)/2。因此，总的时间复杂度也是 $O(n^2)$。

8.4.2 堆排序

堆排序(Heap Sort)只需要一个记录大小的辅助空间，每个待排序的记录仅占有一个存储空间。堆的定义如下：n 个元素的序列 $\{k_1,k_2,\cdots,k_n\}$ 当且仅当满足下关系时，称之为堆。

$$\begin{cases} k_i \leqslant K_{2i} \\ k_i \leqslant K_{2i+1} \end{cases} \text{或} \begin{cases} k_i \geqslant K_{2i} \\ k_i \geqslant K_{2i+1} \end{cases} \quad \text{其中} i = 1,2,\cdots,\left\lfloor \frac{n}{2} \right\rfloor$$

若将和此序列对应的一维数组(即以一维数组作为此序列的存储结构)看作一个完全二叉树，则堆的含义表明，完全二叉树中所有非终端结点的值均不大于(或小于)其左、右孩子结点的值。由此，若序列 $\{k_1,k_2,\cdots,k_n\}$ 是堆，则堆顶元素(或完全二叉树的根)必为序列中 n 个元素的最小值(或最大值)。根结点(亦称为堆顶)的关键字是堆里所有结点关键字中最小者的堆称为小根堆。根结点(也称为堆顶)的关键字是堆里所有结点关键字中最大者的堆称为大根堆。例如，下面两个序列为堆(小根堆、大根堆)，对应的完全二叉树如图 8.8 所示。

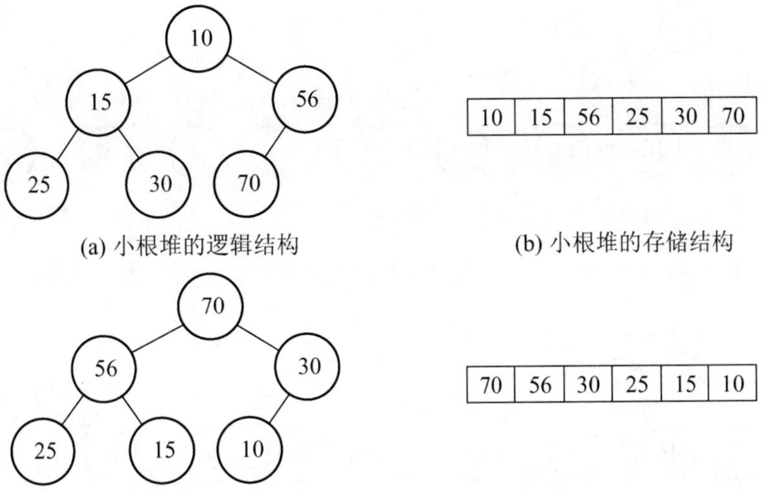

(a) 小根堆的逻辑结构

10	15	56	25	30	70

(b) 小根堆的存储结构

(c) 大根堆的逻辑结构

70	56	30	25	15	10

(d) 大根堆的存储结构

图 8.8 小根堆和大根堆示例

从堆的定义可以看出，若将堆用一棵完全二叉树表示，则根结点是当前堆中所有结点的最小者(或最大者)。堆排序的基本思想是首先将待排序的记录序列构造一个堆，此时，选出了堆中所有记录的最小者或最大者，然后将它从堆中移走，并将剩余的记录再调整成堆，这样又找出了次小(或次大)的记录，如此反复执行，才能得到一个有序序列，这个过程称为堆排序。

下面我们讨论一下如何利用堆进行排序。

在堆排序中，需要解决如下两个问题：①如何由一个无序序列建成一个堆？②如何在输出堆顶元素之后，调整剩余元素成为一个新的堆？

首先，我们来讨论第一个问题，我们称自堆顶至叶子的调整过程为“筛选”。从一个无序序列建堆的过程就是一个反复“筛选”的过程。若将此序列看作一棵完全二叉树，则最后一个非终端结点是第$\lfloor n/2 \rfloor$个元素，由此“筛选”只需从第$\lfloor n/2 \rfloor$个元素开始。

例如，图 8.9 中的二叉树表示一个有 8 个元素的无序序列{5,37,48,24,37,16,56,61}。筛选从第 4 个元素开始，由于 24<61，则不交换；第 3 个元素是 48，因为 48>16，则交换之；由于第 2 个元素 37 大于 24，则交换之；因为第 1 个元素不大于左、右子树的值，则不交换。筛选后的序列为{5,24,16,37,37,48,56,61}。图 8.9(f)所示为筛选之后建成的堆。

其次，我们来讨论第二个问题。例如，图 8.10(a)是一个堆，假设输出堆顶元素之后，以堆中最后一个元素替代之，如图 8.10(b)所示。此时根结点的左、右子树均为堆，则仅需自上至下进行调整即可。首先以堆顶元素和其左、右子树根结点的值比较，由于右子树根结点的值小于左子树根结点的值且小于根结点的值，则将 16 和 61 交换；由于 61 替代了 16 之后破坏了右子树的“堆”，则需进行相同的调整，直至叶子结点，调整后的状态如图 8.10(c)所示，此时堆顶为 n−1 个元素中的最小值。重复上述过程，将堆顶元素 16 和堆中最后一个元素 56 交换且调整，得到图 8.10(d)所示新的堆。

根据图 8.10 所示，如此反复直到排序结束，对应的序列为{5,16,24,37,37,48,56,61}。相应的代码如下。

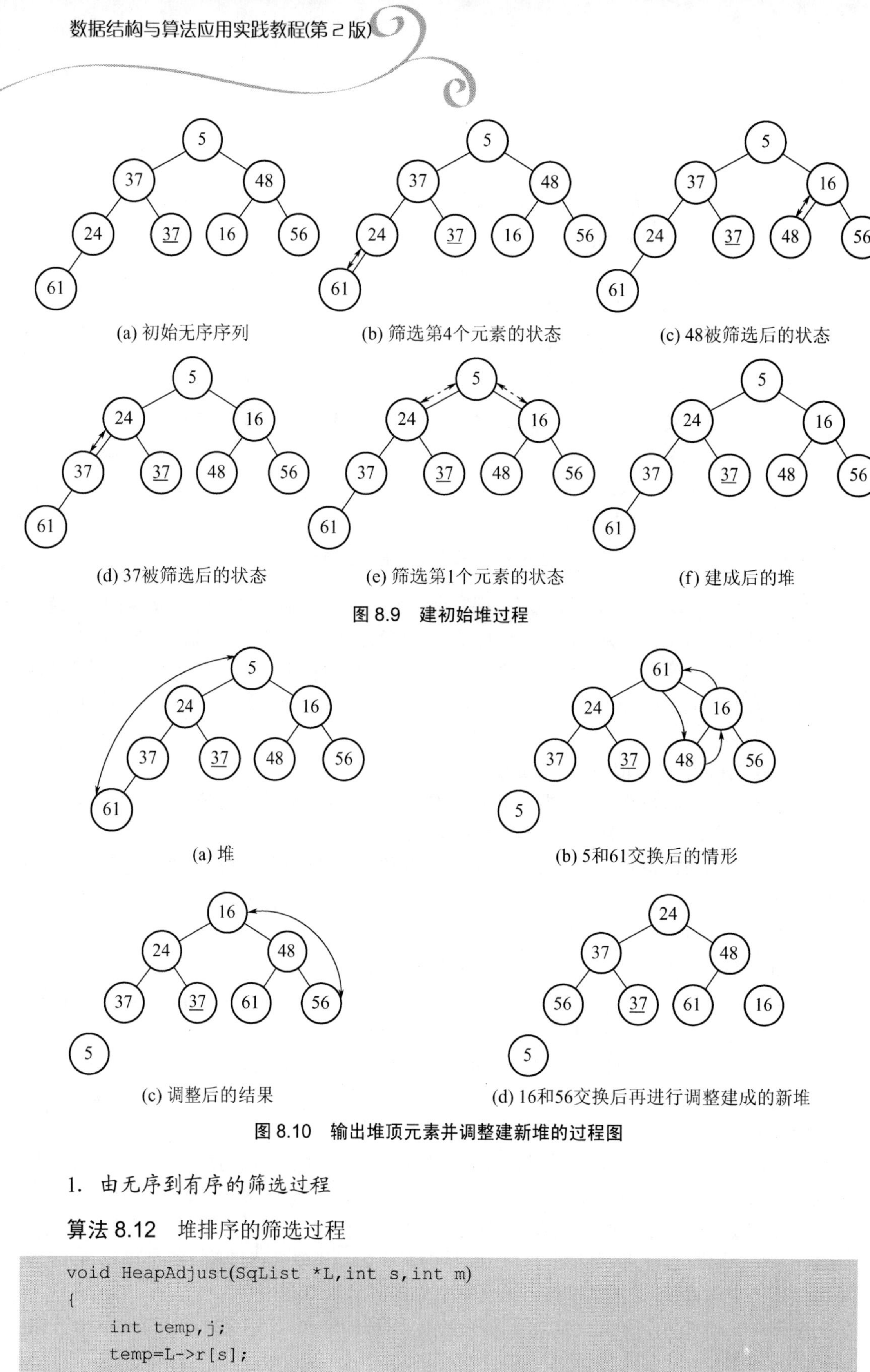

(a) 初始无序序列　(b) 筛选第4个元素的状态　(c) 48被筛选后的状态

(d) 37被筛选后的状态　(e) 筛选第1个元素的状态　(f) 建成后的堆

图 8.9　建初始堆过程

(a) 堆　(b) 5和61交换后的情形

(c) 调整后的结果　(d) 16和56交换后再进行调整建成的新堆

图 8.10　输出堆顶元素并调整建新堆的过程图

1. 由无序到有序的筛选过程

算法 8.12　堆排序的筛选过程

```
void HeapAdjust(SqList *L,int s,int m)
{
    int temp,j;
    temp=L->r[s];
    for(j=2*s;j<=m;j*=2)                    //沿关键字较大的孩子结点向下筛选
```

```
    {
        if(j<m && L->r[j]<L->r[j+1])
            ++j;                              //j 为关键字中较大记录的下标
        if(temp>=L->r[j])
            break;                            //rc 应插入在位置 s 上
        L->r[s]=L->r[j];
        s=j;
    }
    L->r[s]=temp;
}
```

2. 堆排序的过程

算法 8.13 堆排序的建堆过程

```
void HeapSort(SqList *L)
{
    int i;
    for(i=L->length/2;i>0;i--)           //把顺序表 L 中的 r 构建成一个大根堆
        HeapAdjust(L,i,L->length);
    for(i=L->length;i>1;i--)
    {
        swap(L,1,i);           //将堆顶记录和当前未经排序子序列的最后一个记录交换
        HeapAdjust(L,1,i-1);
    }
}
```

在堆排序中，除建初堆以外，其余调整堆的过程最多需要比较的次数与树的深度相同，因此，与简单选择排序相比时间效率提高了很多；另外，不管原始记录如何排列，堆排序的比较次数变化不大，所以说，堆排序对原始记录的排列状态并不敏感。在堆排序算法中只需要一个暂存被筛选记录内容的单元和两个简单变量 h 和 i，所以堆排序是一种速度快且省空间的排序方法。堆排序是一种不稳定的排序方法。

在堆排序性能方面，设树高为 $k(k=\lfloor \log_2 n \rfloor +1)$，从根到叶的筛选，关键码比较次数至多为 $2(k-1)$次，交换记录至多 k 次。则在建好堆后，排序过程中的筛选次数满足下式：

$$2(\lfloor \log_2(n-1) \rfloor + \lfloor \log_2(n-2) \rfloor + \cdots + \log_2 2 \rfloor) < 2n\log_2 n \tag{8.6}$$

而建堆时的比较次数不超过 4n 次，因此堆排序最坏情况下，时间复杂度也为 $O(n\log_2 n)$。

8.5 归 并 排 序

归并排序的基本操作是将两个或两个以上的记录有序序列归并为一个有序序列。二路归并排序的基本原理是：将有 n 个记录的待排序列看作 n 个有序子表，每个有序子表的长度为 1，然后从第一个有序子表开始，把相邻的两个有序子表两两合并，得到 n/2 个长度为 2 或 1 的有序子表(当有序子表的个数为奇数时，最后一组合并得到的有序子表长度为 1)，这一过程称为一趟归并排序。再将有序子表两两归并，如此反复，直到得到一个长度

为n的有序表为止。上述每趟归并排序都需要将相邻的两个有序子表两两合并成一个有序表，这种归并方法称为二路归并排序。

假设初始序列为｛23,56,42,37,15,84,72,27,18｝，采用二路归并排序法对该序列进行排序。整个归并过程如图8.11所示。排序后的结果为｛15,18,23,27,37,42,56,72,84｝。

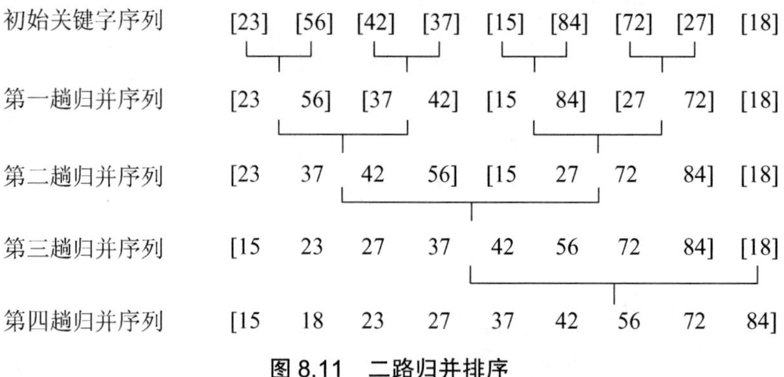

图8.11　二路归并排序

设TR[i…n]由两个有序子表SR[i...m]和SR[m+1...n]组成，将两个有序子表合并为一个有序表TR[i…n]。合并代码表述如下：

算法8.14　二路归并排序

```
void Merge(int SR[],int TR[],int i,int m,int n)
{
    int j,k;
    for(j=m+1,k=i;i<=m && j<=n;k++)
    {
        if (SR[i]<SR[j])
            TR[k]=SR[i++];
        else
            TR[k]=SR[j++];
    }
    while(i<=m)  TR[k++]=SR[i++];
    while(j<=n)  TR[k++]=SR[j++];
}
```

8.5.1　二路归并的迭代算法

在每趟的排序中，首先要解决分组的问题，设本趟排序从R[1]开始，长度为len的子表有序，因为表长n未必是2的整数幂，这样最后一组就不能保证恰好是表长为len的有序表，也不能保证每趟归并时都有偶数个有序子表，这些都要在一趟排序中考虑到。算法8.15是一趟归并排序的算法，将SR[ ]中相邻长度为s的子序列两两归并到TR[ ]。

算法8.15　一趟归并排序

```
void MergePass(int SR[],int TR[],int s,int n)
{
    int i=1;
    int j;
```

```
    while(i <= n-2*s+1)
    {
        Merge(SR,TR,i,i+s-1,i+2*s-1);
        i=i+2*s;
    }
    if(i<n-s+1)
        Merge(SR,TR,i,i+s-1,n);
    else                                      //最后只剩下单个子序列
        for(j =i;j <= n;j++)
            TR[j] = SR[j];
}
```

算法 8.16 二路归并非递归排序

```
/* 对顺序表 L 作归并非递归排序 */
void MergeSort2(SqList *L)
{
    int* TR=(int*)malloc(L->length * sizeof(int));
    int k=1;
    while(k<L->length)
    {
        MergePass(L->r,TR,k,L->length);
        k=2*k;
        MergePass(TR,L->r,k,L->length);
        k=2*k;
    }
}
```

该算法需要一个与表等长的辅助元素数组空间，所以空间复杂度为 O(n)。对于 n 个元素的表，将这 n 个元素看作叶子结点，若将两两归并生成的子表看作它们的父结点，则归并过程对应由叶向根生成一棵二叉树的过程。所以归并趟数约等于二叉树的高度-1，即 $\log_2 n$，每趟归并需移动记录 n 次，故时间复杂度为 $O(n\log_2 n)$。

8.5.2 二路归并的递归算法

该算法利用递归，将 SR[s…t]归并排序为 TR1[s...t]。L 为作归并排序的顺序表。具体代码实现见算法 8.17。

算法 8.17 二路归并递归排序

```
void MSort(int SR[],int TR1[],int s, int t)
{
    int m;
    int TR2[MAXSIZE+1];
    if(s==t)
        TR1[s]=SR[s];
    else
    {
        m=(s+t)/2;
```

```
        MSort(SR,TR2,s,m);
        MSort(SR,TR2,m+1,t);
        Merge(TR2,TR1,s,m,t);
    }
}

void MergeSort(SqList *L)
{
    MSort(L->r,L->r,1,L->length);
}
```

8.6 基数排序

基数排序是一种借助于多关键码排序的思想，是将单逻辑关键码按基数分成“多关键码”进行排序的方法。

8.6.1 多关键字排序

先看一个例子：扑克牌中有52张牌，可按花色和面值分成两个属性，设其大小关系。

(1) 花色：梅花 < 方块 < 红心 < 黑心。

(2) 面值：2 < 3 < 4 < 5 < 6 < 7 < 8 < 9 < 10 < J < Q < K < A。

若对扑克牌按花色、面值进行升序排序，得到如下序列：

梅花 2,3,…,A；方块 2,3,…,A；红心 2,3,…,A；黑心 2,3,…,A

即两张牌若花色不同，不论面值怎样，花色低的那张牌小于花色高的，只有在同花色情况下，大小关系才由面值的大小确定。这就是多关键码排序。

为得到排序结果，我们讨论两种方法：

(1) 先对花色排序，将其分为4个组，即梅花组、方块组、红心组、黑心组。再对每个组分别按面值进行排序。最后，将4个组连接起来即可。

(2) 先按13个面值给出13个编号组(2号，3号，…，A号)，将牌按面值依次放入对应的编号组，分成13堆。再按花色给出4个编号组(梅花、方块、红心、黑心)，将2号组中牌取出分别放入对应花色组，再将3号组中牌取出分别放入对应花色组……这样，4个花色组中均按面值有序，然后，将4个花色组依次连接起来即可。

一般情况下，假设有n个记录的序列：

$$\{R_1,R_2,\cdots,R_n\} \tag{8.7}$$

设n个元素的排序表中的每个记录包含d个关键码$\{K^1,K^2,\cdots,K^d\}$，称序列对关键码$\{K^1,K^2,\cdots,K^d\}$有序是指：序列中任两个记录R[i]和R[j](1≤i≤j≤n)都满足下列有序关系，即

$$(K_i^1,K_i^2,\cdots,K_i^d)<(K_j^1,K_j^2,\cdots,K_j^d) \tag{8.8}$$

其中K^1称为最主位关键码，K^d称为最次位关键码，并且一定存在l，使得当s=1，…，l−1时，$K_i^s=K_j^s$，而$K_i^l<K_j^l$。

多关键码排序按照从最主位关键码到最次位关键码或从最次位关键码到最主位关键码的顺序逐次排序，分两种方法：

(1) 最主位优先(most significant digit first)法，简称 MSD 法，即先按 K^1 排序分组，同一组中记录，关键码 K^1 相等，再对各组按 K^2 排序分成子组，之后，对后面的关键码继续这样的排序分组，直到按最次位关键码 K^d 对各子表排序后。将各组连接起来，便得到一个有序序列。扑克牌按花色、面值排序中介绍的方法即 MSD 法。

(2) 最次位优先(least significant digit first)法，简称 LSD 法，即先从 K^d 开始排序，再对 K^{d-1} 进行排序，依次重复，直到对 K^1 排序后便得到一个有序序列。扑克牌按花色、面值排序中介绍的方法即 LSD 法。

8.6.2 链式基数排序

将关键码拆分为若干项，每项作为一个“关键码”，则对单关键码的排序可按多关键码排序方法进行。例如，关键码为 4 位的整数，可以每位对应一项，拆分成 4 项；又如，关键码由 5 个字符组成的字符串，可以每个字符作为一个关键码。由于这样拆分后，每个关键码都在相同的范围内(数字是 0～9，字符是'a'～'z')，称这样的关键码可能出现的符号个数为“基”，记作 RADIX。上述取数字为关键码的“基”为 10，取字符为关键码的“基”为 26。基于这一特性，用 LSD 法排序较为方便。

基数排序的思想是：从最低位关键码起，按关键码的不同值将序列中的记录“分配”到 RADIX 个队列中，然后再“收集”，称之为一趟排序，第一趟排序之后，排序表中的记录已按最低位关键码有序，再对次最低位关键码进行一趟“分配”和“收集”，如此直到对最高位关键码进行一趟“分配”和“收集”，则排序表按关键字有序。

链式基数排序是以用链表作为排序表的存储结构，用 RADIX 个链队列作为分配队列，关键码相同的记录存入同一个链队列中，收集则是将各链队列按关键码大小顺序链接起来。

先看一个具体例子。首先以静态链表存储 10 个待排记录，这 10 个关键字是十进制整数，分别为 231、144、037、572、006、249、528、134、065、152。这样，r=10，d=3(即基为 10 且有 3 个“关键码”，K^1、K^2、K^3 分别为百位、十位、个位)。使用基数排序法对该序列进行排序，基数排序过程如图 8.12 所示。令头指针指向第一个记录，如图 8.12(a)所示；第一趟分配在关键字的个位进行，将链表中的记录分配至 10 个队列中去，每个队列中的记录关键字的个位数相同，如图 8.12(b)所示，其中 F[i]和 E[i]分别为第 i 个队列的头指针和尾指针；第一趟收集是改变所有非空队列的队尾记录的指针域，令其指向下一个非空队列的头指针，重新将 10 个队列中的记录链接成一个链表，如图 8.12(c)所示；第二趟分配、第二趟收集及第三趟分配、第三趟收集分别是对关键字的十位数和百位数进行的，其过程和个位数相同，如图 8.12(d)～图 8.12(g)所示。至此排序完毕。

其中，图 8.12(a)所示为初始记录的静态链表；图 8.12(b)所示为第一趟按个位数分配，修改结点指针域，将链表中的记录分配到相应链队列中；图 8.12(c)所示为第一趟收集，即将各队列链接起来，形成单链表；图 8.12(d)所示为第二趟按十位数分配，修改结点指针域，将链表中的记录分配到相应链队列中；图 8.12(e)所示为第二趟收集，即将各队列链接起来，形成单链表；图 8.12(f)所示为第三趟按百位数分配，修改结点指针域，将链表中的记录分配到相应链队列中；图 8.12(g)所示为第三趟收集，即将各队列链接起来，形成单链表。此时，序列已有序。对应的算法数据结构如下：

→231→144→037→572→006→249→528→134→065→152

(a) 初始记录的静态链表

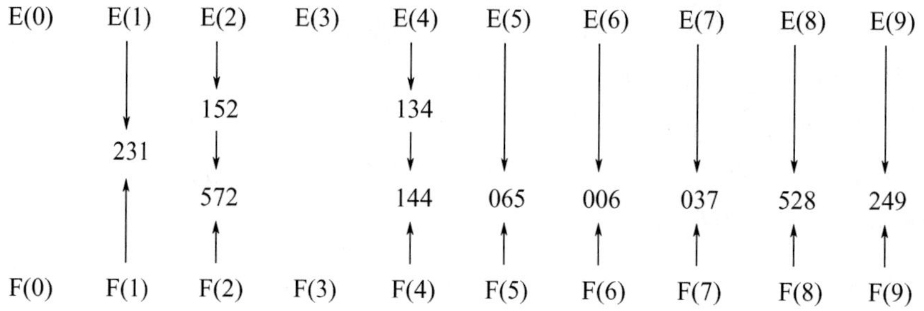

E(0)	E(1)	E(2)	E(3)	E(4)	E(5)	E(6)	E(7)	E(8)	E(9)
		152		134					
	231	572		144	065	006	037	528	249
F(0)	F(1)	F(2)	F(3)	F(4)	F(5)	F(6)	F(7)	F(8)	F(9)

(b) 第一趟按个位数分配

→231→572→152→144→134→065→006→037→528→249

(c) 第一趟收集

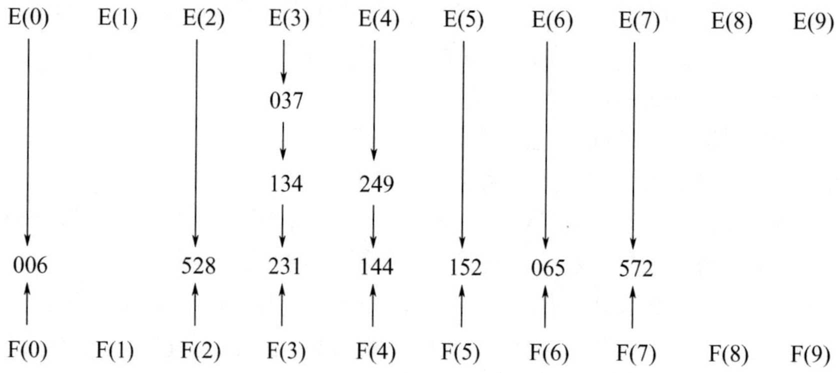

E(0)	E(1)	E(2)	E(3)	E(4)	E(5)	E(6)	E(7)	E(8)	E(9)
			037						
			134	249					
006		528	231	144	152	065	572		
F(0)	F(1)	F(2)	F(3)	F(4)	F(5)	F(6)	F(7)	F(8)	F(9)

(d) 第二趟按十位数分配

→006→528→231→134→037→144→249→152→065→572

(e) 第二趟收集

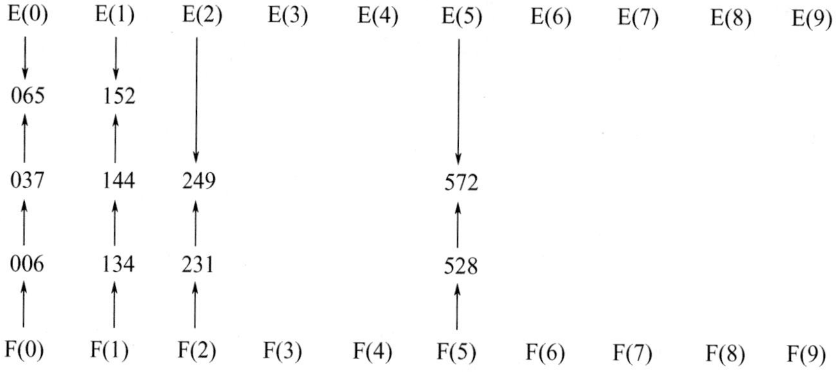

E(0)	E(1)	E(2)	E(3)	E(4)	E(5)	E(6)	E(7)	E(8)	E(9)
065	152								
037	144	249			572				
006	134	231			528				
F(0)	F(1)	F(2)	F(3)	F(4)	F(5)	F(6)	F(7)	F(8)	F(9)

(f) 第三趟按百位数分配

→006→037→065→134→144→152→231→249→528→572

(g) 第三趟收集

图 8.12　链式基数排序

```
#define KEY_NUM  8                                   //关键码项数
#define RADIX   10                                   //关键码基数，此时为十进制整数的基数
#define MAX_SPACE  1000                              //分配的最大可利用存储空间
typedef struct{
     KeyType keys[KEY_NUM];                          //关键码字段
     nfoType otheritems;                             //其他字段
    int next;                                        //指针字段
}NodeType;                                           //静态链表结点类型
typedef struct{
    int f;
    int e;
}Q_Node;
typedef Q_Node Queue[RADIX];                         //各队列的头尾指针
```

相应的链式基数排序代码见算法8.18～算法8.20，其中算法8.18是分配算法，静态链表R中的记录已按kyes[0], keys[1], …, keys[i-1]有序，按第i个关键码keys[i]建立RADIX个子表，使同一子表中的记录的keys[i]相同，q[i].f和q[i].e分别指向第i个子表的第一个和最后一个记录；算法8.19是收集算法，按q[0]，q[1]，…，q[RADIX-1]所指各子表依次链接成一个链表；算法8.20分别调用分配算法和收集算法，对R进行基数排序，使其成为按关键码升序的静态链表，R[0]为头结点。

算法 8.18 分配算法

```
void Distribute(NodeType R[],int i,Queue q){
    int j;
    for (j=0;j<RADIX;j++)
        q[j].f=q[j].e=0;
    for (p=R[0].next;p;p=R[p].next)
    {   j=ord(R[p].keys[i]);        //ord 将记录中第 i 个关键码映射到[0…RADIX-1]
    if(!f[j])
        q[j].f=p;
    else
        R[q[j].e].next=p;
    q[j].e=p;
    }
}
```

算法 8.19 收集算法

```
void Collect(NodeType R[],int i,Queue q){
    int j;
    for (j=0;!q[j].f;j=succ(j));               //找第一个非空子表，succ 为求后继函数
    R[0].next=q[j].f;t=q[j].e;
    while (j<RADIX)
    {   for (j=succ(j);j<RADIX-1&&!q[j].f;j=succ(j));
    if(q[j].f)
    { R[t].next=q[j].f;t=q[j].e;}              //链接两个非空子表
    }
```

```
    R[t].next=0;
}
```

算法 8.20 基数排序

```
void RadixSort(NodeType R[],int n){
    Queue q;
    for (i=0;i<n;i++)
        R[i].next=i+1;
    R[n].next=0;                          //将 R 改为静态链表
    for (i=0;i<KEY_NUM;i++)               //分配和收集
    {   Distribute(R,i,q);
        Collect(R,i,q);
    }
}
```

从时间效率看，设待排序列为 n 个记录，d 位关键码，每位关键码的取值范围为 0～RADIX-1，则进行链式基数排序的时间复杂度为 O(d(n+ RADIX))，其中，一趟分配时间复杂度为 O(n)，一趟收集时间复杂度为 O(RADIX)，共进行 d 趟分配和收集。

从空间效率看，需要 2* RADIX 个队列头尾指针辅助空间，以及用于静态链表的 n 个指针。

8.7 排序方法比较

对排序算法的分析可以从以下几个方面进行：排序算法的时间复杂度、空间复杂度和稳定性。表 8-2 列出了各种排序算法的相关性能。

表 8-2 各种排序算法的相关性能

排序方法	时间复杂度	空间复杂度	稳定性
直接插入排序	$O(n^2)$	O(1)	稳定
冒泡排序	$O(n^2)$	O(1)	稳定
快速排序	O(n log n)	O(log n)	不稳定
简单选择排序	$O(n^2)$	O(1)	不稳定
堆排序	O(n log n)	O(1)	不稳定
二路归并排序	O(n log n)	O(n)	稳定
基数排序	O(d(n +rd))	O(rd)	稳定

通过表 8-2，我们总结出不同条件下选择排序方法的规律：

(1) 若 n 较小，可采用直接插入或简单选择排序。

当记录规模较小时，直接插入排序较好；否则因为直接选择移动的记录数少于直接插入，应选直接选择排序为宜。

(2) 若文件初始状态基本有序(指正序)，则应选用直接插入排序、冒泡排序或快速排序为宜。

(3) 若 n 较大，则应采用时间复杂度为 O(nlgn)的排序方法：快速排序、堆排序或归并排序。

快速排序是目前基于比较的内部排序中被认为是最好的方法，当待排序的关键字随机分布时，快速排序的平均时间最短；

堆排序所需的辅助空间少于快速排序，并且不会出现快速排序可能出现的最坏情况。但这两种排序都是不稳定的。

若要求排序稳定，则可选用归并排序。但本章介绍的从单个记录起进行两两归并的排序算法并不值得提倡，通常可以将它和直接插入排序结合在一起使用，即先利用直接插入排序求得较长的有序子文件，然后两两归并。因为直接插入排序是稳定的，所以改进后的归并排序仍是稳定的。

(4) 在基于比较的排序方法中，每次比较两个关键字的大小之后，仅仅出现两种可能的转移，因此可以用一棵二叉树来描述比较判定过程。

当文件的n个关键字随机分布时，任何借助于“比较”的排序算法，至少需要的时间为O(nlogn)。

基数排序只需一步就会引起m种可能的转移，即把一个记录装入m个箱子之一。因此在一般情况下，基数排序可能在O(n)时间内完成对n个记录的排序。但是，基数排序只适合用于像字符串和整数这类有明显结构特征的关键字，而当关键字的取值范围属于某个无穷集合(如实数型关键字)时，无法使用基数排序，这时只有借助于“比较”的方法来排序。

(5) 有的语言(如Fortran、Cobol或Basic等)没有提供指针及递归，导致实现归并、快速(它们用递归实现较简单)和基数(使用了指针)等排序算法变得复杂。此时可考虑采用其他排序。

(6) 本章给出的排序算法，输入数据均存储在一个向量中。当记录的规模较大时，为避免耗费大量的时间去移动记录，可以用链表作为存储结构。例如，插入排序、归并排序、基数排序都易于在链表实现，使之减少记录的移动次数。但有的排序方法，如快速排序和堆排序，在链表上却难实现，在这种情况下，可以提取关键字建立索引表，然后对索引表进行排序。然而更为简单的方法是：引入一个整型向量t作为辅助表，排序前令t[i]=i(0≤i<n)，若排序算法中要求交换R[i]和R[j]，则只需交换t[i]和t[j]即可；排序结束后，向量t就指示了记录之间的顺序关系：

$$R[t[0]].key \leq R[t[1]].key \leq \cdots \leq R[t[n-1]].key$$

若要求最终结果是

$$R[0].key \leq R[1].key \leq \cdots \leq R[n-1].key$$

则可以在排序结束后，再按辅助表所规定的次序重排各记录，完成这种重排的时间是O(n)。

8.8 应用实践

8.8.1 荷兰国旗问题

设有一个仅有红、白、蓝3种颜色的条块组成的条块序列，试编写一个时间复杂度为O(n)的算法，使得这些条块按红、白、蓝的顺序排列，即排成荷兰国旗图案。

解：这个算法中设立了3个指针。其中，j表示当前元素，i以前的元素全部为红色，k以后的元素全部为蓝色。这样，就可以根据j的颜色，把其交换到序列的前部或者后部。

```
typedef enum {RED,WHITE,BLUE} color;  //3种颜色
void Flag_Arrange(color a[ ],int n) //把3种颜色组成的序列重排为按红、白、蓝顺序排列
{
    int i=0;
    int j=0;
    int k=n-1;
    color temp;
    while(j<=k)
    {
            switch(a[j])
            {
                case RED:
                    temp=a[i];
                    a[i]=a[j];
                    a[j]=temp;i++;
                    j++;
                break;
                case WHITE:
                j++;
                    break;
                case BLUE:
                    temp=a[i];
                    a[i]=a[j];
                    a[j]=temp;i++;
                    k--;  //这里没有j++;语句是为了防止交换后a[j]仍为蓝色的情况
            }
        }
}//Flag_Arrange
```

8.8.2 双向冒泡问题

冒泡排序算法是把大的元素向上移(气泡的上浮)，也可以把小的元素向下移(气泡的下沉)，试给出上浮和下沉过程交替的冒泡排序算法。

解：

```
void BubbleSort2(int a [], int n)
{
    int i;
    int temp;
    int flag=1;
    int low=0;                          //冒泡的上界
    int high=n-1;                       //冒泡的下界
    while(low<high && flag)
    {
```

```
        flag=0;                          //初始认为没有发生交换
        for(i=low;i<high;i++)            //从上向下冒泡
        {
            if(a[i]>a[i+1])
            {
                temp=a[i];
                a[i]=a[i+1];
                a[i+1]=temp;
                flag=1;                  //有交换则修改 flag
            }//if
        }//for
        high --;                         //修改上界
        for(i=high;i>low;i--)
        {
            if(a[i]<a[i-1])
            {
                temp=a[i];
                a[i]=a[i+1];
                a[i+1]=temp;
                flag=1;
            }
        }
        low++;
    }
}
```

本章小结

本章主要讨论各种内部排序的方法。学习本章的目的是了解各种排序方法的原理及各自的优、缺点，以便在编制软件时能按照情况所需合理选用。

一般来说，在选择排序方法时，可有下列几种选择：

(1) 若待排序的记录个数 n 值较小，则可选用插入排序法，但若记录所含数据项较多，所占存储量大，应选用选择排序法。反之，若待排序的记录个数 n 值较大，应选用快速排序法。但若待排序记录关键字有“有序”倾向时，就慎用快速排序，而宁可选用堆排序或归并排序，而后两者的最大差别是所需辅助空间不等。

(2) 快速排序和归并排序在 n 值较小时的性能不及直接插入排序，因此在实际应用时，可将它们和插入排序“混合”使用。例如，在快速排序划分子区间的长度小于某值时，转而调用直接插入排序；或者对待排记录序列先逐段进行直接插入排序，然后利用“归并操作”进行两两归并直至整个序列有序为止。

(3) 基数排序的时间复杂度为 O(dn)，因此特别适合于待排记录数 n 值很大，而关键字“位数 d”较小的情况，并且还可以调整“基数”(如将基数定为 100 或 1000 等)以减少基数排序的趟数 d 的值。

(4) 一般情况下，对单关键字进行排序时，所用的排序方法是否稳定无关紧要。但当按“最次位优先”进行多关键字排序时(除第一趟外)必须选用稳定的排序方法。

习题与思考

8.1 单选题

1．下列排序算法中，稳定的排序法是(　　)。

A．直接选择排序，归并排序　　B．快速排序，堆排序

C．堆排序，冒泡排序　　D．归并排序，冒泡排序

2．下列排序算法中，有一种算法可能会出现下面的情况：在最后一趟排序开始之前，所有元素都不在其最终的位置上，这种算法是(　　)。

A．插入排序　　B．快速排序　　C．冒泡排序　　D．堆排序

3．将序列{8,9,10,4,5,6,20}采用冒泡排序排成升序序列，需要进行(　　)趟(假设采用从前向后的扫描方式)。

A．3　　B．4　　C．5　　D．6

4．删除堆中的一个关键码的时间复杂度为(　　)。

A．O(1)　　B．$O(\log_2 n)$　　C．O(n)　　D．$O(n\log_2 n)$

5．将两个分别含有 n 个元素的有序表归并成一个有序表，最少的比较次数是(　　)。

A．2n−1　　B．n　　C．2n　　D．n−1

8.2 填空题

1．除了基数排序之外，在排序过程中，两种主要的基本操作是记录的________和关键字的________。

2．不受待排序列初始状态的影响，时间复杂度为 $O(n^2)$的排序算法是________。

3．对有 n 个记录的顺序表 r[1...n]进行简单选择排序，所需的关键字间的比较次数是________。

4. 用链表表示的数据表的简单选择排序，其中结点中的数据用 data 表示，指针用 next 表示；链表首指针为 head，无头结点。

```
selectsort(head)
{
    p=head;
    while (_____)
    {
        q=p;
        r=_____
        while(_____)
        {
            if (_____)
            q=r;
            r=_____;
        }
        tmp=q->data;
        q->data=p->data;
        p->data=tmp;
```

```
            p= ______;
        }
}
```

5．堆排序是一种______排序，堆实质上是一棵______结点的层次序列。对含有 N 个元素的序列进行排序时，堆排序的时间复杂度是______，所需的附加存储结点是______。关键码序列{05，23，16，68，94，72，71，73}是否满足堆的性质______。

8.3 思考题

1．解释下列概念：

(1) 排序；(2) 内部排序；(3) 堆；(4) 稳定排序。

2．回答下列问题：

(1) 5000 个无序的数据，希望用最快速度挑选出其中前 10 个最大的元素，在快速排序、堆排序、归并排序和基数排序中采用哪种方法最好？为什么？

(2) 大多数排序算法都有哪两个基本操作？

3．有一个待排序的序列含 7 个记录，这 7 个关键字分别为 23，4，15，8，19，24，15，用直接插入法对这个序列进行排序。

4．有一个待排序的序列，其中记录的关键字为 28，13，72，85，39，41，6，20，要求在前面 7 个记录都已排好序的基础上，采用折半插入法插入第 8 个记录。

5．设有一个待排序的序列有 10 个记录，这 10 个记录的关键字分别为 58，46，72，95，84，25，37，58，63，12，用希尔排序法对这个序列进行排序。

6．一序列有 8 个记录，这些关键字的初始序列为｛45,33,68,95,78,13,26,45｝，用快速排序法对这个序列进行排序。

7．用“筛选法”对图 8.13 所示的堆进行排序。

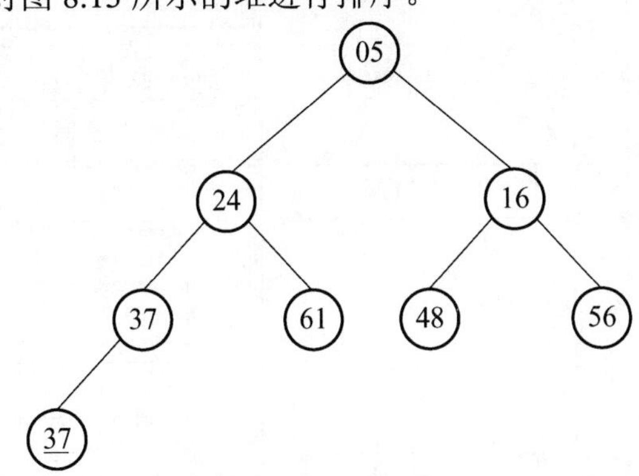

图 8.13 堆

8．初始序列为{23,56,42,37,15,84,72,27,18}，请采用二路归并排序法对该序列进行排序。

9．有一待排序序列中有 10 个记录，这 10 个关键字分别为 231，144，037，572，006，249，528，134，065，152，使用基数排序法对该序列进行排序。

10．根据归并排序的概念，采用熟悉的程序语言编写一个二路归并的算法。

11．根据本章所学的基数排序相关知识，采用熟悉的程序语言编写一个基数排序的算法。

12．输入 50 个学生的记录(每个学生的记录包括学号和成绩)，组成记录数组，然后按成绩由高到低的次序输出(每行 10 个记录)。排序方法采用选择排序。

查　找

学习目标

(1) 理解查找表的结构特点及各种表示方法的适用性。

(2) 熟悉查找树的构造方法和查找算法。

(3) 熟练掌握二叉查找树的构造和查找方法。

(4) 理解二叉平衡树的构造过程。

(5) 熟练掌握哈希表的构造方法，深刻理解哈希表与其他结构表的实质性差别。

知识结构图

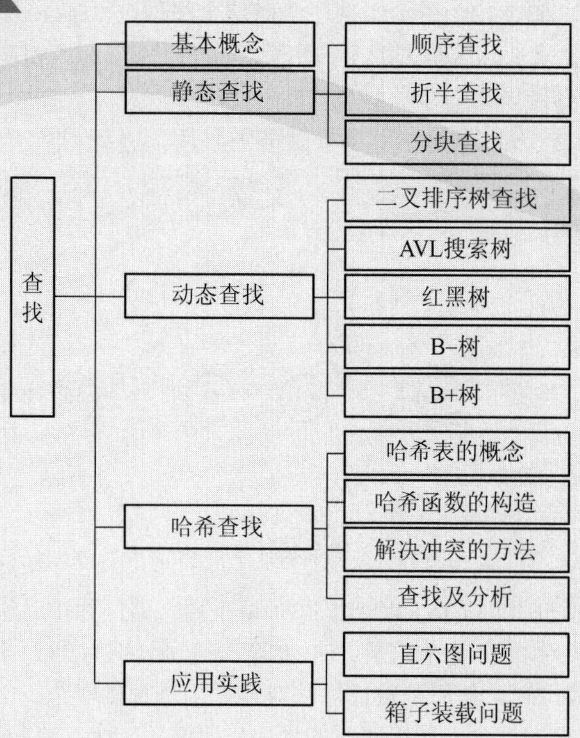

重点和难点

本章重点在于理解查找表的结构特点及各种表示方法的特点和适用场合。

学习指南

本章讨论的查找表即为绪论中提到的“集合”结构，由于它是很多应用软件中的操作对象，因此本章讨论的内容亦为整个课程的重点之一。由于集合中的数据元素之间不存在任何关系，因此它的主要操作“查找”不便进行，为了提高对查找表进行查找的效率，需要以另一种数据结构表示。因此在学习本章的过程中应该掌握各种表示方法的特点，以便在实用中能灵活选用。另外，红黑树和B−/B+树作为选学内容加入本章。

9.1 基本概念

查找表由同一类型的数据元素(或记录)构成，用于查找的数据元素集合。

若只对查找表进行如下两种操作：①在查找表中查看某个特定的数据元素是否在查找表中；②检索某个特定元素的各种属性，则称这类查找表为静态查找表。静态查找表在查找过程中查找表本身不发生变化。对静态查找表进行的查找操作称为静态查找。

若在查找过程中可以将查找表中不存在的数据元素插入，或者从查找表中删除某个数据元素，则称这类查找表为动态查找表。动态查找表在查找过程中查找表可能会发生变化。对动态查找表进行的查找操作称为动态查找。

关键字是数据元素中的某个数据项。唯一能标识数据元素(或记录)的关键字，即每个元素的关键字值互不相同，我们称这种关键字为主关键字；若查找表中某些元素的关键字值相同，称这种关键字为次关键字。例如，银行账户中的账号是主关键字，而姓名是次关键字。

【参考图文】

在数据元素集合中查找满足某种条件的数据元素的过程称为查找。最简单且最常用的查找条件是“关键字值等于某个给定值”。在查找表搜索关键字等于给定值的数据元素(或记录)，若表中存在这样的记录，则称查找成功，此时的查找结果应给出找到记录的全部信息或指示找到记录的存储位置；若表中不存在关键字等于给定值的记录，则称查找不成功，此时查找的结果可以给出一个空记录或空指针。若按主关键字查找，查找结果是唯一的；若按次关键字查找，结果可能是多个记录，即结果可能不唯一。

查找表是一种非常灵活的数据结构，对于不同的存储结构，其查找方法不同。为了提高查找速度，有时会采用一些特殊的存储结构。本章将介绍以线性结构、树形结构及哈希表结构为存储结构的各种查找算法。

在第1章中曾提及，可以从3个方面衡量一个算法的好坏：时间复杂度(衡量算法执行的时间量级)、空间复杂度(衡量算法的数据结构所占存储及大量的附加存储)和算法的其他性能。对于查找算法来说，通常只需要一个或几个辅助空间，而查找算法中的基本操作是“将记录的关键字和给定值进行比较”，因此，通常以“其关键字和给定值进行比较的记录个数的平均值”作为衡量查找算法好坏的依据。

定义：查找过程中先后和给定值进行比较的关键字个数的期望值称作查找算法的平均查找长度(Average Search Length，ASL)。

对于含有n个记录的查找表，查找成功时的平均查找长度为

$$ASL = \sum_{i=1}^{n} P_i C_i \tag{9.1}$$

$$\sum_{i=1}^{n} P_i = 1 \tag{9.2}$$

其中，P_i 为查找表中第 i 个记录的概率；C_i 为找到表中第 i 个记录(其关键字等于给定值)时，曾和给定值进行过比较的关键字的个数。显然，C_i 的值将随查找过程的不同而不同。

查找过程的主要操作是关键字的比较，所以通常以“平均比较次数”来衡量查找算法的时间效率。

9.2 静态查找

正如 9.1 节所述，静态查找是指在静态查找表上进行的查找操作，在查找表中查找满足条件的数据元素的存储位置或各种属性。为此本节将讨论以线性结构表示的静态查找表及相应的查找算法。

9.2.1 顺序查找

顺序查找是一种最简单的查找方法。其基本思想是将查找表作为一个线性表，可以是顺序表，也可以是链表，依次用查找条件中给定的值与查找表中数据元素的关键字值进行比较。若某个记录的关键字值与给定值相等，则查找成功，返回该记录的存储位置；反之，若直到最后一个记录，其关键字值与给定值均不相等，则查找失败，返回查找失败标志。

顺序表顺序查找的类型定义如下：

```
#define MAX_NUM 100                         //用于定义表的长度
typedef struct SStable{
    int key;
    int otherelem;
} Se_List[MAX_NUM], Se_Elem;
```

假设在查找表中，数据元素个数为 n(n<MAX_NUM)，并分别存放在数组的下标变量 a[1]～a[n]中。相应的无哨兵顺序查找的完整代码见算法 9.1，改进后有哨兵的顺序查找的代码见算法 9.2，对 a[0]的关键字赋值 key 作为哨兵，其目的在于免去查找过程中每一步都要检测整个表是否查找完毕，当然“哨兵”也不一定在数组开始，也可以在末端。其中 a 为数组，n 为被查找数组的元素个数，key 为要查找的关键字。

算法 9.1 无哨兵顺序查找

```
int Sequential_Search(Se_List a,int n,int key)
{
    int i;
    for(i=1;i<=n;i++){
        if (a[i].key == key)
        return i;
```

```
    }
    return 0;
}
```

算法 9.2 有哨兵顺序查找

```
int Sequential_Search2(Se_List a,int n,int key)
{
    int i;
    a[0].key = key;
    i=n;
    while(a[i].key!=key)
    {
        i--;
    }
    return i;
}
```

对于这种顺序查找算法来说，查找成功最好的情况就是在第一个位置就找到了，算法时间复杂度为 O(1)，最坏的情况是在最后位置找到，需要 n 次比较，时间复杂度为 O(n)。当查找不成功时，需要 n+1 次比较，时间复杂度为 O(n)。我们之前推导过，关键字在任何一位置的概率是相同的，所以平均查找次数为(n+1)/2，所以最终的时间复杂度还是 O(n)。

9.2.2 折半查找

1. 折半查找的基本思想

折半查找(二分查找)要求查找表用顺序存储结构存放且各数据元素按关键字有序(升序或降序)排列，也就是说折半查找只适用于对有序顺序表进行查找。

折半查找的基本思想是：首先以整个查找表作为查找范围，用查找条件中给定值 k 与中间位置结点的关键字比较，若相等，则查找成功，否则，根据比较结果缩小查找范围。如果 k 的值小于关键字的值，根据查找表的有序性可知查找的数据元素只可能在表的前半部分，即在左半部分子表中，所以继续对左子表进行折半查找；若 k 的值大于中间结点的关键字值，则可以判定查找的数据元素只可能在表的后半部分，即在右半部分子表中，所以应该继续对右子表进行折半查找。每进行一次折半查找，要么查找成功，结束查找，要么将查找范围缩小一半，如此重复，直到查找成功或查找范围缩小为空即查找失败为止。

2. 折半查找过程示例

假设待查有序(升序)顺序表中数据元素的关键字序列为{8,18,27,42,47,50,56,68,95,120}，用折半查找关键字值为 27 的数据元素，查找过程如图 9.1 所示。

3. 折半查找算法

假设查找表存放在数组 a 的 a[1]～a[n]中，且升序，查找关键字值为 k。

折半查找的主要步骤如下：

(1) 置初始查找范围：low=1，high=n。

	a[1]	a[2]	a[3]	a[4]	a[5]	a[6]	a[7]	a[8]	a[9]	a[10]
	8	18	27	42	47	50	56	68	95	120
初始状态	low↑				mid↑					high↑
k＜a[mid].key，更新high	low↑	mid↑		high↑						
k＞a[mid].key，更新low			low↑	high↑						
k=a[mid].key，查找成功			mid↑							

图 9.1　折半查找过程示例

(2) 求查找范围中间项：mid=(low+high)/2。

(3) 将指定的关键字值 k 与中间项 a[mid].key 比较：若相等，查找成功，找到的数据元素为此时 mid 指向的位置；若小于，查找范围的低端数据元素指针 low 不变，高端数据元素指针 high 更新为 mid-1；若大于，查找范围的高端数据元素指针 high 不变，低端数据元素指针 low 更新为 mid+1。

(4) 重复步骤(2)和(3)，直到查找成功或查找范围空(low>high)，即查找失败为止。

(5) 如果查找成功，返回找到元素的存放位置，即当前的中间项位置指针 mid，否则返回查找失败标志。

对应上面的描述，折半查找的完整算法见算法 9.3。

算法 9.3　折半查找

```
int Binary_Search(Se_List a,int n,int key)
{
    int low,high,mid;
    low=1;
    high=n;
    while(low<=high)
    {
        mid=(low+high)/2;
        if(key ==a[mid].key)) return mid;
        if (key<a[mid].key) high=mid-1;
        else
            low=mid+1;
    }
    return 0;
}
```

找到有序表中任一记录的过程就是走了一条从根结点到与该记录相应的结点的路径，和给定值进行比较的关键字个数恰好为该结点在判定树上的层次数。因此，折半查找法在查找成功时进行比较的关键字个数最多不超过树的深度，而具有 n 个结点的判定树的深度为$\lfloor \log_2 n \rfloor + 1$，所以，折半查找在查找成功时和给定值进行比较的关键字个数至多为$\lfloor \log_2 n \rfloor + 1$。

最终折半查找法的时间复杂度为 O(logn)，它显然远远好于时间复杂度 O(n)，不过由于折半查找的前提条件是需要有序表顺序存储，对于静态查找表，一次排序后不再变化，这样的算法已经比较好了。但对于需要频繁执行插入或删除操作的数据来说，维护有序的排序会带来不小的工作量，不建议使用。

9.2.3 分块查找

分块查找(Blocking Search)又称索引顺序查找。它是一种性能介于顺序查找和折半查找之间的查找方法。

分块查找由“分块有序”的线性表和索引表组成。

1. “分块有序”的线性表

表 R[1...n]均分为 b 块，每块中结点个数为 $s=\lceil n/b \rceil$，第 b 块的结点数不大于 s；每一块中的关键字不一定有序，但前一块中的最大关键字必须小于后一块中的最小关键字，即表是“分块有序”的。假定表中每个结点的查找概率相等，则每块查找的概率是 1/b，块中每个结点的查找概率是 1/s。

2. 索引表

抽取各块中的最大关键字及其起始位置构成一个索引表 ID[1…b]，即 ID[i]($1 \leqslant i \leqslant b$)中存放第 i 块的最大关键字及该块在表 R 中的起始位置。由于表 R 是分块有序的，所以索引表是一个递增有序表。

图 9.2 就是满足上述要求的存储结构，其中 R 只有 18 个结点，被分成 3 块，每块中有 6 个结点，第一块中最大关键字 22 小于第二块中最小关键字 24，第二块中最大关键字 48 小于第三块中最小关键字 49。

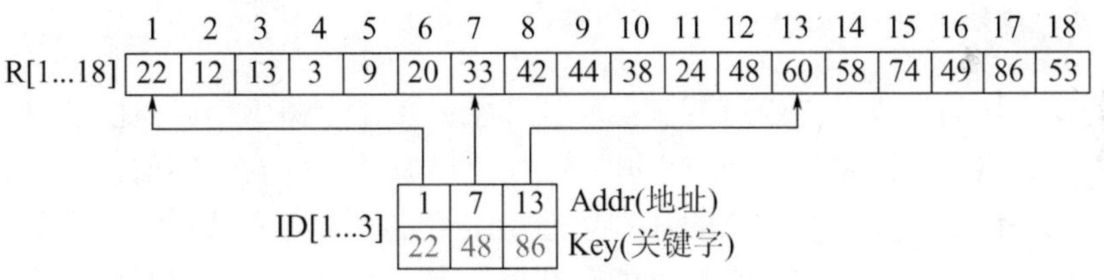

图 9.2 分块有序表的索引存储表示

分块查找的基本思想是：首先查找索引表，索引表是有序表，可采用折半查找或顺序查找，以确定待查的结点在哪一块；然后在已确定的块中进行顺序查找。由于块内无序，只能用顺序查找。

对于图 9.2 所示的存储结构，我们分别作如下查找。

1) 查找关键字等于给定值 k=24 的结点

因为索引表小，不妨用顺序查找方法查找索引表。首先将 k 依次和索引表中各关键字比较，直到找到第一个关键字大小等于 k 的结点，由于 22<k<48，所以关键字为 24 的结点若存在的话，则必定在第二块中；然后，由 ID[2].addr 找到第二块的起始地址 7，从该地址开始在 R[7...12]中进行顺序查找，直到 R[11].key=k 为止。

2) 查找关键字等于给定值 k=30 的结点

因为 22<k<48，所以其必定在第二块，然后在该块中查找。因该块中查找不成功，故说明表中不存在关键字为 30 的结点。

下面我们对分块查找算法进行分析：由于由索引项组成的索引表按关键字有序，则确定块的查找可用顺序查找，也可用折半查找，而块内记录是无序的，则在块内只能是顺序查找。因此，分块查找是两次查找过程。整个查找过程的平均查找长度是两次查找的平均查找长度之和。

$$ASL_{bs} = L_b + L_w \tag{9.3}$$

其中，L_b 为查找索引表确定所在块的平均查找长度，L_w 为在块中查找元素的平均查找长度。

若用顺序查找确定所在块，则分块查找的平均查找长度为

$$ASL_{bs} = L_b + L_w = \frac{1}{b}\sum_{j=1}^{b} j + \frac{1}{s}\sum_{i=1}^{s} i = \frac{b+1}{2} + \frac{s+1}{2} = \frac{1}{2}\left(\frac{n}{s} + s\right) + 1 \tag{9.4}$$

可见，此时的平均查找长度不仅和表长 n 有关，而且和每一块中的结点个数 s 有关。在给定 n 的前提下，s 是可以选择的。容易证明，当 s 取 $\sqrt{n}$ 时，ASL_{bs} 取最小值 $\sqrt{n}+1$。这个值比顺序查找有了很大的改进，但远不及折半查找。

若用折半查找确定所在块，则分块查找的平均查找长度为

$$ASL_{bs} \approx \log_2(n/s) + s/2 \tag{9.5}$$

9.3 动 态 查 找

在本节中，我们将讨论动态查找表的表示和实现。动态查找表的特点是表结点本身是在查找过程中动态生成的，即对于给定值，若表中存在其关键字等于给定值的记录，则查找成功返回，否则插入关键字等于给定值的记录。

9.3.1 二叉排序树查找

从二叉排序树的结点定义中可看到：一棵非空二叉排序树中根结点的关键字值大于其左子树上所有结点的关键字值，而小于其右子树上所有结点的关键字值，所以在二叉排序树中查找一个关键字值为 k 的结点的基本思想是用给定值 k 与根结点关键字值比较，如果 k 小于根结点的值，则要找的结点只可能在左子树中，所以继续在左子树中查找，否则将继续在右子树中查找，依此方法，查找下去，直至查找成功或查找失败为止。

二叉排序树查找的过程具体描述如下。

(1) 若二叉树为空树，则查找失败。

(2) 将给定值 k 与根结点的关键字值比较，若相等，则查找成功。

(3) 若根结点的关键字值小于给定值 k，则在左子树中继续搜索。

(4) 否则，在右子树中继续查找。

二叉排序树的查找过程是一个递归过程，若用链式存储结构存储，其查找操作见算法 9.4。该算法递归查找二叉排序树 T 中是否存在 key，指针 f 指向 T 的双亲，其初始调用值为 NULL。若查找成功，则指针 p 指向该数据元素结点，并返回 TRUE；否则，指针 p 指向查找路径上访问的最后一个结点，并返回 FALSE。

算法 9.4 二叉排序树的查找

```
int SearchBST(BiTree T, int key, BiTree f, BiTree *p)
{
```

```
    if (!T) {                                    //查找失败
        *p = f;
        return FALSE;
    }
    else if (key==T->data) {                     //查找成功
        *p = T;
        return TRUE;
    }
    else if (key < T->data)
        return SearchBST(T->lchild,key,T,p);
    else
        return SearchBST(T->rchild, key,T,p);
}
```

9.3.2 AVL 搜索树

1. AVL 搜索树的基本概念

平衡二叉树(self-balancing search tree)是由阿德尔森·维尔斯(Adelson Velskii)和兰迪斯(Landis)于 1962 年首先提出的，这种二叉树在插入和删除操作中，可以通过一系列的旋转操作来保持平衡，所以称为平衡树(balanced tree)，也称 AVL 树。

二叉树中每一个结点的左子树高度减右子树高度称为该结点的平衡因子(Balanced Factor，BF)。所谓平衡树，它或者是一棵空树，或者具有下列性质的二叉树：它的左子树和右子树都是平衡二叉树，且左子树和右子树的高度之差的绝对值不超过 1。也就是说，一棵二叉树上任一结点的平衡因子只能是+1，0 或−1。图 9.3(a)所示为一棵平衡二叉树，而图 9.3(b)所示为一棵不平衡二叉树。

如何构造一棵平衡二叉树呢？动态地调整二叉排序树平衡的方法如下：每插入一个结点后，首先检查是否破坏了树的平衡，如果因插入结点而破坏了二叉树的平衡，则找出离插入点最近的不平衡结点，然后将该不平衡结点为根的子树进行旋转操作。假设给平衡二叉树某个结点的左子树插入一个新结点，则此新结点使左子树的高度加 1，我们可能会遇到以下 3 种情况。

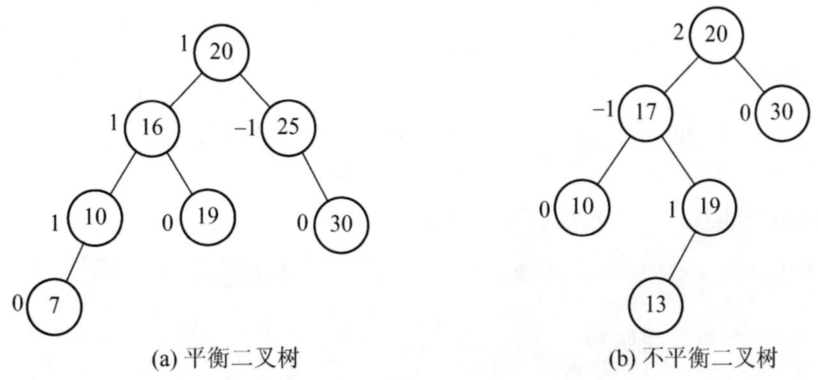

(a) 平衡二叉树　　(b) 不平衡二叉树

图 9.3　平衡二叉树与不平衡二叉树

(1) 如果原来其左子树高度与右子树高度相等，即原来此结点的平衡因子等于 0，插入新结点后使平衡因子变成+1，但仍符合平衡二叉树的条件，不需对其加以调整。

(2) 如果原来左子树的高度大于右子树的高度，即原来此结点的平衡因子等于+1，插入新结点后使平衡因子变成+2，破坏了平衡二叉树的限制条件，需对其加以调整。

(3) 如果原来左子树高度小于右子树高度，即原来此结点的平衡因子等于-1，插入新结点后将使平衡因子变成 0，平衡更加改善，不必加以调整。

如果给平衡二叉树某结点的右子树插入一个结点，且设此新结点使右子树的高度加 1，则也会遇到上述相对应的 3 种情况。

以图 9.4 所示的树为例，设原已有关键字 50、15、60、5 和 35 这 5 个结点，原树符合平衡二叉树条件，图中各结点旁所标数字为该结点的平衡因子。如插入关键字 55 或 70 的新结点，对于关键字为 60 的结点来说，使平衡因子由 0 变成+1 或-1，属于情况(1)，而对于关键字 50 的结点来说，使平衡因子由+1 变成 0，属于情况(3)，都不必加以调整；如插入关键字为 2,10,30 或 40 的任一结点，则对于关键字为 50 的结点来说，平衡因子由+1 变为+2，破坏了平衡二叉树的条件，需加以调整使其重新平衡。

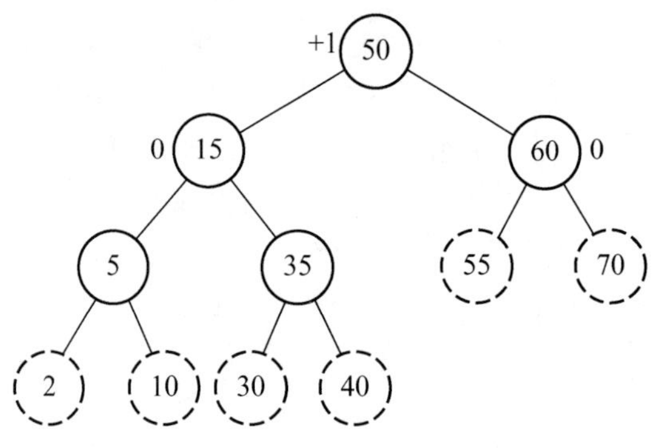

图 9.4　平衡二叉树插入结点

显然，AVL 搜索树的查找和二叉排序树查找的算法一样，但插入操作和删除操作就不能完全按照二叉排序树的插入和查找来进行，因为那样得到的可能不是 AVL 搜索树。

AVL 的数据存储表示如下：

```
typedef  struct BiTNode                               //结点结构
{
    int data;                                         //结点数据
    int bf;                                           //结点的平衡因子
    struct BiTNode *lchild, *rchild;
} BiTNode, *BiTree;
```

AVL 树调整的基本操作包括如下几部分：

```
(1)Status InsertAVL(BiTree*T,int e,Status*taller)    //把数据存储到 AVL 树中
(2)void L_Rotate(BiTree *P)                           //单左旋转
(3)void R_Rotate(BiTree *P)                           //单右旋转
(4)void LeftBalance(BiTree *T)                        //左平衡
(5)void RightBalance(BiTree *T)                       //右平衡
```

一般情况下，假设由于在二叉排序树上插入结点而失去平衡的最小子树根结点的指针

为 p(即 p 是离插入位置最近，且平衡因子绝对值超过 1 的祖先结点)，则失去平衡后进行调整的规律可归纳为下列 4 种情况。

1) LL 型平衡旋转法

如图 9.5 所示，由于在 A 的左孩子 B 的左子树上插入 F，使 A 的平衡因子由 1 增至 2 而失去平衡，故进行一次顺时针旋转操作，即将 A 的左孩子 B 向右上旋转代替 A 作为根，A 向右下旋转成为 B 的右子树的根。而原来 B 的右子树则变成 A 的左子树。

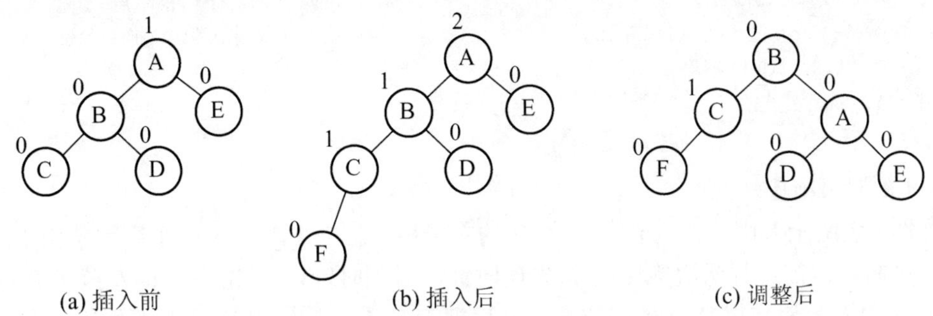

图 9.5 LL 型平衡旋转法

LL 型平衡旋转法直接在不平衡结点处进行右旋转，代码见算法 9.5。该算法对以 P 为根的二叉排序树作右旋处理，处理之后 P 指向新的树根结点，即旋转处理之前的左子树的根结点。

算法 9.5 LL 型平衡旋转法

```
void R_Rotate(BiTree *P)
{
    BiTree L;
    L=(*P)->lchild;                    //L 指向 P 的左子树根结点
    (*P)->lchild=L->rchild;            //L 的右子树挂接为 P 的左子树
    L->rchild=(*P);
    *P=L;
}
```

2) RR 型平衡旋转法

如图 9.6 所示，由于在 A 的右孩子 C 的右子树上插入 F，使 A 的平衡因子由−1 减至−2 而失去平衡，故需进行一次逆时针旋转操作，即将 A 的右孩子 C 向左上旋转代替 A 作为根，A 向左下旋转成为 C 的左子树的根。而原来 C 的左子树则变成 A 的右子树。

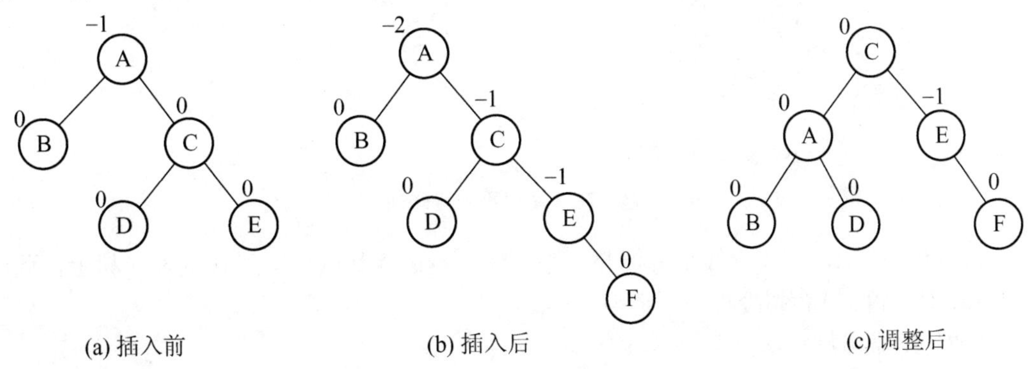

图 9.6 RR 型平衡旋转法

RR 型平衡旋转法直接在不平衡结点处进行左旋转，代码见算法 9.6。该算法对以 P 为根的二叉排序树作左旋处理，处理之后 P 指向新的树根结点，即旋转处理之前的右子树的根结点。

算法 9.6　RR 型平衡旋转法

```
void L_Rotate(BiTree *P)
{
    BiTree R;
    R=(*P)->rchild;                    //R指向P的右子树根结点
    (*P)->rchild=R->lchild;            //R的左子树挂接为P的右子树
    R->lchild=(*P);
    *P=R;
}
```

3) LR 型平衡旋转法

如图 9.7 所示，由于在 A 的左孩子 B 的右子树上插入 F，使 A 的平衡因子由 1 增至 2 而失去平衡，故需进行两次旋转操作(先逆时针，后顺时针)，即先将 A 的左孩子 B 的右子树的根 E 向左上旋转提升到 B 的位置，然后把 E 向右上旋转提升到 A 的位置，即先使之成为 LL 型，再按 LL 型处理。

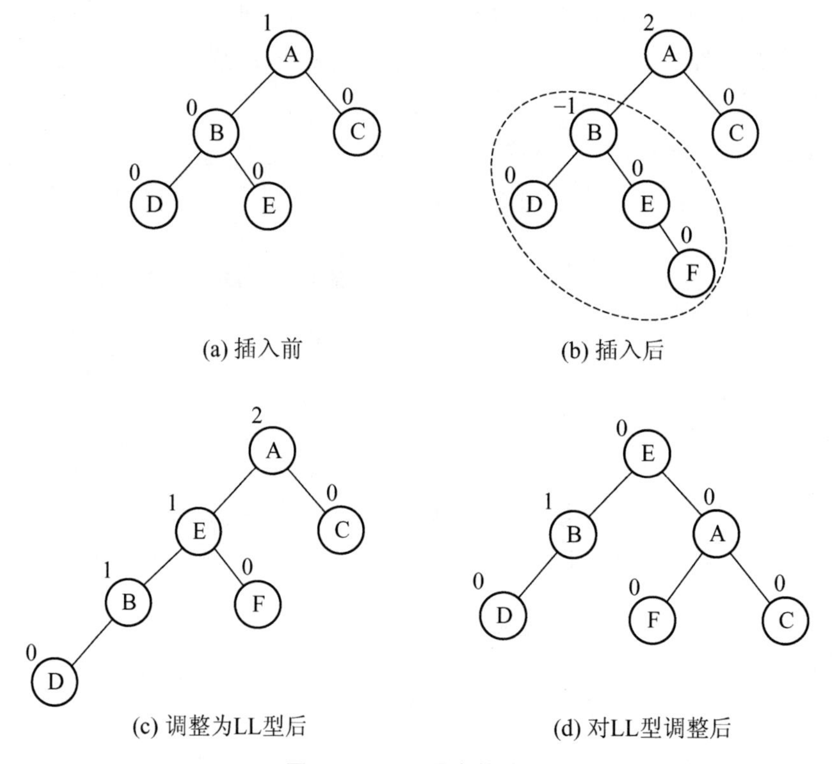

图 9.7　LR 型平衡旋转法

如图 9.7 所示，先将虚线部分调整为平衡树，然后将其以根接到 A 的左子树上，此时成为 LL 型，再按 LL 型处理成平衡型。

4) RL 型平衡旋转法

如图 9.8 所示，由于在 A 的右孩子 C 的左子树上插入 F，使 A 的平衡因子由-1 减至-2

而失去平衡，故需进行两次旋转操作(先顺时针，后逆时针)，即先将 A 的右孩子 C 的左子树的根 D 向右上旋转提升到 C 的位置，然后把该 D 向左上旋转提升到 A 的位置，即先使之成为 RR 型，再按 RR 型处理成平衡型。

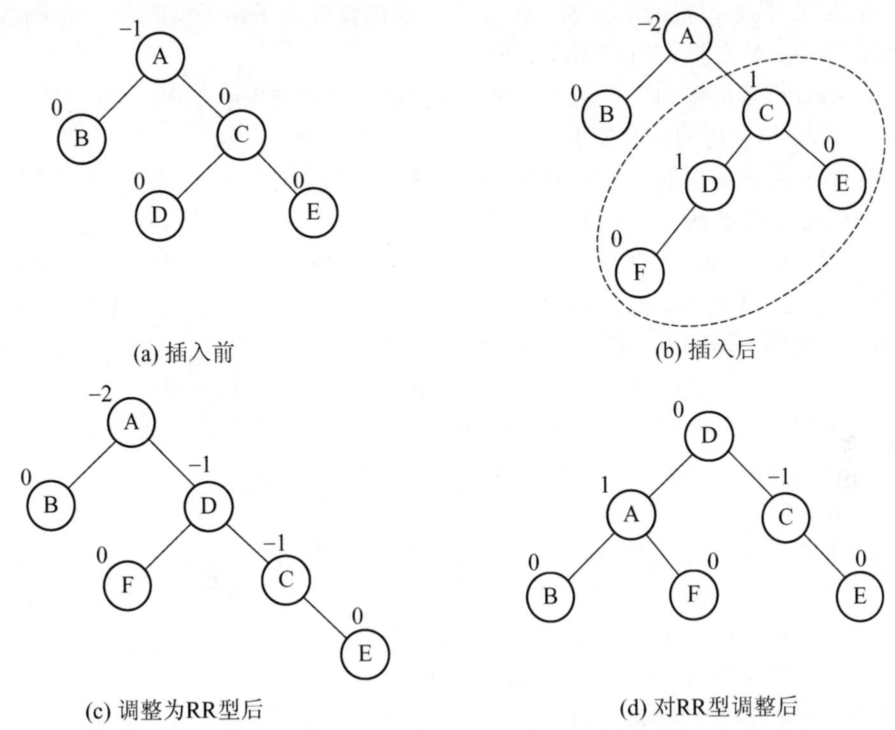

图 9.8 RL 型平衡旋转法

如图 9.8 所示，先将虚线部分先调整为平衡树，然后将其以根接到 A 的右子树上，此时成为 RR 型，再按 RR 型处理成平衡型。

平衡化靠的就是旋转，需要注意的是左旋的时候 p->right 一定不为空，右旋的时候 p->left 一定不为空。

如果从空树开始建立，并时刻保持平衡，那么不平衡只会发生在插入、删除操作上，而不平衡的标志就是出现 BF = 2(BF 表示平衡因子)或者 BF= −2 的结点。

2. AVL 搜索树的插入实现

AVL 搜索树的插入过程和二叉搜索树是一样的，但是每次插入新结点的以后有可能破坏 AVL 搜索树的平衡性，所以每当插入一个结点时，先检查是否因插入而破坏了树的平衡性，若是，首先要找出插入新结点后失去平衡的最小子树根的指针。然后调整这棵子树中有关结点之间的链接关系，使之成为新的平衡子树。当失去平衡的最小子树被调整为平衡子树后，原有其他所有不平衡子树无需调整，整个二叉排序树就又成为一棵平衡二叉树。

在 AVL 搜索树上插入一个新的数据元素 e 的递归算法可描述如下：

(1) 若 AVL 搜索树为空树，则插入一个数据元素为 e 的新结点作为 AVL 搜索树的根，树的深度增加 1。

(2) 若 e 的关键字和 AVL 搜索树根的关键字相等，则不进行插入。

(3) 若 e 的关键字小于 AVL 搜索树的根的关键字，而且在 AVL 搜索树的左子树中不存在和 e 相同关键字的，则将 e 插入 AVL 搜索树的左子树上，并且当插入后的左子树深度加 1 时，分别就下列不同情况处理。

① 若 AVL 搜索树根的平衡因子为-1(右子树的深度大于左子树的深度)，则将根的平衡因子更改为 0，AVL 搜索树的深度不变。

② 若 AVL 搜索树根的平衡因子为 0(左子树和右子树的深度相等)，则将根的平衡因子更改为+1，AVL 搜索树的深度加 1。

③ 若 AVL 搜索树根的平衡因子为+1(左子树的深度大于右子树的深度)，则当 AVL 搜索树的左子树根的平衡因子为+1 时，需进行单向右旋平衡处理，并且在右旋处理之后，将根及其右子树根的平衡因子更改为 0，树的深度不变；当 AVL 搜索树的左子树根的平衡因子为-1 时，需进行先向左、后向右的双向旋转平衡处理，并且在旋转处理之后，修改根及其左、右子树根的平衡因子，树的深度不变。

(4) 若 e 的关键字大于 AVL 搜索树根的关键字，而且在 AVL 搜索树的右子树中不存在和 e 相同的关键字，则将 e 插入在 AVL 搜索树的右子树上，并且当插入之后的右子树深度加 1 时，分别就不同情况处理之，其处理操作和(3)中所述相对称。

总的来说，向 AVL 树插入结点时，如果当前结点的值大于要插入的值，则进入其左子树，否则进入右子树，接着判断是 LL 型还是 LR 型。其具体的实现见算法 9.7。该算法实现的操作如下：若在平衡的二叉排序树 T 中不存在和 e 有相同关键字的结点，则插入一个数据元素为 e 的新结点，并返回 1，否则返回 0。若因插入而使二叉排序树失去平衡，则作平衡旋转处理，布尔变量 taller 反映 T 长高与否。

算法 9.7 向 AVL 树插入结点

```
#define LH +1 // 左高
#define EH 0  //等高
#define RH -1 //右高

Status InsertAVL(BiTree *T,int e,Status *taller)
{
    if(!*T)
    {                               //插入新结点，树“长高”，置 taller 为 TRUE
        *T=(BiTree)malloc(sizeof(BiTNode));
        (*T)->data=e; (*T)->lchild=(*T)->rchild=NULL; (*T)->bf=EH;
        *taller=TRUE;
    }
    else
    {
        if (e==(*T)->data)
        {
            *taller=FALSE; return FALSE;
        }
        if (e<(*T)->data)
        {                           //应继续在 T 的左子树中进行搜索
            if(!InsertAVL(&(*T)->lchild,e,taller))
```

```
            return FALSE;
        if(taller)                  //已插入到 T 的左子树中且左子树“长高”
            switch((*T)->bf)        //检查 T 的平衡度
        {
            case LH:                //原本左子树比右子树高，需要作左平衡处理
                LeftBalance(T);  *taller=FALSE; break;
            case EH:                //原本左、右子树等高，现因左子树增高而使树增高
                (*T)->bf=LH; *taller=TRUE; break;
            case RH:                //原本右子树比左子树高，现左、右子树等高
                (*T)->bf=EH; *taller=FALSE; break;
        }
    }
    else
    {                               //继续在 T 的右子树中进行搜索
        if(!InsertAVL(&(*T)->rchild,e,taller))
            return FALSE;
        if(*taller)                 //已插入到 T 的右子树且右子树“长高”
            switch((*T)->bf)        //检查 T 的平衡度
        {
            case LH:                //原本左子树比右子树高，现左、右子树等高
                (*T)->bf=EH; *taller=FALSE;  break;
            case EH:                //原本左、右子树等高，现因右子树增高而使树增高
                (*T)->bf=RH; *taller=TRUE; break;
            case RH:                //原本右子树比左子树高，需要作右平衡处理
                RightBalance(T); *taller=FALSE; break;
        }
    }
  }
  return TRUE;
}
```

其中，左平衡旋转处理代码见算法 9.8。该算法对以指针 T 所指结点为根的二叉树作左平衡旋转处理。

注意

本算法结束时，指针 T 指向新的根结点。

算法 9.8 左平衡旋转

```
void LeftBalance(BiTree *T)
{
    BiTree L,Lr;
    L=(*T)->lchild;             //L 指向 T 的左子树根结点
    switch(L->bf)
    {
    case LH:                    //新结点插入在 T 的左孩子的左子树上，要作单右旋处理
        (*T)->bf=L->bf=EH;
```

```
            R_Rotate(T);
            break;
        case RH:                    //新结点插入在 T 的左孩子的右子树上，要作双旋处理
            Lr=L->rchild;           //Lr 指向 T 的左孩子的右子树根
            switch(Lr->bf)          //修改 T 及其左孩子的平衡因子
            {
            case LH: (*T)->bf=RH;
                L->bf=EH;
                break;
            case EH: (*T)->bf=L->bf=EH;
                break;
            case RH: (*T)->bf=EH;
                L->bf=LH;
                break;
            }
        Lr->bf=EH;
        L_Rotate(&(*T)->lchild);         //对 T 的左子树作左旋平衡处理
        R_Rotate(T);                     //对 T 作右旋平衡处理
        }
}
```

右平衡旋转处理代码见算法 9.9。该算法对以指针 T 所指结点为根的二叉树作右平衡旋转处理。

算法 9.9 右平衡旋转

```
void RightBalance(BiTree *T)
{
    BiTree R,Rl;
    R=(*T)->rchild;             //R 指向 T 的右子树根结点
    switch(R->bf)
    {                           //检查 T 的右子树的平衡度，并作相应平衡处理
    case RH:                    //新结点插入在 T 的右孩子的右子树上，要作单左旋处理
        (*T)->bf=R->bf=EH;
        L_Rotate(T);
        break;
    case LH:                    //新结点插入在 T 的右孩子的左子树上，要作双旋处理
        Rl=R->lchild;           //Rl 指向 T 的右孩子的左子树根
        switch(Rl->bf)
        {                       //修改 T 及其右孩子的平衡因子
        case RH: (*T)->bf=LH;
            R->bf=EH;
            break;
        case EH: (*T)->bf=R->bf=EH;
            break;
        case LH: (*T)->bf=EH;
            R->bf=RH;
            break;
```

```
        }
    Rl->bf=EH;
    R_Rotate(&(*T)->rchild);       //对 T 的右子树作右旋平衡处理
    L_Rotate(T);                   //对 T 作左旋平衡处理
    }
}
```

注意：

(1) 如果这 3 个结点处于一条直线上，则采用单旋转进行平衡化处理。

(2) 如果这 3 个结点处于一条折线上，则采用双旋转进行平衡化处理。

(3) 本算法结束时，指针 T 指向新的根结点。

3. AVL 搜索树的删除

AVL 搜索树中的删除在二叉排序树删除的基础上，增加子树高度变化后的调整即可，这里首先需要确定删除后，哪个结点的平衡需要调整，具体如下。

首先，若被删除结点 P 只有一个孩子，只要直接删除 P，把 P 的双亲与该孩子相连即可；如果 P 有两个孩子，则先将结点 P 的中序前趋结点 L 与 P 交换，实际删除的是结点 L。

其次，从删除点开始回溯到树根，检查路径上各结点的平衡因子变化并作相应的修改(若需要)，发生失衡就要按类似 LL、RR、LR 和 RL 方式进行高度调整。

若 q 是被删除结点的父结点，则如果删除发生在 q 的左子树，那么 BF(q)减 1；如果删除发生在 q 的右子树，那么 BF (q) 加 1。

根据 q 的平衡因子，存在 3 种现象：

现象 1：如果 q 的新平衡因子 BF(q)=0，意味着删除前 BF (q)=1 或者 BF (q)=−1，属于单支树，此时高度减 1，需改变父结点和其他某些祖先结点的平衡因子，如图 9.9 所示。

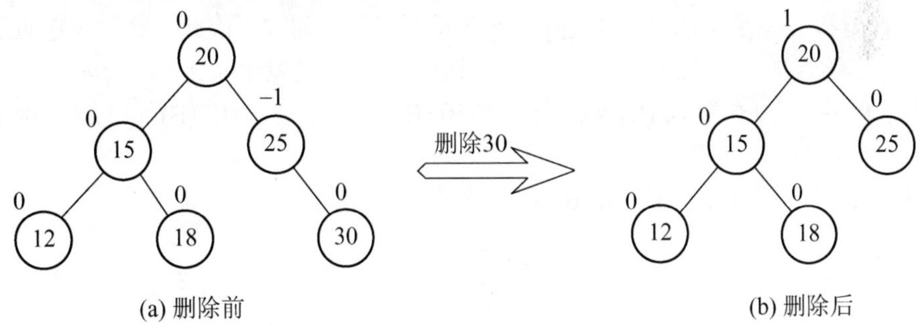

图 9.9 AVL 搜索树的删除操作现象 1

现象 2：如果 q 的新平衡因子 BF (q)=1 或−1，意味着删除前 BF (q)=0，左、右子树高度一样。删除操作发生以后，q 的高度不会改变，因此其他的平衡因子不需要改变，如图 9.10 所示。

现象 3：如果 q 新的平衡因子 BF (q) = −2 或 2，意味着删除前 BF (q) = −1 或 1，左、右子树高度不同，此时树在 q 结点是不平衡的，需要平衡化处理，如图 9.11 所示。

平衡因子为 2 或−2 可分为两种情况：

若 A 是第一个删除后 BF(A)=2 或−2 的结点，可以根据删除操作发生在 A 的左子树还是右子树来划分不同平衡类型。如果删除发生在左子树，以及 A 平衡因子为−2 的情况，可以把不平衡类型称为 L 型；如果删除发生在右子树，以及 A 的平衡因子为 2 的情况，把这种不平衡类型称为 R 型。

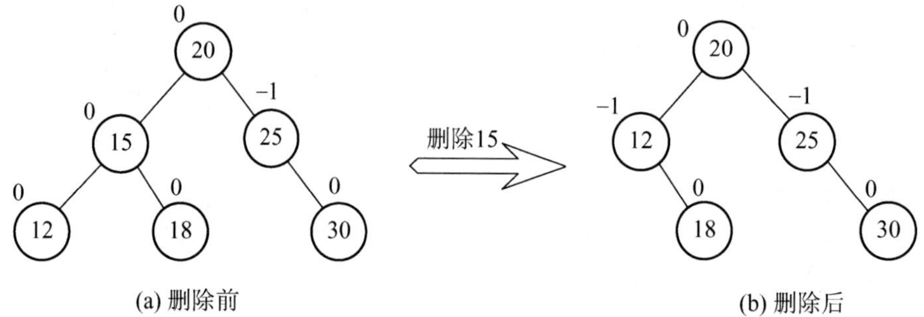

图 9.10　AVL 搜索树的删除操作现象 2

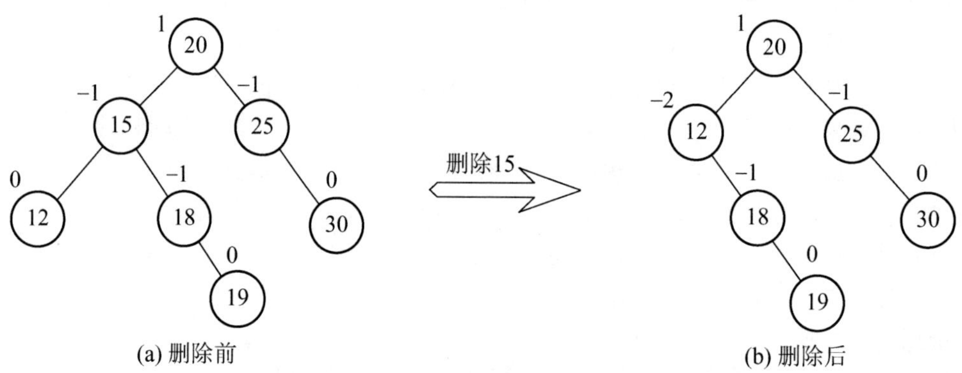

图 9.11　AVL 搜索树的删除操作现象 3

由于 L 型和 R 型是对称的，L 型情况下 A 的平衡因子为-2，因此，删除前它的平衡因子必定为-1，这样 A 的右结点(B)一定存在，并且删除操作一定发生在 A 的左子树。可以根据 B 的平衡因子再细分为 L0 型(BF(B) = 0)、L1 型(BF(B) = 1)、L-1 型(BF(B) = -1)这 3 种类型。

1) L0 型的平衡化处理

删除发生在 A 的左子树且 BF(B) = 0，如图 9.12 所示。

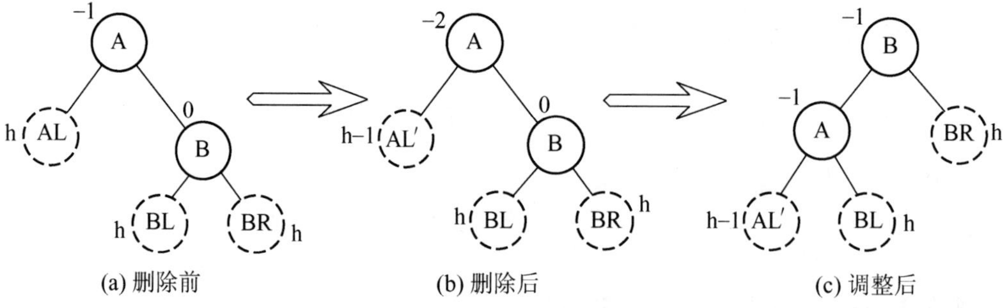

图 9.12　L0 型的平衡化处理

L0 的调整实际上是对 A 作一次左旋得到的。旋转后 A 结点的平衡因子变成-1，B 结点的平衡因子变成 1。此时 B 结点的父结点以及其他结点都不需要重新进行调整，因此 L0 型不平衡只要一次旋转便达到了平衡。

R0 和 L0 是对称的，R0 需要对 A 结点作一次右旋，旋转后，A 结点的平衡因子变成 1，B 结点的平衡因子变成-1。

2) L−1 类型的平衡化处理

删除发生在 A 的左子树且 BF (B) = −1，如图 9.13 所示。

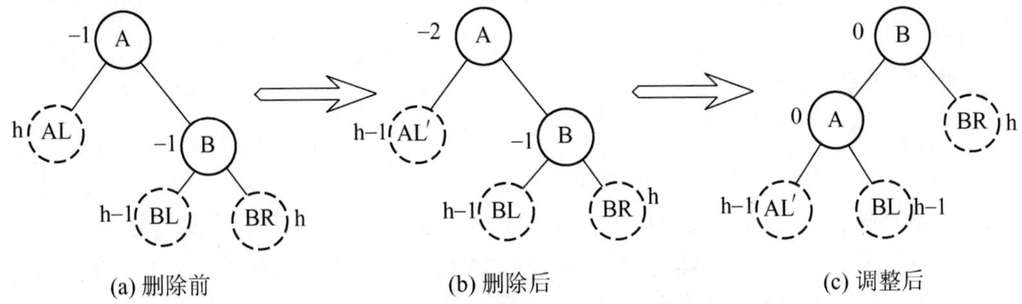

图 9.13 L−1 类型的平衡化处理

L−1 型也是一次左旋操作，旋转后 A 和 B 的平衡因子都变成了 0，转变成了前边的现象 1，按现象 1 介绍的方法对 B 的进行调整即可。

与 L−1 型对称的是 R1 型，R1 型需要作一次右旋，旋转后 A 和 B 的平衡因子也都变成 0。

3) L1 类型的平衡化处理

删除发生在 A 的左子树且 BF (B) = 1，如图 9.14 所示。

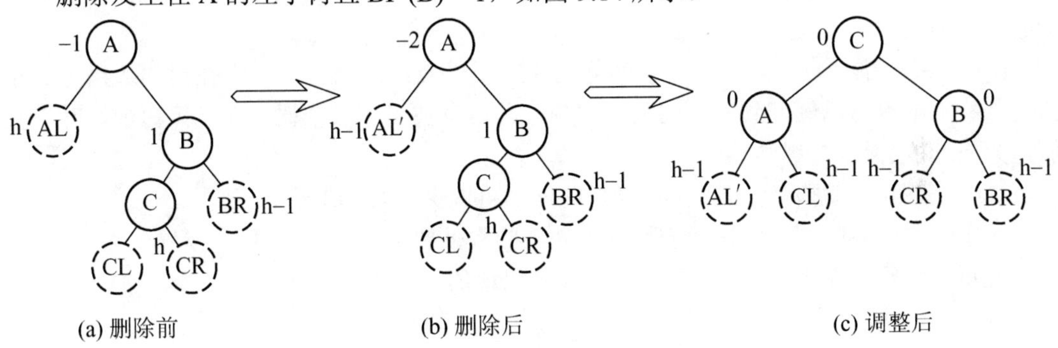

图 9.14 L1 类型的平衡化处理

L1 型是通过两次旋转进行调整的，先对 B 结点进行右旋，再对 A 结点左旋得到。旋转后，C 结点的平衡因子变成 0, A、B 结点的平衡因子与前面插入的 LR 旋转类似，需根据 C 结点的平衡因子来决定。

(1) 如果删除后 C 的平衡因子为 0，表明调整后 A、B 的平衡因子为 0。

(2) 如果删除后 C 的平衡因子为−1，表明 CL 的高度为 h−2，CR 的高度为 h−1，调整后 A 的平衡因子为 1，B 的平衡因子为 0。

(3) 如果删除后 C 的平衡因子为 1，表明 CL 的高度为 h−1，CR 的高度为 h−2，调整后 A 的平衡因子为 0，B 的平衡因子为−1。

L1 型调整以后，C 的平衡因子为 0，转化为前面不平衡类型的现象 1。R−1 型和 L1 型是对称的，只是将平衡因子 1 和−1 左右调换即可。

把删除操作的 L0、L1、L−1 和前面的插入操作 LL、LR 型进行比较可以发现，L0、L−1 和 LL 型是对称的，因此 L0、L−1 和 RR 型是一样的；并且 L−1 和 RR 型调整后 A、B 结点的平衡因子也一样。L0 调整后的区别是 A、B 结点的平衡因子不同，L1 型和 RL 型是完全一样的。

9.3.3 红黑树

1. 红黑树的基本概念

红黑树是一种平衡二叉搜索树，是在计算机科学中用到的一种数据结构，典型的用途是实现关联数组。它是在 1972 年由 Rudolf Bayer 发明的，他称之为“对称二叉 B 树”，现代的名字起源于 Leo J. Guibas 和 Robert Sedgewick 于 1978 年写的一篇论文。它是复杂的，但它的操作有着良好的最坏情况运行时间，并且在实践中是高效的：它可以在 O(log n) 时间内作查找、插入和删除操作，这里的 n 是树中元素的数目。

红黑树和 AVL 树一样，都对插入时间、删除时间和查找时间提供了最好可能的最坏情况担保。这不只是使它们在时间敏感的应用如即时应用(real time application)中有价值，而且使它们有在提供最坏情况担保的其他数据结构中作为建造板块的价值。例如，在计算几何中使用的很多数据结构都可以基于红黑树。

注意：

(1) 由于红黑树也是二叉查找树，它们当中每一个结点的比较值都必须大于或等于它的左子树中的所有结点，并且小于或等于它的右子树中的所有结点。这确保红黑树运作时能够快速地在树中查找给定的值。

(2) 如果一个结点没有儿子，我们称之为叶子结点，因为直觉上它在树的边缘上。子树是从特定结点可以延伸到的树的某一部分，其自身被当作一个树。在红黑树中，叶子被假定为 null(空)或者是黑哨兵。

(3) 虽然插入和删除很复杂，但操作时间仍可以保持为 O(log n)。

对于任何有效的红黑树，我们增加了如下的额外要求：

性质 1 每个结点要么是红色的，要么是黑色的。

性质 2 根结点是黑色的。

性质 3 每个叶子结点都带有两个空的黑色结点(被称为黑哨兵)。如果一个结点 n 的只有一个左孩子，那么 n 的右孩子是一个黑哨兵；如果结点 n 只有一个右孩子，那么 n 的左孩子是一个黑哨兵。

性质 4 每个红色结点的两个子结点都是黑色 (从每个叶子到根的所有路径上不能有两个连续的红色结点)；

性质 5 从任一结点到其每个叶子的所有路径都包含相同数目的黑色结点。

图 9.15 便是一棵红黑树，从根结点到任一叶子结点的路径上都有相同的黑色结点，整棵树中不存在连续的两个红色结点。

这些约束强制了红黑树的关键性质：从根到叶子的最长的可能路径不超过最短的可能路径的两倍长，结果是这个树大致上是平衡的。因为操作如插入、删除和查找某个值的最坏情况时间都要求与树的高度成比例，这个在高度上的理论上限允许红黑树在最坏情况下都是高效的，而不同于普通的二叉搜索树。

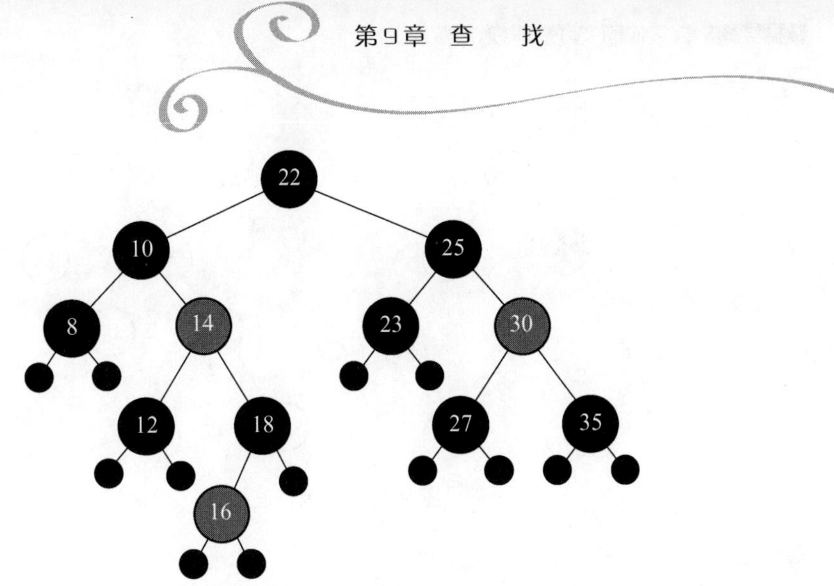

图 9.15 红黑树

要知道为什么这些特性确保了这个结果，注意到性质 4 导致了路径不能有两个毗连的红色结点就足够了。最短的可能路径都是黑色结点，最长的可能路径有交替的红色结点和黑色结点。因为根据性质 5，即所有最长的路径都有相同数目的黑色结点，可知没有路径能多于任何其他路径的两倍长。

在很多树数据结构的表示中，一个结点有可能只有一个子结点，而叶子结点包含数据。用这种范例表示红黑树是可能的，但是这会改变一些属性并使算法复杂。为此，这里我们使用“黑哨兵”，如图 9.15 所示，它不包含数据而只充当树在此结束的标志。这些结点在绘图中经常被省略，导致这些树好像同上述原则相矛盾，而实际上不是这样。与此有关的结论是所有结点都有两个子结点，尽管其中的一个或两个可能是空叶子。

2. 红黑树的旋转

为了实现红黑树的建立与旋转功能，我们定义红黑树的存储表示如下：

```
typedef struct RBTNode
{
    int key;
    struct RBTNode *parent,*left,*right;
    int color;
    int size;                                    //扩张红黑树
}RBTNode,*RBTree;
```

当我们在对红黑树进行插入和删除等操作时，对树作了修改，那么很可能会违背红黑树的性质。为了保持红黑树的性质，我们可以通过对树进行旋转，即修改树中某些结点的颜色及指针结构，以达到对红黑树进行插入、删除等操作时，红黑树依然能保持它特有的性质。红黑树的旋转，分为左旋和右旋，下面借助图来作形象的解释和介绍。

1) 左旋

在某个结点 pivot 上(以 x 代替结点 pivot)上作左旋操作时，如图 9.16 所示，以 x->y 之间的链为“支轴”进行，y 成为该新子树的根，x 成为 y 的左孩子，而 y 的左孩子则成为 x 的右孩子，相应的代码见算法 9.10。

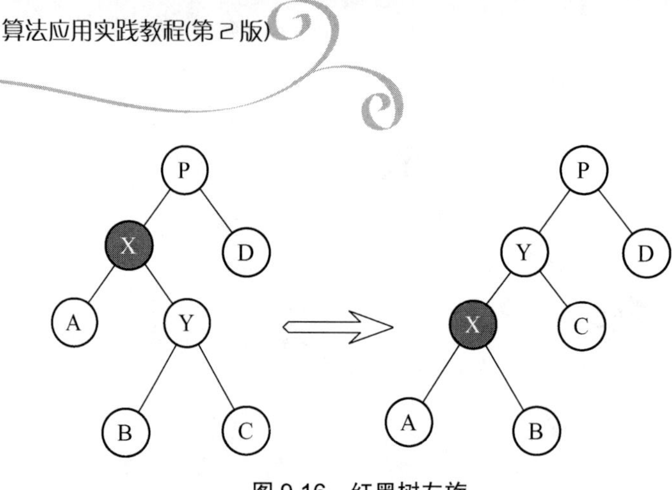

图 9.16　红黑树左旋

算法 9.10　红黑树左旋

```
void LeftRotate(RBTree &T, RBTree x)
{
    RBTree y;
    y = x->right;
    x->right = y->left;
    if(y->left != null){
        y->left->parent = x;
    }
    y->parent = x->parent;
    if(x->parent == null){
        root = y;
    }
    else if(x == x->parent->left){
        x->parent->left = y;
    }
    else{
        x->parent->right = y;
        y->left = x;
        x->parent = y;
        y->size = x->size;
        x->size = x->right->size + x->left->size + 1;
    }
```

2) 右旋

右旋操作与左旋操作差不多，如图 9.17 所示，在此不作详细介绍。

对于树的旋转，能保持不变的只有原树搜索性质，而原树的红黑性质则不能保持，在红黑树的数据插入和删除后可利用旋转和颜色重涂来恢复树的红黑性质。

3. 红黑树的插入操作

我们首先用二叉搜索树的方法增加结点并标记它为红色。如果设为黑色，就会导致根到叶子的路径上有一条路径上，多一个额外的黑结点，这个是很难调整的。但是设为红色结点后，可能会导致出现两个连续红色结点的冲突，那么可以通过颜色调换(color flips)和树旋转来调整。下面要进行什么操作取决于其他临近结点的颜色。同人类的家族树一样，我们将使用术语叔父结点来指一个结点的父结点的兄弟结点。

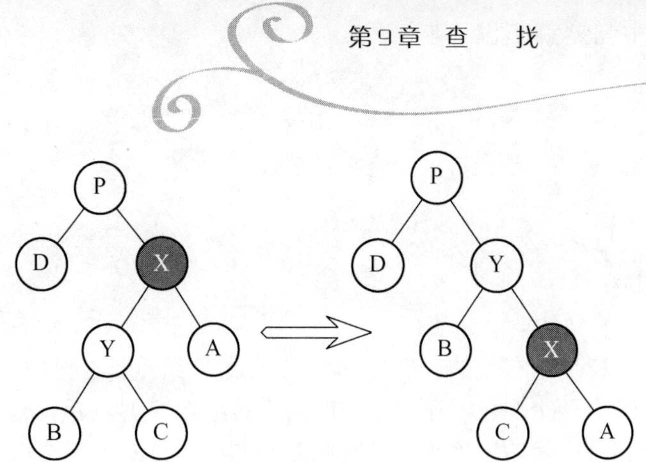

图 9.17　红黑树右旋

注意

(1) 性质 1 中结点是红色或黑色，而性质 3 中所有叶子结点都是黑色。

(2) 性质 4 中每个红色结点的两个子结点都是黑色。只在增加红色结点、重绘黑色结点为红色，或作旋转时受到影响。

(3) 性质 5 中从每个叶子到根的所有路径都包含相同数目的黑色结点。只在增加黑色结点、重绘红色结点为黑色，或作旋转时受到影响。

在图 9.18 中，将要插入的结点标为 N，N 的父结点标为 P，N 的祖父结点标为 G，N 的叔父结点标为 U。在图中展示的任何颜色要么是由它所处情形所作的假定，要么是这些假定所暗含的。

对于每一种情况，我们将使用示例代码来展示。通过算法 9.11 所示代码，可以找到一个结点的叔父结点和祖父结点。

算法 9.11　查找叔父结点和祖父结点

```
node grandparent(node n)
{
    return n->parent->parent;                          //返回祖父结点
}
node uncle(node n) {
    if (n->parent == grandparent(n)->left)
        return grandparent(n)->right;                  //返回叔父结点
    else
        return grandparent(n)->left;                   //返回叔父结点
}
```

情形 1　新结点 N 位于树的根上，没有父结点。

在这种情形下，我们把它重绘为黑色以满足性质 2。因为它在每个路径上对黑结点数目增加 1，符合性质 5。具体代码见算法 9.12。

算法 9.12　红黑树插入后的情形 1

```
void insert_case1(node n)
{
    if (n->parent == NULL)
```

```
        n->color = BLACK;
    else
        insert_case2(n);                        //转到下述情形处理
}
```

情形 2 新结点的父结点 P 是黑色。

在这种情形下，树仍是有效的。性质 4 没有失效(新结点是红色的)，性质 5 也未受到威胁，尽管新结点 N 有两个黑色叶子结点；但由于新结点 N 是红色，通过它的每个子结点的路径都有同通过它所取代的黑色叶子结点的路径同样数目的黑色结点，所以依然满足性质 5。具体代码见算法 9.13。

算法 9.13 红黑树插入后的情形 2

```
void insert_case2(node n)
{
    if (n->parent->color == BLACK)
        return;                             //树仍旧有效
    else
        insert_case3(n);                    //转到下述情形处理
}
```

情形 3 如果父结点 P 和叔父结点 U 二者都是红色。

此时新插入结点 N 作为 P 的左子结点或右子结点都属于情形 3[这里图 9.18(b)仅显示结点 N 作为 P 的左子结点的情形]，则我们可以将它们两个重绘为黑色并重绘祖父结点 G 为红色(用来保持性质 4)。

现在我们的新结点 N 有了一个黑色的父结点 P。因为通过父结点 P 或叔父结点 U 的任何路径都必定通过祖父结点 G，在这些路径上的黑结点数目没有改变。但是，红色的祖父结点 G 的父结点也有可能是红色的，这就违反了性质 4。为了解决这个问题，我们在祖父结点 G 上递归地进行情形 1 的整个过程。如图 9.18 所示，其相应的代码见算法 9.14。

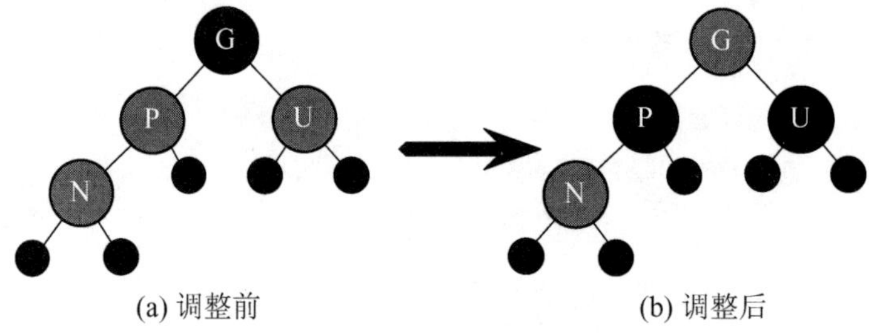

(a) 调整前　　(b) 调整后

图 9.18　红黑树插入后的情形 3

算法 9.14 红黑树插入后的情形 3

```
void insert_case3(node n)
{
    if (uncle(n) != NULL && uncle(n)->color == RED) {
        n->parent->color = BLACK;
        uncle(n)->color = BLACK;
        grandparent(n)->color = RED;
```

```
        insert_case1(grandparent(n)); //因为祖父结点的父结点可能是红色的，违
                                        反性质，递归情形
}else
        insert_case4(n);                //转到下述情形处理
}
```

注意

在余下的情形下，我们假定父结点 P 是其父亲 G 的左子结点。如果它是右子结点，情形 4 和情形 5 中的左和右应当对调。

情形 4　父结点 P 是红色的而叔父结点 U 是黑色的，并且新结点 N 是其父结点 P 的右子结点，而父结点 P 又是其父结点的左子结点。

在这种情形下，我们进行一次左旋转调换新结点和其父结点的角色。注意这个改变会导致某些路径通过它们以前不通过的新结点 N(如图 9.19 中 1 号叶子结点)或不通过结点 P(如图 9.19 中 3 号叶子结点)，但由于这两个结点都是红色的，所以性质 5 仍有效。接着，我们按情形 5 处理以前的父结点 P 以解决仍然失效的性质 4。如图 9.19 所示，其相应的代码见算法 9.15。

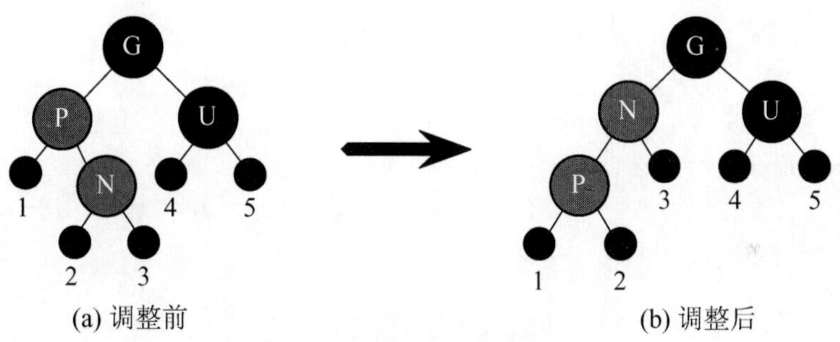

图 9.19　红黑树插入后的情形 4

算法 9.15　红黑树插入后的情形 4

```
void insert_case4(node n)
{
    if (n == n->parent->right && n->parent == grandparent(n)->left) {
        rotate_left(n->parent);                 //父结点左旋
        n = n->left;
    } else if (n == n->parent->left && n->parent == grandparent(n)->right) {
        rotate_right(n->parent);                //父结点右旋
        n = n->right;
    }
    insert_case5(n);                            //转到下述情形处理
}
```

情形 5　父结点 P 是红色的而叔父结点 U 是黑色的，并且新结点 N 是其父结点的左子结点，而父结点 P 又是其父结点 G 的左子结点。

在这种情形下，我们进行针对祖父结点 G 的一次右旋转。在旋转产生的树中，以前的父结点 P 现在是新结点 N 和以前的祖父结点 G 的父结点。我们知道以前的祖父结点 G 是黑色，否则父结点 P 就不可能是红色 (如果 P 和 G 都是红色就违反了性质 4，所以 G 必须是黑色)。我们交换以前的父结点 P 和祖父结点 G 的颜色，结果满足性质 4。性质 5 也仍然有效，因为通过这 3 个结点中任何一个的所有路径以前都通过祖父结点 G，现在它们都通过以前的父结点 P。在各自的情形下，这都是 3 个结点中唯一的黑色结点。如图 9.20 所示，其相应的代码见算法 9.16。

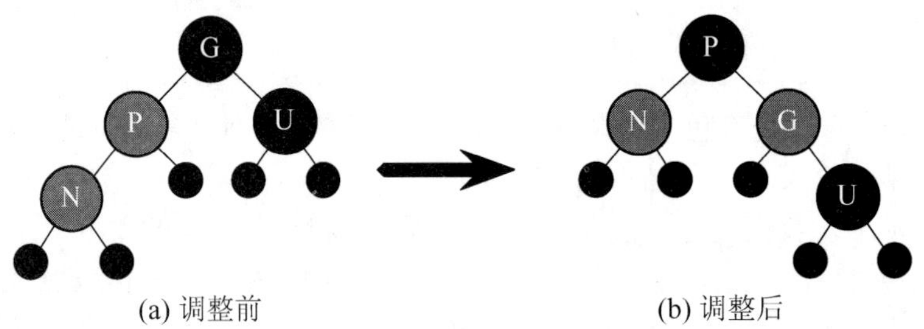

图 9.20　红黑树插入后的情形 5

算法 9.16　红黑树插入后的情形 5

```
void insert_case5(node n)
{
    n->parent->color = BLACK;                //父结点颜色变为黑色
    grandparent(n)->color = RED;             //祖父结点颜色变为红色
    if (n == n->parent->left && n->parent == grandparent(n)->left) {
        rotate_right(grandparent(n));        //祖父结点右旋
    } else {
                //相反情况，N 是其父结点的右孩子，而父结点 P 又是其父 G 的右孩子
        rotate_left(grandparent(n));
    }
}
```

注意

插入实际上是原地算法，因为上述所有调用都使用了尾部递归。

4. 红黑树的删除操作

如果需要删除的结点有两个儿子，那么问题可以转化成删除另一个只有一个儿子的结点的问题(为了表述方便，这里所指的儿子，为非叶子结点的儿子)。对于二叉查找树，在删除带有两个非叶子儿子的结点的时候，我们要么找到在它的左子树中的最大元素，要么找到在它的右子树中的最小元素，并把它的值转移到要删除的结点中。我们接着删除我们从中复制出值的那个结点，它必定有少于两个非叶子的儿子。因为只是复制了一个值而不违反任何性质，这就把问题简化为如何删除最多有一个儿子的结点的问题。它不关心这个结点是最初要删除的结点还是我们从中复制出值的那个结点。如图 9.21 所示，当删除结点 20 时，实际被删除的结点应该为 18，结点 20 的数据变为 18。

在本节中，我们只需要讨论删除只有一个儿子结点的情形。如果删除一个红色结点，它的父亲和儿子一定是黑色的。所以可以简单地用它的黑色儿子替换它，并不会破坏性质3和性质4。通过被删除结点的所有路径只是少了一个红色结点，这样可以继续保证性质5。另一种简单情况是在被删除结点是黑色而它的儿子是红色的时候。如果只是删除这个黑色结点，用它的红色儿子顶替上来的话，会破坏性质4，但是如果我们重绘它的儿子为黑色，则曾经通过它的所有路径将通过它的黑色儿子，这样可以继续保持性质4。所以可以推断出，在进行删除操作时根据红黑树的性质可以得出以下两个结论：

(1) 删除操作中真正被删除的必定是只有一个红色孩子或没有孩子的结点。

(2) 如果真正的删除点是一个红色结点，那么它必定是一个叶子结点。

理解这两点非常重要，如图9.22所示，除了图9.22(a)所示情况外，其他任一种情况下结点N都无法满足红黑树性质。

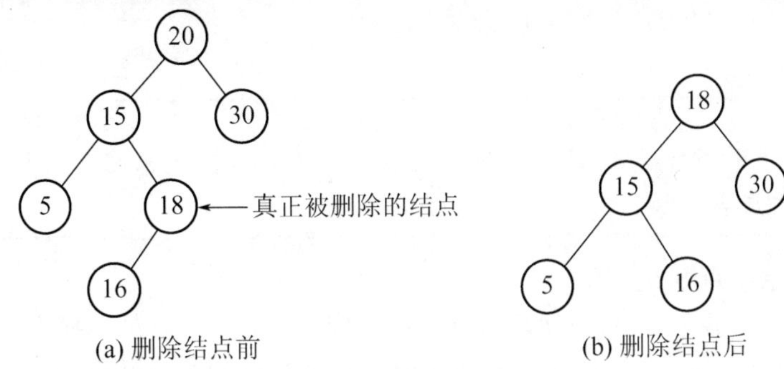

图9.21 删除结点20

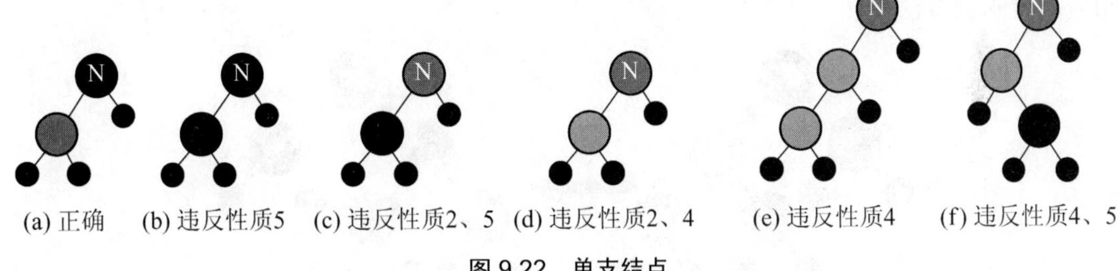

图9.22 单支结点

需要进一步讨论的是要删除的结点和它的儿子二者都是黑色的情形，这是一种复杂的情况。我们首先把要删除的结点替换为它的儿子。出于方便，称这个儿子为N，称它的兄弟(它父亲的另一个儿子)为S。在下面的示意图中，使用P表示N的父亲，S_L表示S的左儿子，S_R表示S的右儿子。我们将使用算法9.17所示函数找到兄弟结点。

算法9.17 查找兄弟结点

```
struct node *sibling(struct node *n)          //找兄弟结点
{
    if (n == n->parent->left)
        return n->parent->right;              //返回兄弟结点
    else
        return n->parent->left;               //返回兄弟结点
    }
```

如果 N 和它初始的父亲是黑色，则删除它的父亲导致通过 N 的路径都比不通过它的路径少了一个黑色结点。因为这违反了性质 5，树需要重新平衡化。有以下几种情形需要考虑。

情形 1　N 是新的根。

在这种情况下，就是从所有路径去除了一个黑色结点，而新根是黑色的，所以性质都保持着。

算法 9.18　红黑树删除后的情形 1

```
void delete_case1(struct node *n)
{
    if (n->parent != NULL)
        delete_case2(n);                              //转到下述情形
}
```

注意

在情形 2、5 和 6 下，我们假定 N 是它父亲的左儿子。如果它是右儿子，则在这些情形下的左和右应当对调。

情形 2　兄弟结点 S 是红色。

在这种情形下，我们在 N 的父亲结点上作左旋转，把红色兄弟转换成 N 的祖父。接着对调 N 的父亲和祖父的颜色，所有的路径仍然有相同数目的黑色结点。现在 N 有了一个黑色的兄弟和一个红色的父亲，我们可以按情形 4、5 或情形 6 来处理。如图 9.23 所示，其相应的代码见算法 9.19。

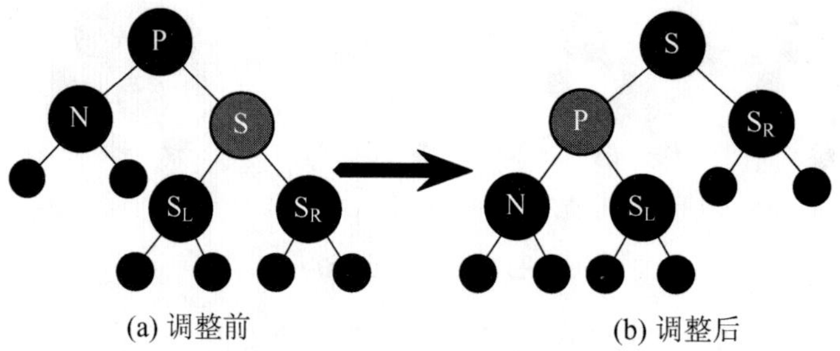

图 9.23　红黑树删除后的情形 2

算法 9.19　红黑树删除后的情形 2

```
void  delete_case2(struct node *n)
{
    struct node *s = sibling(n);
    if (s->color == RED) {
        n->parent->color = RED;
        s->color = BLACK;
        if (n == n->parent->left)                 //n是父结点的左孩子
            rotate_left(n->parent);               //父结点左旋
        else
```

```
            rotate_right(n->parent);      //父结点右旋
        }
        delete_case3(n);                          //转到下述情形
    }
```

情形 3　N 的父亲、兄弟结点 S 和 S 的儿子都是黑色的。

在这种情况下，我们简单地重绘 S 为红色。结果是通过 S 的所有路径，它们就是以前不通过 N 的那些路径，都少了一个黑色结点。因为删除 N 的初始的父亲使通过 N 的所有路径少了一个黑色结点。但是，通过 P 的所有路径现在比不通过 P 的路径少了一个黑色结点，所以仍然违反性质 5。要修正这个问题，我们要从情形 1 开始，在 P 上作重新平衡处理。如图 9.24 所示，其相应的代码见算法 9.20。

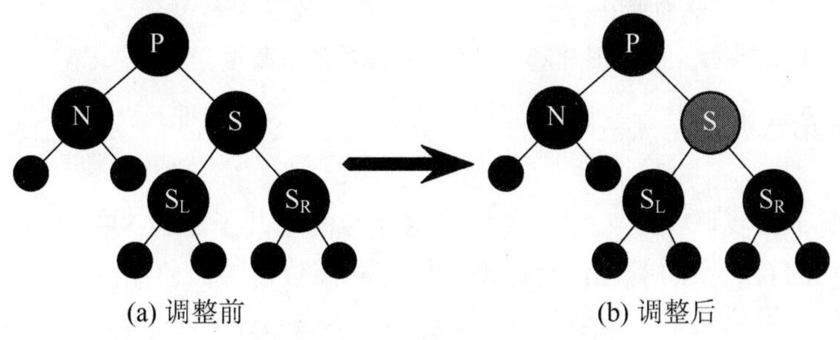

图 9.24　红黑树删除后的情形 3

算法 9.20　红黑树删除后的情形 3

```
void delete_case3(struct node *n)
{
    struct node *s = sibling(n);
    if ((n->parent->color == BLACK) &&(s->color == BLACK) &&(s->left->color
        == BLACK) &&(s->right->color == BLACK)) {
        s->color = RED;
        delete_case1(n->parent);
    } else
        delete_case4(n);                          //转到下述情形
}
```

情形 4　兄弟结点 S 和 S 的儿子都是黑色，但是 N 的父亲是红色。

在这种情况下，我们简单地交换 N 的兄弟和父亲的颜色。这不影响不通过 N 的路径的黑色结点的数目，但是它在通过 N 的路径上对黑色结点数目增加了 1，添补了在这些路径上删除的黑色结点。如图 9.25 所示，其相应的代码见算法 9.21。

算法 9.21　红黑树删除后的情形 4

```
void delete_case4(struct node *n)
{
    struct node *s=sibling(n);
    if ((n->parent->color == RED) &&(s->color == BLACK) &&(s->left->color
        == BLACK) &(s->right->color == BLACK)) {
        s->color = RED;
```

```
        n->parent->color = BLACK;
    } else
        delete_case5(n);                        //转到下述情形
}
```

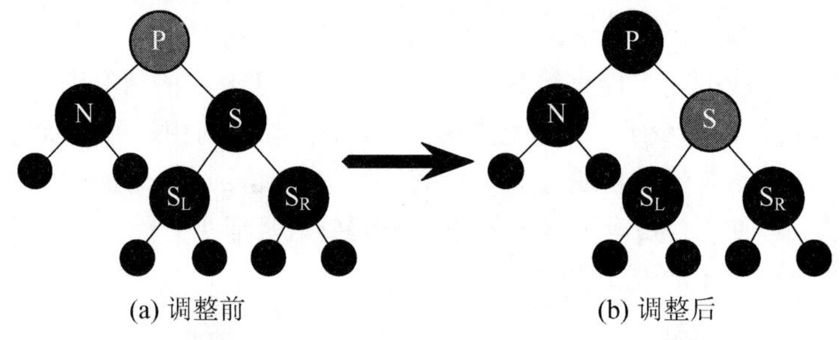

(a) 调整前　　　　(b) 调整后

图 9.25　红黑树删除后的情形 4

情形 5　兄弟结点 S 是黑色，S 的左儿子是红色，S 的右儿子是黑色，而 N 是它父亲的左儿子。

在这种情况下，我们在 S 上作右旋转，这样 S 的左儿子成为 S 的父亲和 N 的新兄弟。接着交换 S 和它的新父亲的颜色。所有路径仍有同样数目的黑色结点，但是现在 N 有了一个右儿子是红色的黑色兄弟，所以进入了情形 6。N 和它的父亲都不受这个变换的影响。如图 9.26 所示，其相应的代码见算法 9.22。

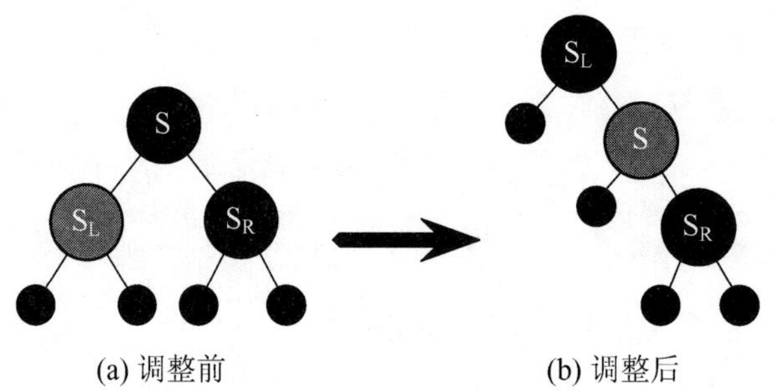

(a) 调整前　　　　(b) 调整后

图 9.26　红黑树删除后的情形 5

算法 9.22　红黑树删除后的情形 5

```
void delete_case5(struct node *n)
{
    struct node *s = sibling(n);
    if (s->color == BLACK)
        if ((n == n->parent->left) &&(s->right->color == BLACK) &&(s->left->
        color == RED)) {
            s->color = RED;
            s->left->color = BLACK;
            rotate_right(s);
        } else if ((n == n->parent->right) &&(s->left->color == BLACK)
          &&(s->right->color == RED)) {
            s->color = RED;
```

```
            s->right->color = BLACK;
            rotate_left(s);
        }
        delete_case6(n);                                    //转到下述情形
}
```

情形 6 S 是黑色，S 的右儿子是红色，而 N 是它父亲的左儿子。

在这种情况下，我们在 N 的父亲上作左旋转，这样 S 成为 N 的父亲和 S 的右儿子的父亲。接着交换 N 的父亲和 S 的颜色，并使 S 的右儿子为黑色。子树在它的根上的仍是同样的颜色，所以没有违反性质 3。但是，N 现在增加了一个黑色祖先：要么 N 的父亲变成黑色，要么它是黑色而 S 被增加为一个黑色祖父。所以，通过 N 的路径都增加了一个黑色结点。此时，如果一个路径不通过 N，则有两种可能性。

(1) 它通过 N 的新兄弟。那么它以前和现在都必定通过 S 和 N 的父亲，而它们只是交换了颜色。所以路径保持了同样数目的黑色结点。

(2) 它通过 N 的新叔父，S 的右儿子。那么它以前通过 S、S 的父亲和 S 的右儿子，但是现在只通过 S，它被假定为它以前的父亲的颜色，以及 S 的右儿子，它被从红色改变为黑色。合成效果是这个路径通过了同样数目的黑色结点。如图 9.27 所示，其相应的代码见算法 9.23。在图 9.27 中，白色结点可以是红色或黑色，但是在变换前后都必须指定相同的颜色。

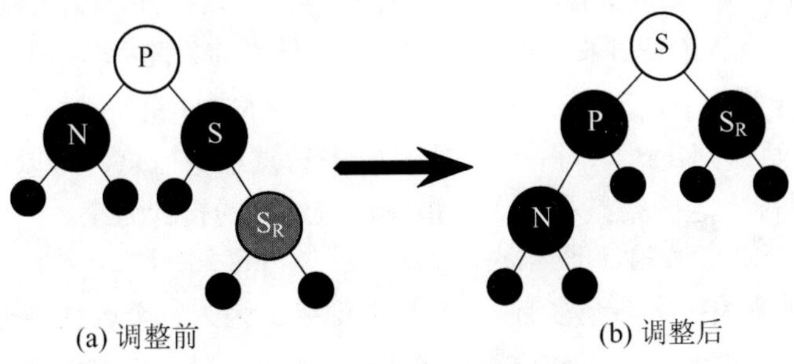

图 9.27 红黑树删除后的情形 6

算法 9.23 红黑树删除后的情形 6

```
void delete_case6(struct node *n)
{
    struct node *s = sibling(n);
    s->color = n->parent->color;
    n->parent->color = BLACK;
    if (n == n->parent->left) {
        s->right->color = BLACK;
        rotate_left(n->parent);                     //父结点左旋
    }
    else {
        s->left->color = BLACK;
        rotate_right(n->parent);                    //父结点左旋
    }
}
```

同样地，函数调用都使用了尾部递归，所以算法是就地的。此外，在旋转之后不再作递归调用，所以进行了恒定数目(最多 3 次)的旋转。

9.3.4 B-树

1. B-树的定义

前面介绍的查找方法，均适用于查找存储在内存中的数据，统称为内查找方法，它们适用于较小的表，而对较大的、存储在外存储器中的文件就不合适了。例如，当用平衡二叉树作为磁盘文件的索引组织时，若以结点作为内、外存交换的单位，则查找到需要的关键字之前，平均要对磁盘进行 $\log_2 n$ 次访问。因为读/写磁盘的时间要比存取内存数据大得多，这么多次读盘的时间代价太大。所以，必须找到一种尽可能降低磁盘 I/O 次数的数据组织方式。磁盘等外部设备的读/写不是针对一个字节而是针对“页”的。例如，一页的长度通常为 1024 或 2048 字节。针对此特点，1972 年 R. Bayer 和 E.M. McCreight 提出了一种称之为 B-树的多路平衡查找树。这是一种适用于外查找方法的数据结构，它适合在磁盘等直接存取设备上组织动态的查找表。下面给出 B-树的定义：

一棵 m(m≥3)阶的 B-树，或者为空树，或者是满足如下条件的 m 叉树。

(1) 树中每个非终端结点至少包含数据项($n, A_0, K_1, A_1, K_2, A_2,\cdots, K_n, A_n$)。其中，n 为关键字总数，$K_i\ (1\leqslant i\leqslant n)$是关键字，$A_i$ 是指向子树根结点的指针。关键字是递增有序的：$K_1 < K_2 < \cdots < K_n$，且 $A_i\ (0\leqslant i\leqslant n)$所指子树中所有结点的关键字均小于 K_{i+1}，A_n 所指子树中所有结点的关键字均大于 K_n。实际上 B-树的每个结点还应包含 n 个指向关键字的记录的指针。

(2) 所有叶子结点都在树的同一层。所有叶子结点不带信息，可以看作外部结点或查找失败的结点，实际上这些结点不存在，指向这些结点的指针为空。

(3) 每个非根结点中所包含的关键字个数 n 满足 $\lceil m/2\rceil-1\leqslant n\leqslant m-1$，即每个非根结点至少应有 $\lceil m/2\rceil$ 个关键字，至多有 m-1 个关键字。因为每个内部结点的度数正好是关键字数加 1，故每个非根的内部结点至少有 $\lceil m/2\rceil$ 棵子树，至多有 m 棵子树。

(4) 如果树非空，则根至少有 1 个关键字；如果根不是叶子结点，则至少有两棵子树。最多有 m-1 个关键字，所以最多有 m 棵子树。

图 9.28 所示为一棵 4 阶的 B-树。

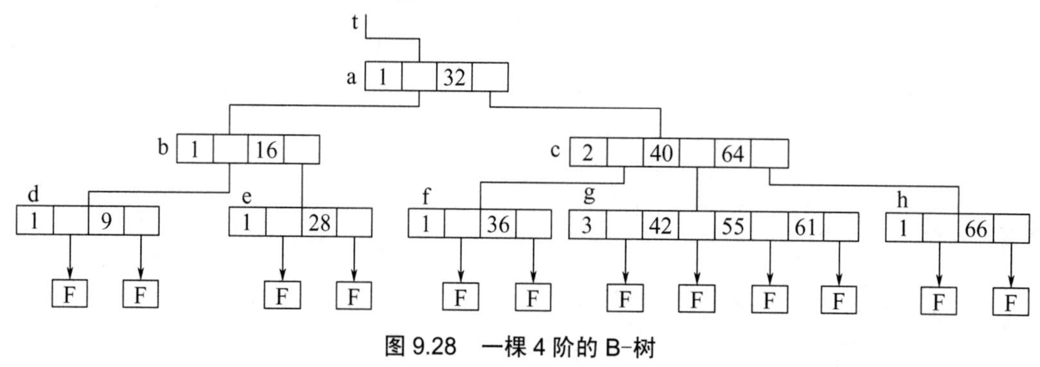

图 9.28 一棵 4 阶的 B-树

2. B-树的查找

在 B-树中查找给定关键字的方法与二叉排序树上的查找类似，不同的是每个结点上确定向下查找的路径不一定是 2 路，而最多可能是 m 路的。因为结点内的关键字是有序的，故既可以用顺序查找，也可以用折半查找。若在某结点内找到待查找的关键字 k，则查找成功；否则可确定 k 在某两个关键字之间，此时可在磁盘中读入相应指针所指示的结点，继续查找。若找到某结点，则查找成功，或直至找到叶子结点，查找过程失败。

例如，在图 9.28 所示的 B-树中查找关键字 42 的过程如下：首先从根开始，根据根结点指针 t 找到 a 结点，因给定的值 42 大于关键字 32，如果给定值存在则必在指针 A_1 所指的子树内，顺时针找到 c 结点，因 42 小于 64，大于 40，则顺指针找到 g 结点，在该结点中顺序查找到关键字 42，查找成功。查找失败的过程也类似。例如，在此 B-树中查找 23，从根开始，因 23 小于 32，则顺根结点中指针 A_0 找到 b 结点，又因为 b 结点中只有一个关键字 16，且 23 大于 16，所以顺该结点中第 2 个指针 A_1 找到 e 结点，因 23 小于 28，则顺指针往下找，此时因指针所指为叶子结点，说明此 B-树中不存在关键字 23，查找失败。

B-树的存储结构可描述如下：

```
typedef struct BTNode{
    int keynum;                         //结点中关键字的个数，即结点的大小
    struct BTNode *parent;              //指向双亲结点
    struct Node                         //结点向量的类型
    {   int key;                        //关键字向量
        struct BTNode *ptr;             //子树指针向量
        int recptr;                     //记录指针向量
    }node[m+1];                         //key,recptr 的 0 号单元未用
}BTNode,*BTree;                         //B 树结点和 B 树的类型

typedef struct{
    BTNode *pt;                         //指向找到的结点
    int i;                              //1～m，在结点中的关键字序号
    int tag;                            //1 表示查找成功，0 表示查找失败
}Result;                                //B 树的查找结果类型
```

在 m 阶 B 树 T 上查找关键字 key 的过程代码见算法 9.24。其返回结果为(pt,i,tag)。若查找成功，则特征值 tag=1，指针 pt 所指结点中第 i 个关键字等于 K；否则特征值 tag=0，等于 K 的关键字应插入在指针 Pt 所指结点中第 i 个和第 i+1 个关键字之间。对于 Search( ) 函数来说，其功能是在 p->node[1...keynum].key 中查找 i，使得 p->node[i].key≤K＜p->node[i+1].key。p 指向待查结点，q 指向 p 的双亲。

算法 9.24　B-树的查找

```
int Search(BTree p, int K)
{
    int i=0,j;
    for(j=1;j<=p->keynum;j++)
     if(p->node[j].key<=K)
       i=j;
    return i;
}
```

```
Result SearchBTree(BTree T, int K)
{
    BTree p=T,q=NULL;
    Int found=FALSE;
    int i=0;
    Result r;
    while(p&&!found){
        i=Search(p,K);
        if(i>0&&p->node[i].key==K)              //找到待查关键字
            found=TRUE;
        else {
            q=p;
            p=p->node[i].ptr;
        }
    }
    r.i=i;
    if(found) {
        r.pt=p;
        r.tag=1;
    }
    else {                                        //查找失败，返回K的插入位置信息
        r.pt=q;
        r.tag=0;
    }
    return r;
}
```

3. B-树的高度及性能分析

B-树上操作的时间通常由存取磁盘的时间和 CPU 计算时间这两部分构成。B-树上大部分基本操作所需访问盘的次数均取决于树高 h。关键字总数相同的情况下 B-树的高度越小，磁盘 I/O 所花的时间越少。

与高速的 CPU 计算相比，磁盘 I/O 要慢得多，所以有时忽略 CPU 的计算时间，只分析算法所需的磁盘访问次数(磁盘访问次数乘以一次读写盘的平均时间，就是磁盘 I/O 的总时间，其中每次读写的时间略有差别)。

4. B-树的高度

若 n≥1，m≥3，则对任意一棵具有 n 个关键字的 m 阶 B-树，其树高 h 至多为

$$\log_t((n+1)/2)+1 \tag{9.6}$$

这里，t 是每个(除根外)内部结点的最小度数，即

$$t=\lceil m/2\rceil \tag{9.7}$$

由上述定理可知：B-树的高度为 $O(\log_t n)$。于是在 B-树上查找、插入和删除的读写盘的次数为 $O(\log_t n)$，CPU 计算时间为 $O(m\log_t n)$。

5. 性能分析

n 个结点的平衡二叉排序树的高度 H(即 logn)比 B-树的高度 h 约大 logt 倍。若 m=1024，

则 logt=log512=9。此时若 B-树高度为 4，则平衡的二叉排序树的高度约为 36。显然，若 m 越大，则 B-树高度越小。

对于内存中的查找表，B-树却不一定比平衡的二叉排序树好，尤其当 m 较大时更是如此。因为查找等操作的 CPU 计算时间在 B-树上是

$$O(m\log_t n)=O(\log n(m/\log t)) \tag{9.8}$$

而 m/logt>1，所以 m 较大时 $O(m\log_t n)$比平衡的二叉排序树上相应操作的时间 O(logn)大得多。

因此，仅在内存中使用的 B-树必须取较小的 m。通常取最小值 m=3，此时 B-树中每个内部结点可以有 2 或 3 个孩子，所以这种 3 阶的 B-树也称为 2-3 树。

9.3.5　B+树

B+树是针对文件系统所需而提出的一种B-树的变形树。一棵 m 阶的 B+树和 m 阶的 B-树的差异在于：

(1) 有 n 棵子树的结点中含有 n 个关键字。

(2) 所有的叶子结点中包含了全部关键字的信息，及指向含这些关键字记录的指针，且叶子结点本身依关键字的大小从小到大顺序链接。

(3) 所有的非终端结点可以看成索引部分，结点中仅含其子树(根结点)中的最大(或最小)关键字。

对 B+树可以进行两种查找运算：① 从最小关键字起顺序查找；② 从根结点开始，进行随机查找。

在查找时，若非终端结点上的剧组机等于给定值，并不终止，而是继续向下直到叶子结点。因此，在 B+树中，不管查找成功与否，每次查找都是走了一条从根到叶子结点的路径。其余同 B-树的查找类似。

9.4　哈 希 查 找

9.4.1　哈希表的概念

前面介绍的静态查找表和动态查找表的特点是为了从查找表中找到关键字值等于某个值的记录，都要经过一系列的关键字比较，以确定待查记录的存储位置或查找失败，查找所需时间总是与比较次数有关。

如果将记录的存储位置与它的关键字之间建立一个确定的关系 H，使每个关键字和一个唯一的存储位置对应，在查找时，只需要根据对应关系计算出给定的关键字值 k 对应的值 H(k)，就可以得到记录的存储位置，这就是本节将要介绍的哈希表查找方法的基本思想。

我们将记录的关键字值与记录的存储位置对应起来的关系 H 称为哈希函数，H(k)的结果称为哈希地址。

根据哈希函数建立的表称为哈希表，其基本思想是以记录的关键字值为自变量，根据哈希函数，计算出对应的哈希地址，并在此存储该记录的内容。当对记录进行查找时，再根据给定的关键字值，用同一个哈希函数计算出给定关键字值对应的存储地址，随后进行

访问。所以哈希表既是一种存储形式，又是一种查找方法，通常将这种查找方法称为哈希查找。

有时可能会出现不同的关键字值的哈希函数计算的哈希地址相同的情况，然而同一个存储位置不可能存储两个记录，我们将这种情况称为冲突，具有相同函数值的关键字值称为同义词，由同义词引起的冲突称为同义词冲突。在实际应用中冲突是不可能完全避免的，人们通过实践总结出了多种减少冲突及解决冲突的方法。

9.4.2 哈希函数的构造

建立哈希表，关键是构造哈希函数。其原则是尽可能地使任意一组关键字的哈希地址均匀地分布在整个地址空间中，即用任意关键字作为哈希函数的自变量，其计算结果随机分布，以便减少冲突的发生可能性。

常用的哈希函数的构造方法有以下 6 种。

1. 直接定址法

取关键字或关键字的某个线性函数为哈希地址，即

$$H(key)=key \quad 或 \quad H(key)=a*key+b \tag{9.9}$$

其中，a，b 为常数，调整 a 与 b 的值可以使哈希地址的取值范围与存储空间范围一致。

如果现在要制作 0～100 岁的人口数字统计表，如表 9-1 所示，那么对年龄这个关键字就可以直接用年龄的数字作为地址。此时 H(key)=key。

表 9-1 人口统计表

地址	年龄	人数
00	0	50
01	1	60
02	2	40
……	……	……
20	20	70
……	……	……

如果我们要统计 1980 年后出生年份的人口数，如表 9-2 所示，那么对出生年份这个关键字可以用年份减去 1980 来作为地址。此时 H(key)= key−1980。

表 9-2 人口统计表

地址	年份	人数
00	1980	80
01	1981	100
02	1982	90
……	……	……
20	2000	110
……	……	……

这样的哈希函数的优点是简单、均匀，也不会产生冲突，但问题是需要事先知道关键

字的分布情况，适合查找较小且连续的情况。由于这样的限制，在现在应用中，此方法虽然简单，但并不常用。

2. 除留余数法

取关键字被某个不大于哈希表表长 m 的 p 整除后所得余数为哈希地址，即

$$H(key)=key\%p\ (p\leqslant m，设其中\ m\ 为哈希表表长) \tag{9.10}$$

质数取余法计算简单，适用范围大，但是整数 p 的选择很重要，如果选择不当，会产生较多同义词，使哈希表中有较多的冲突。

例如，表 9-3，对 12 个记录的关键字构造哈希表时，就用了 H(key)=key%12 的方法，如 31%12=7，所以它存储在下标为 7 的位置。

表 9-3 哈希表

下标	0	1	2	3	4	5	6	7	8	9	10	11
关键字	24	13	26	39	28	17	54	31	32	69	34	33

不过这也有产生冲突的可能，如果关键字中有像 16，40，52，64 等数字，它们的余数都是 4，这就和 28 所对应的下标位置冲突了。

理论研究表明，p 应取不大于 m 的素数时效果最好。

3. 平方取中法

取关键字平方后的中间几位为哈希地址。由于平方后的中间几位数与原关键字的每一位数字都相关，只要原关键字的分布是随机的，以平方后的中间几位数作为哈希地址一定也是随机分布的。假设关键字是 1325，那么它的平方是 1755625，再抽取中间的 3 位，即 556，作为哈希地址。再如，关键字是 5213，那么它的平方就是 27175369，抽取中间数字 175，也可以是 753，作为哈希地址。平方取中法比较适合不知道关键字的分布，而位数又不是很大的情况。

4. 折叠法

把关键字折叠成位数相同的几部分(最后一部分的位数可以不同)，然后取这几部分的叠加(舍去进位)作为哈希地址，这种方法称为折叠法(folding)。在关键字位数较多，且每一位上数字的分布基本均匀时，采用折叠法，得到的哈希地址比较均匀。

例如，关键字是 5211253640，哈希表表长为 3 位，我们将它分为 4 组，即 521 125 364 0，然后叠加求和 521+125+364+0=1010，再求后 3 位得到哈希地址为 010。有时可能不能保证分布均匀，不妨从一端向另一端来回折叠后对齐求和。例如，将 521 和 364 反转，再与 125 相加，变成 125+125+463+0=713，此时哈希地址为 713。

折叠法事先不需要知道关键字的分布，适合关键字位数比较多的情况。

5. 随机数法

选择一个随机函数，取关键字的随机函数值作为它的哈希地址，即 H(key)=random(key)，其中 random 为随机函数。通常，当关键字长度不等时采用此法构造哈希函数较恰当。

6. 数字分析法

该方法是提取关键字中取值较均匀的数字作为哈希地址的方法。它适合于所有关键字都已知的情况，并需要对关键字中每一位的取值分布情况进行分析。例如，有一组关键字为{879126 02, 87956671, 87937615, 87846 75}。

通过分析可知，每个关键字从左到右的第1，2，3位和第6位取值比较集中，不宜作为哈希函数，剩余的4，5，7，8位取值比较分散，可根据实际需要取其中的若干位作为哈希地址。若取最后两位作为哈希地址，则哈希地址为{2，71，15，75}。

实际工作中需视不同的情况采用不用的哈希函数。通常，考虑的因素有以下几种。

(1) 计算哈希函数所需时间(包括硬件指令的因素)。

(2) 关键字的长度。

(3) 哈希表的大小。

(4) 关键字的分布情况。

(5) 记录的查找频率。

9.4.3 解决冲突的方法

在哈希表中，虽然冲突很难避免，但发生冲突的可能性却有大有小。这主要与3个因素有关。

(1) 与装填因子有关。装填因子是指哈希表中已存入的记录数n与哈希地址空间大小m的比值，即$\alpha = n/m$。α越小，冲突的可能性就越小；α越大(最大可能取1)，冲突的可能性就越大。这很容易理解，因为α越小，哈希表中的空闲单元的比例就越大，所以待插入记录同已插入记录发生冲突的可能性就越小；反之，α越大，哈希表中的空闲单元的比例就越小。所以待插入记录同已插入记录发生冲突的可能性就越大。另外，α越小，存储空间的利用率就低；反之，存储空间的利用率就高。为了兼顾减少冲突的发生，又兼顾提高存储空间的利用率这两方面，通常最终使α控制在0.6～0.9。

(2) 与所采用的哈希函数有关。若哈希函数选择得当，就可使哈希地址尽可能均匀地分布在哈希地址空间中，从而减少冲突的发生；否则，若哈希函数选择不当，就可能使哈希地址集中于某些区域，从而加大冲突的发生。

(3) 与解决冲突的哈希冲突函数有关。哈希冲突函数的选择影响减少或增加发生冲突的可能性。

下面介绍几种常用的解决哈希冲突的方法。

1. 开放定址法

开放定址法是一类以发生冲突的哈希地址为自变量，通过某种哈希冲突函数得到一个新的空闲的哈希地址的方法。在开放定址法中，哈希表的空闲单元不仅允许地址为d的同义词关键字使用，而且允许发生冲突的其他关键字使用，因为这些关键字的哈希地址不为d，所以称为非同义词关键字。开放定址法的名称就是来自此方法的哈希表空闲单元既向同义词关键字开放，也向发生冲突的非同义词关键字开放。至于哈希表的一个地址中存放的是同义词关键字还是非同义词关键字，要看谁先占用它，这和构造哈希表的记录排列次序有关。

【参考图文】

在开放定址法中，以发生冲突的哈希地址为自变量，通过某种哈希冲突函数得到一个新的空闲哈希地址的方法有很多种，相关的数学递推描述公式可表述为

$$\begin{aligned} d_0 &= h(key) \\ d_i &= (d_0 + \Delta d_i)\%p \qquad (1 \leqslant i \leqslant p-1) \end{aligned} \tag{9.11}$$

其中，h(key) 为哈希函数，p 为哈希表长，Δd_i 为增量序列，可以有 3 种取法：

(1) 当 $\Delta d_i = 1，2，3，\cdots，p-1$ 时，称线性探测再散列。

(2) 当 $\Delta d_i = 1^2，-1^2，2^2，-2^2，3^2，\cdots，\pm k^2 (k \leqslant p/2)$ 时，称二次探测再散列。

(3) 当 Δd_i 为伪随机数序列时，称伪随机探测再散列。

对于线性探查法来说，其是从发生冲突的地址(设为 d_0)开始，依次探查 d_0 的下一个地址(当到达下标为 m−1 的哈希表表尾时，下一个探查的地址是表首地址 0)，直到找到一个空闲单元为止(当哈希表没有满时就一定能找到一个空闲单元)。

线性探查法容易产生堆积问题。这是由于当连续出现若干个同义词后(设第一个同义词占用单元 d，这连续的若干个同义词将占用哈希表的 d,d+1,d+2 等单元)，此时，随后的这些关键字并没有同义词。

例如，在长度等于 11 的哈希表中已填有关键字为 17,60,29 的记录(图 9.29)，令 $h(key) = key\,\%11$。现有第四个记录，其关键字为 38，由哈希函数得到哈希地址为 5，产生冲突。当用线性探测再散列的方法处理时，得到下一个地址 6，仍冲突；再求下一个地址 7，仍冲突；直到哈希地址为 8 的位置为“空”为止，处理冲突的过程结束，记录填入哈希表中序号为 8 的位置。当用二次探测再散列的方法处理时，则应该填入序号为 4 的位置。类似地可得到伪随机再散列的地址(图 9.29)。

0	1	2	3	4	5	6	7	8	9	10
					60	17	29			

(a) 插入前

0	1	2	3	4	5	6	7	8	9	10
					60	17	29	38		

(b) 线性探测再散列

0	1	2	3	4	5	6	7	8	9	10
				38	60	17	29			

(c) 二次探测再散列

0	1	2	3	4	5	6	7	8	9	10
			38		60	17	29			

(d) 伪随机探测再散列

图 9.29 用开放定址处理冲突时，关键字为 38 的记录插入前后的哈希表

另外，平方探查法是一种较好的处理冲突的方法，可以避免出现堆积问题。它的缺点是不能探查到哈希表中的所有单元，但至少能探查到一半单元。

为了使大家更充分地理解开放地址法，下面再举一个例子说明。

假设哈希表长度 m=13，采用除留余数法和线性探查法建立如下关键字集合的哈希表：(17,21,42,31,53,72,47,88,15,55,76)。

解：n=11，m=13，除留余数法的哈希函数为 $h(key)=key\%p$，p 应小于等于 m 的素数，假设 p 取值为 13，当出现同义词问题时采用线性探查法解决冲突，则建立的哈希表 ha[0…12]，见表 9-4。

$h(17)=4$，没有冲突，将 17 放在 ha[4]处。

$h(21)=8$，没有冲突，将 21 放在 ha[8]处。

$h(42)=3$，没有冲突，将 42 放在 ha[3]处。

$h(31)=5$，没有冲突，将 31 放在 ha[5]处。

$h(53)=1$，没有冲突，将 53 放在 ha[1]处。

$h(72)=7$，没有冲突，将 72 放在 ha[7]处。

$h(47)=8$，有冲突。

$d_0=8,\ d_1=(8+1)\%13=9$，冲突已解决，将 47 放在 ha[9]处。

$h(88)=10$，没有冲突，将 88 放在 ha[10]处。

$h(15)=2$，没有冲突，将 15 放在 ha[2]处。

$h(55)=3$，有冲突。

$d_0=3,\ d_1=(3+1)\%13=4$，仍有冲突。

$d_2=(4+1)\%13=5$，仍有冲突。

$d_3=(5+1)\%13=6$，冲突已解决，将 55 放在 ha[6]处。

$h(76)=11$，没有冲突，将 76 放在 ha[11]处。

表 9-4 哈希表 ha[0...12]

下标	0	1	2	3	4	5	6	7	8	9	10	11	12
k		53	15	42	17	31	55	72	21	47	88	76	
探查次数		1	1	1	1	1	4	1	1	2	1	1	

2. 拉链法

拉链法是把所有同义词用单链表连接起来的方法。这种方法中，哈希表每个单元中存放的不再是记录本身，而是相同同义词单链表的头指针。由于单链表中可插入任意多个结点，所以此时填装因子 α 根据同义词的多少既可以设定为大于 1，也可以设定为小于或等于 1，通常 α=1。

与开放地址法相比，拉链法有如下几个优点：

(1) 拉链法处理冲突简单，且无堆积现象，既非同义词绝不会发生冲突，因此平均查找长度较短。

(2) 由于拉链法中各链表上的记录空间是动态申请的，故它更适合于造表前无法确定表长的情况。

(3) 开放地址法中，为减少冲突要求填装因子 α 较小，故当数据规模较大时会浪费很多空间，而拉链法中可取 α≥1，且记录较大时，拉链法中增加的指针域可忽略不计，因此节省空间。

(4) 在用拉链法构造的哈希表中，删除记录的操作易于实现，只要简单地删去链表中相应的记录即可，而对开放地址法构造的哈希表，删除记录不能简单地将被删记录的空间置为空，否则将截断在它之后填入哈希表的同义词记录的查找路径，这是因为各种开放地址法中，空地址单元(及开放地址)都是查找失败的条件。因此在开放地址法处理冲突的哈希表上执行删除操作，只能在被删除记录上作删除标记，而不能真正删除记录。

拉链法亦有缺点：指针需要额外的空间，故当记录规模较小时，开放地址法较为节省空间，而若将节省的指针空间用来扩大哈希表的规模，可使填装因子变小，这又减少了开放定址法中的冲突，从而提高平均查找速度。

假设哈希表长度 m=13，采用除留余数法加拉链法建立如下关键字集合的哈希表：(17,21,42,31,53,72,47,88,15,55,76)。

解：n=11，m=13，除留余数算法的哈希函数为 H(key)=key % p。p 应为小于等于 m 的素数，假设 p 取值 13，当出现同义词问题时采用拉链法解决冲突，则有 h(17)=4，h(21)=8，h(42)=3，h(31)=5，h(53)=1，h(72)=7，h(47)=8，h(88)=10，h(15)=2，h(55)=3，h(76)=11。

最后建立的链表如图 9.30 所示。

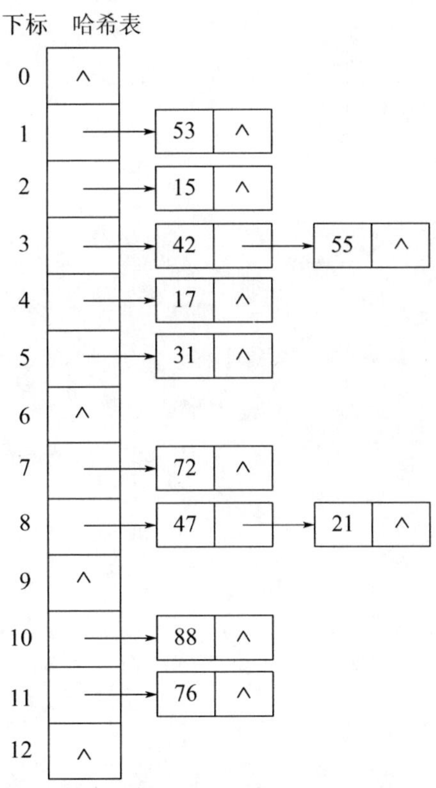

图 9.30 采用拉链法解决冲突时建立的链表

3. 再哈希法

当发生冲突时，用另一个哈希函数再计算另一个哈希地址，如果再发生冲突，再使用另一个哈希函数，直至不发生冲突为止。这种方法要求预先要设置一个哈希函数的序列。

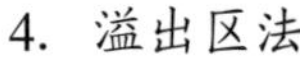

4. 溢出区法

除基本的存储区外(称为基本表)，另外建立一个公共溢出区(称为溢出表)，当发生冲突时，记录可以存入这个公共溢出区。

9.4.4 查找及分析

哈希表的查找过程与哈希表的构造过程基本一致。对于给定的关键字值 key，按照建表时设定的哈希函数求得哈希地址，若该地址所指位置已有记录，并且其关键字值不等于给定值 key，则根据建表时设定的冲突处理方法求得同义词的下一地址，直到求得的哈希地址所指位置为空闲或其中记录的关键字值等于给定值 key 为止。如果求得的哈希地址对应的内存空间为空闲，则查找失败；如果求得的哈希地址对应的内存空间中的记录关键字值等于给定值 key，则查找成功。

上述查找过程可以描述如下：

(1) 计算出给定关键字值对应的哈希地址 addr=H(key)。

(2) 若满足条件 while((addr 中不空)&&(addr 中关键字值!=key))，则按冲突处理方法求得下一地址 addr。

(3) 如果 addr 中为空，则查找失败，返回失败信息；否则查找成功，并返回地址 addr。

哈希表查找相应的代码见算法 9.25。

算法 9.25 哈希表的查找

```
typedef struct{
   int *elem;
   int count;
}HashTable;

int m=0;

//初始化散列表
int InitHashTable(HashTable *H)
{
     int i;
     m=HASHSIZE;
     H->count=m;
     H->elem=(int *)malloc(m*sizeof(int));
     for(i=0;i<m;i++)
          H->elem[i]=NULLKEY;
     return OK;
}

//散列函数
int Hash(int key){
     return key % m;                                  //除留余数法
}
//插入关键字进散列表
```

```
void InsertHash(HashTable *H,int key){
    int addr = Hash(key);
    while (H->elem[addr] != NULLKEY) {
        addr = (addr+1) % m;                    //开放定址法的线性探测
    }
    H->elem[addr] = key;
}

//散列表查找关键字
int SearchHash(HashTable H,int key,int *addr) {
    *addr = Hash(key);
    while(H.elem[*addr] != key) {
        *addr = (*addr+1) % m;                  //开放定址法
        if (H.elem[*addr] == NULLKEY || *addr == Hash(key))
            return UNSUCCESS;
    }
    return SUCCESS;
}
```

9.5 应用实践

9.5.1 直方图问题

直方图问题是指，从一个具有 n 个关键字的集合开始，要求输出不同关键字的列表以及每个关键字在集合中出现的次数(频率)。下面给出含有 10 个关键字的例子，其中关键字[2,4,2,2,3,4,2,6,4,2]作为直方图的输入，其表格形式见表 9-5。

表 9-5 直方图的表格形式

关键字	频率
2	5
3	1
4	3
6	1

直方图一般用来确定数据的分布。例如，图像中的灰色比例、考试的分数、居住在某城市的人所获得的最高学位等，都可以用直方图来表示。当关键字为 0～r 范围内的整数，且 r 的值足够小时，可以在线性时间内，用一个相对简单的过程(见下面的程序)产生直方图。在该过程中，用数组元素 h[i]代表关键字 i 的频率，可以使用程序把其他关键值类型映射到这个范围中。例如，如果关键字是小写字母，则可以用映射[a,b,c,…,z]=[0,1,…,25]。

解：

```
#include "stdio.h"
#include "stdlib.h"
void main(void)
```

```
{/* 非负整数值的直方图*/
    int n;                                    //元素数
    int r;                                    //整数值位于 0 到 r 之间
    int *h;
    int i,key;
    printf( "Enter number of elements and range\n" );
    scanf("%d %d",&n,&r);
    /* 创建数组 h*/
    h=(int*)calloc((r+1),sizeof(int));
    if(h==NULL)
    {
        printf( "range is too large\n" );
        exit (1) ;
    }
    /* 将数组 h 初始化为 0*/
    for (i = 0; i <= r; i++)
        h[i] = 0;
    /*输入数据并计算直方图*/
    for (i=1; i <=n; i++)
    {
        int key; /*input value*/
        printf( "Enter element :");
        scanf("%d",&i );
        scanf("%d", &key);
    }
    h[key]++;
    /* 输出直方图*/
    printf("Distinct elements and frequencies are\n");
    for(i= 0;i<=r;i++)
        if (h[i])
            printf("%d  %d\n",i,h[i]);
}
```

9.5.2 箱子装载问题

求将 n 个物品装入到容量为 c 的箱子中的最优匹配方法。通过使用平衡的搜索树，能够在 $O(n\log_2 n)$ 时间内完成箱子装载过程。搜索树的每一个元素代表一个正在使用的并且还能继续存放物品的箱子。假设当物品 i 被装载时，已使用的 9 个箱子还有一些剩余空间，设这些箱子的剩余容量分别为 1、3、12、6、8、1、20、6 和 5。可以用一棵二叉搜索树来存储这 9 个箱子，每个箱子的剩余容量作为结点的关键值。因此，这棵树应是允许有重复值的二叉搜索树。

图 9.31 所示给出了存储上述 9 个箱子的二叉搜索树。结点关键值是箱子的剩余容量，结点外侧是箱子的名称，这棵树也是一棵 AVL 树。如果需要装载的物品 i 需要 s[i]=4 个空间单量是 6，由于物体 i 可以放入该箱中，因此，箱子 h 成为一个候选。由于根结点右子树中所有箱子的剩余容量至少是 6，故不需要再从右子树中寻找合适的箱子，只需要从左

子树中寻找。箱子 b 的容量不能容纳该物品。因此，搜索转移到了箱子 b 的右子树中，右子树的根结点箱子 i 可以容纳该物品，所以箱子 i 成为适合的候选。此外，把搜寻转移到箱子 i 的左子树，由于左子树为空，因此不再有更好的候选，所以箱子 i 即要找的箱子。

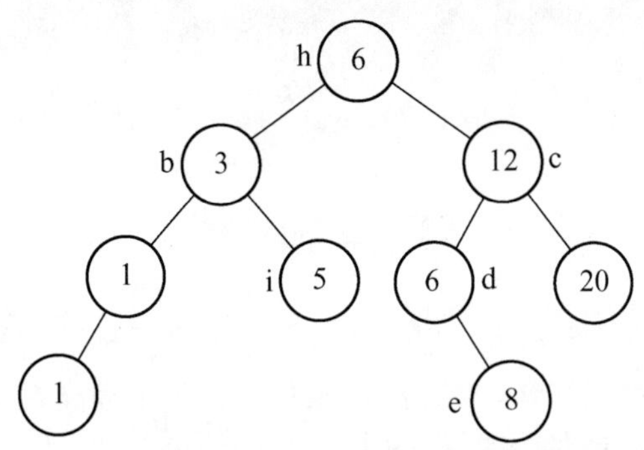

图 9.31 存储 9 个箱子的二叉搜索树

当找到合适的箱子后，可以将它从搜索树中删除，将其剩余容量减去 s[i]，再将它重新插入到树中(除非它的剩余容量为零)。如果没有找到合适的箱子，则可以用一个新的箱子来装载物品 i。

为了实现上述思想，既可以采用二叉搜索树，也可以采用 AVL 搜索树。无论哪一种方法，都需要使用函数 FindGE(k, Kout, root)，该函数可以找到剩余容量 Kout≥k 的具有最小剩余容量的箱子。具体实现代码见如下程序：

解：

```
typedef struct node                          //结点类型
{
    KeyType key;
    struct node *lchild,*rchild;             //左、右孩子指针
} BSTNode;

typedef BSTNode * bitreptr;                  //bitreptr 是二叉排序树的类型

int  FindGE(int k, int  Kout, bitreptr root)
{/* 寻找值不小于 k 的最小元素*/
    bitreptr p = root;                       //搜索指针/
    bitreptr s = NULL;                       //指向迄今所找到的不小于 k 的最小元素
    /* 对树进行搜索*/
    while (p)                                //p 是一个候选吗?
    {
          if (k <= p->key)
          {
               s = p;                        //p 是比 s 更好的候选
               /* 较小的元素仅会在左子树中*/
               p = p->lchild;
          }
        else                                 //p->data 太小，试一试右子树
```

```
            p = p->rchild;
    }
    if (!s)
            return 0;                       //没找到
    Kout = s->key;
    return 1;
}
```

本 章 小 结

本章讨论查找表的各种表示方法以及查找效率的衡量标准——平均查找长度。查找表即为集合结构，表中记录之间本不存在约束条件，但为了提高查找速度，在计算机中构建查找表时，应人为地在记录的关键字之间加上某些约束条件，即以其他结构表示。由于查找过程中的主要操作是将关键字和给定值进行比较，因此以一次查找所需进行的比较次数的期望值作为查找方法效率的衡量标准，称之为平均查找长度。

在本章中介绍了查找表的3类存储表示方法：顺序表、树表和哈希表。这里的顺序表指的是顺序存储结构，包括有序表和索引顺序表，因此主要用于表示静态查找表；树表包括静态查找树、二叉查找树和二叉平衡树。树表和哈希表主要用于表示动态查找表。

查找树的特点是每经过一次比较便可将继续查找的范围缩小到某一棵子树上，但查找树并不仅限于二叉树，以后还将介绍其他形式的查找树。

所有顺序结构的表和查找树的平均查找长度都是随着查找表中记录数的增加而增大，而哈希表的平均查找长度是装填因子的函数。因此，有可能设计出使平均查找长度不超过某个期望值的哈希表。

习题与思考

9.1 单选题

1．对 N 个元素的表作顺序查找时，若查找每个元素的概率相同，则平均查找长度为(　　)。

A．(N+1)/2　　B．N/2　　C．N　　D．[(1+N) N]/2

2．长度为121的表，采用分块查找法，每块的最佳长度是(　　)。

A．12　　B．11　　C．13　　D．10

3．在下列各种查找法中，平均查找长度与结点个数n无关的查找方法是(　　)。

A．散列查找法　　B．顺序查找法

C．散列和顺序查找法　　D．二分查找法

4．高度为8的平衡二叉树的结点数至少有(　　)个。

A．50　　B．51　　C．54　　D．56

5．下面关于B-树和B+树的叙述中，不正确的是(　　)。

A．B-树和B+树都是平衡的多叉树

B．B-树和B+树都可用于文件的索引结构

C．B-树和 B+树都能有效地支持顺序检索

D．B-树和 B+树都能有效地支持随机检索

9.2 填空题

1．顺序查找 n 个元素的顺序表，若查找成功，则比较关键字的次数最多为________次；当使用监视哨时，若查找失败，则比较关键字的次数为________。

2．如果要求一个线性表既能较快查找，又能适应动态变化的要求，可以采用________查找方法。

3．用折半法查找一个线性表时，该线性表必须具有的特点是________；而分块查找法要求将待查找的表均匀地分成若干块且块中诸记录的顺序是任意的，但块与块之间________。

4．________法构造的哈希函数肯定不会发生冲突。

5．散列表的平均查找长度与________和________有关。

9.3 思考题

1．解释下列名词：

(1) 查找；(2) 树状查找；(3) 哈希函数；(4) 冲突。

2．设有序表为{a,b,c,d,e,f,g}，请分别画出对给定值 f、g 和 h 进行折半查找的过程。

3．有一个 2000 项的表，要采用等分区间顺序查找的分块查找法，问：

(1) 每块理想长度是多少？

(2) 分成多少块最为理想？

(3) 平均查找长度为多少？

(4) 若每块是 20，则平均查找长度为多少？

4．输入一个正整数序列{40,28,6,72,100,3,54,1,80,91,38}，建立一个二叉排序树，然后删除结点 72，分别画出该二叉树及删除结点 72 后的二叉树。

5．线性表的关键字集合为{113,12,180,138,92,67,94,134,252,6,70,323,60}，共有 13 个元素，已知哈希函数为 h(k) = k mod 13，采用链接表处理冲突，试设计这种链表结构。

6．散列表存储的基本思想是什么？解决碰撞的基本方法有哪些？

7．设有一组关键字{9,01,23,14,55,20,84,27}，采用哈希函数 H(key)=key mod 7，表长为 10，用开放地址法的二次探测再散列方法 H_i=(H(key)+d_i) mod 10($d_i=\pm1^2, \pm2^2, \pm3^2, \cdots \pm k^2$)($k \leqslant 5$)解决冲突。要求：对该关键字序列构造哈希表，并计算查找成功的平均查找长度。

8．对于关键字集{30,15,21,40,25,26,36,37}，若查找表的装填因子为 0.8，采用线性探测再散列方法解决冲突，要求：

(1) 设计哈希函数；

(2) 画出哈希表；

(3) 计算查找成功和查找失败的平均查找长度；

(4) 写出将哈希表中某个数据元素删除的算法。

9．根据哈希表的构造过程和查找过程，写出开放地址法的一般形式的函数表示算法。

10．试给出一棵树最少的关键字序列，使 AVL 树的 4 种调整平衡操作各至少一次，并画出其构造过程。

11．对给定的数列 R={7,16,4,8,20,9,6,18,5}，构造一棵二叉排序树，并要求：

(1) 给出按中序遍历得到的数列 R1；

(2) 给出按后序遍历得到的数列 R2。

12．设有 3 阶 B-树，如图 9.32 所示。

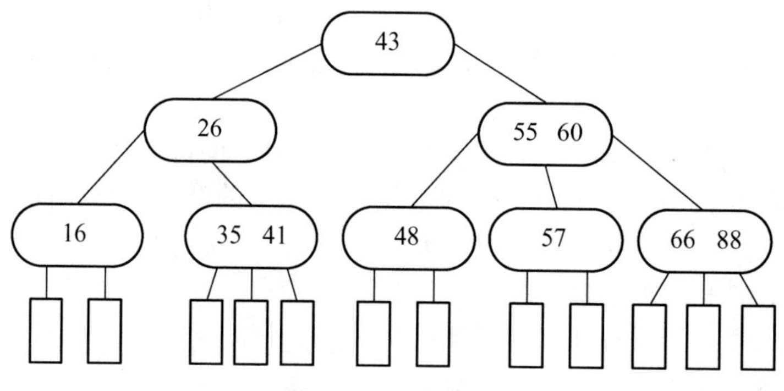

图 9.32 3 阶 B-树

(1) 在该 B-树上依次插入关键字 33、97，画出两次插入后的 B-树；

(2) 从(1)得到的 B-树上依次删除 66、43，画出两次删除后的 B-树。

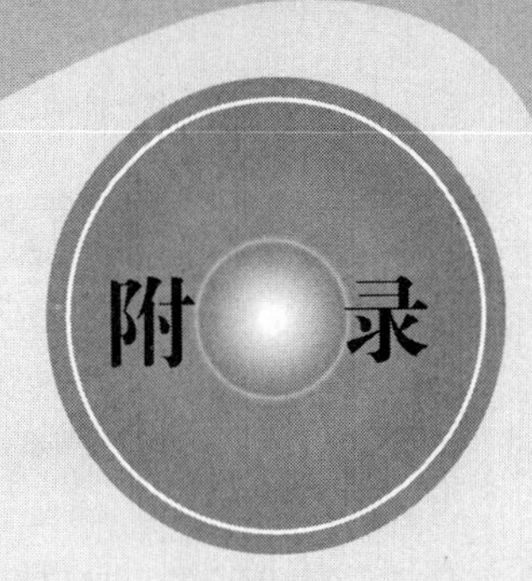

关键词索引

因数据结构的相关概念、技术和思想等内容太过复杂，为了方便读者迅速查找定位相关内容，特提供关键字索引。本索引按照字母顺序排序，相关概念通常提供概念定义的页码，其他内容提供所在的重点页码。注意，重要内容页码可能不止一处。

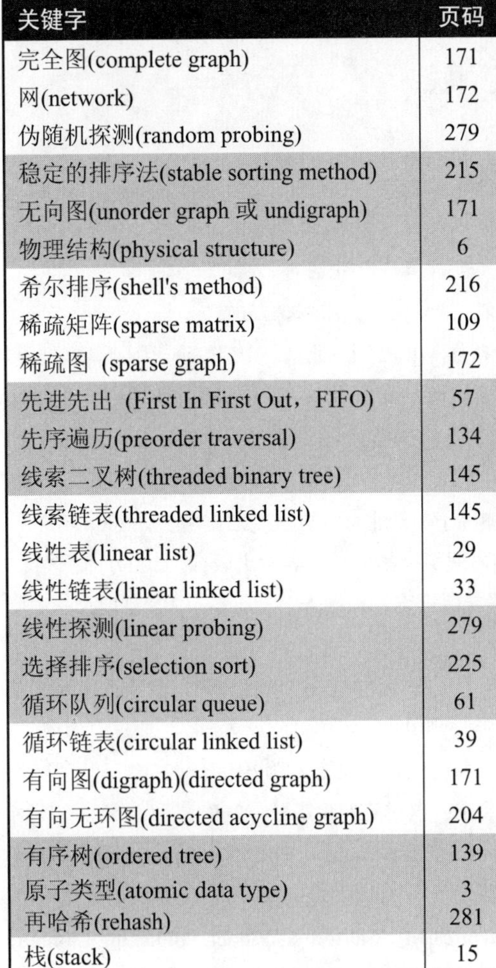

参 考 文 献

[1] 汪杰，等. 数据结构经典算法实现与习题解答[M]. 北京：人民邮电出版社，2004.

[2] 李春葆. 数据结构习题与解析[M]. 3 版. 北京：清华大学出版社，2006.

[3] 严蔚敏，吴伟民. 数据结构(C 语言版)[M]. 北京：清华大学出版社，1997.

[4] 殷人昆，徐孝凯. 数据结构习题解析[M]. 北京：清华大学出版社，2002.

[5] 石强，罗文劼，王苗. 数据结构习题解答与实验指导[M]. 2 版. 北京：中国铁道出版社，2007.

[6] 宁正元，易金聪，等. 数据结构习题解析与上机实验指导[M]. 北京：中国水利水电出版社，2000.

[7] 夏清国，姚群. 数据结构(C 语言版)导教·导学·导考[M]. 2 版. 西安：西北工业大学出版社，2006.

[8] 朱明方，吴及. 数据结构教程习题解答与实验指导[M]. 北京：机械工业出版社，2008.

[9] 阮宏一. 数据结构实践指导教程(C 语言版)[M]. 武汉：华中科技大学出版社，2004.

[10] 秦锋，袁志祥. 数据结构(C 语言版)例题详解与课程设计指导[M]. 合肥：中国科技大学出版社，2007.

[11] [美]Mark Allen Weiss. 数据结构与算法分析(C 语言描述)[M]. 冯舜玺，译. 北京：机械工业出版社，2004.

[12] 曹桂琴，郭芳. 数据结构学习指导[M]. 2 版. 大连：大连理工大学出版社，2008.

[13] 王晓东. 计算机算法设计与分析[M]. 3 版. 北京：电子工业出版社，2007.

[14] [美]Clifford A Shaffer. A Practical Introduction to Data Structures and Algorithm Analysis(影印版)[M]. 2 版. 北京：电子工业出版社，2002.

[15] Horowitz E，Sahni S. Fundamentals of Data Structures[M]. California：Pitmen Publishing Limited，1976.

[16] [美]Thomas H Cormen. 算法导论(影印版)[M]. 2 版. 北京：高等教育出版社，2002.

[17] [美]Robert Sedgewick. 算法 V(C 实现)：图算法(影印版)[M]. 3 版. 北京：中国电力出版社，2003.

[18] [美]Donald E Knuth. 计算机程序设计艺术 第 1 卷：基本算法(英文版)[M]. 北京：机械工业出版社，2008.

北京大学出版社本科计算机系列实用规划教材

序号	标准书号	书名	主编	定价	序号	标准书号	书名	主编	定价
1	7-301-24245-2	计算机图形用户界面设计与应用	王赛兰	38	30	7-301-21271-4	C#面向对象程序设计及实践教程	唐 燕	45
2	7-301-24352-7	算法设计、分析与应用教程	李文书	49	31	7-301-19388-4	Java 程序设计教程	张剑飞	35
3	7-301-25340-3	多媒体技术基础	贾银洁	32	32	7-301-19386-0	计算机图形技术(第 2 版)	许承东	44
4	7-301-25440-0	JavaEE 案例教程	丁宋涛	35	33	7-301-18539-1	Visual FoxPro 数据库设计案例教程	谭红杨	35
5	7-301-21752-8	多媒体技术及其应用(第 2 版)	张 明	39	34	7-301-19313-6	Java 程序设计案例教程与实训	董迎红	45
6	7-301-23122-7	算法分析与设计教程	秦 明	29	35	7-301-19389-1	Visual FoxPro 实用教程与上机指导（第 2 版）	马秀峰	40
7	7-301-23566-9	ASP.NET 程序设计实用教程(C#版)	张荣梅	44	36	7-301-21088-8	计算机专业英语(第 2 版)	张 勇	42
8	7-301-23734-2	JSP 设计与开发案例教程	杨田宏	32	37	7-301-14505-0	Visual C++程序设计案例教程	张荣梅	30
9	7-301-10462-0	XML 实用教程	丁跃潮	26	38	7-301-14259-2	多媒体技术应用案例教程	李 建	30
10	7-301-10463-7	计算机网络系统集成	斯桃枝	22	39	7-301-14503-6	ASP .NET 动态网页设计案例教程(Visual Basic .NET 版)	江 红	35
11	7-301-22437-3	单片机原理及应用教程(第 2 版)	范立南	43	40	7-301-14504-3	C++面向对象与 Visual C++程序设计案例教程	黄贤英	35
12	7-301-21295-0	计算机专业英语	吴丽君	34	41	7-301-14506-7	Photoshop CS3 案例教程	李建芳	34
13	7-301-21341-4	计算机组成与结构教程	姚玉霞	42	42	7-301-14510-4	C++程序设计基础案例教程	于永彦	33
14	7-301-21367-4	计算机组成与结构实验实训教程	姚玉霞	22	43	7-301-14942-3	ASP .NET 网络应用案例教程(C# .NET 版)	张登辉	33
15	7-301-22119-8	UML 实用基础教程	赵春刚	36	44	7-301-12377-5	计算机硬件技术基础	石 磊	26
16	7-301-22965-1	数据结构(C 语言版)	陈超祥	32	45	7-301-15208-9	计算机组成原理	娄国焕	24
17	7-301-15689-6	Photoshop CS5 案例教程(第 2 版)	李建芳	39	46	7-301-15463-2	网页设计与制作案例教程	房爱莲	36
18	7-301-18395-3	概率论与数理统计	姚喜妍	29	47	7-301-04852-8	线性代数	姚喜妍	22
19	7-301-19980-0	3ds Max 2011 案例教程	李建芳	44	48	7-301-15461-8	计算机网络技术	陈代武	33
20	7-301-27833-8	数据结构与算法应用实践教程(第 2 版)	李文书	42	49	7-301-15697-1	计算机辅助设计二次开发案例教程	谢安俊	26
21	7-301-12375-1	汇编语言程序设计	张宝剑	36	50	7-301-15740-4	Visual C# 程序开发案例教程	韩朝阳	30
22	7-301-20523-5	Visual C++程序设计教程与上机指导(第 2 版)	牛江川	40	51	7-301-16597-3	Visual C++程序设计实用案例教程	于永彦	32
23	7-301-20630-0	C#程序开发案例教程	李挥剑	39	52	7-301-16850-9	Java 程序设计案例教程	胡巧多	32
25	7-301-20898-4	SQL Server 2008 数据库应用案例教程	钱哨	38	53	7-301-16842-4	数据库原理与应用(SQL Server 版)	毛一梅	36
26	7-301-21052-9	ASP.NET 程序设计与开发	张绍兵	39	54	7-301-16910-0	计算机网络技术基础与应用	马秀峰	33
27	7-301-16824-0	软件测试案例教程	丁宋涛	28	55	7-301-25714-2	C 语言程序设计实验教程	朴英花	29
28	7-301-20328-6	ASP. NET 动态网页案例教程(C#.NET 版)	江 红	45	56	7-301-25712-8	C 语言程序设计教程	杨忠宝	39
29	7-301-16528-7	C#程序设计	胡艳菊	40	57	7-301-15064-1	网络安全技术	骆耀祖	30

序号	标准书号	书　名	主　编	定价	序号	标准书号	书　名	主　编	定价
58	7-301-15584-4	数据结构与算法	佟伟光	32	64	7-301-17964-2	PHP 动态网页设计与制作案例教程	房爱莲	42
59	7-301-17087-8	操作系统实用教程	范立南	36	65	7-301-18514-8	多媒体开发与编程	于永彦	35
60	7-301-16631-4	Visual Basic 2008 程序设计教程	隋晓红	34	66	7-301-18538-4	实用计算方法	徐亚平	24
61	7-301-17537-8	C 语言基础案例教程	汪新民	31	67	7-301-19435-5	计算方法	尹景本	28
62	7-301-17397-8	C++程序设计基础教程	郗亚辉	30	68	7-301-18539-1	Visual FoxPro 数据库设计案例教程	谭红杨	35
63	7-301-17578-1	图论算法理论、实现及应用	王桂平	54	69	7-301-25469-1/	Photoshop 中国画技法实训教程	邹晨，陈军灵	39

如您需要更多教学资源如电子课件、电子样章、习题答案等，请登录北京大学出版社第六事业部官网 www.pup6.cn 搜索下载。

如您需要浏览更多专业教材，请扫下面的二维码，关注北京大学出版社第六事业部官方微信（微信号：pup6book），随时查询专业教材、浏览教材目录、内容简介等信息，并可在线申请纸质样书用于教学。

感谢您使用我们的教材，欢迎您随时与我们联系，我们将及时做好全方位的服务。联系方式：010-62750667，pup6_czq@163.com，szheng_pup6@163.com，pup_6@163.com，lihu80@163.com，欢迎来电来信。客户服务 QQ 号：1292552107，欢迎随时咨询。